走进科普世界

国家卫生部公益性行业基金项目（201002028）
国家自然科学基金项目（71173064、71673072、71473065）
黑龙江省高端智库、双一流学科及哈尔滨医科大学重点建设项目

公众健康与安全应急百事通

主　　编　吴群红　郝艳华　焦明丽

副 主 编　高力军　宁　宁　康　正　孙　宏

编　　委（按姓氏汉语拼音排序）

陈超亿　陈桂英　陈若卉　崔　宇　龚建华　贾昊男
李　乐　李　叶　梁立波　刘　伟　马梅燕　苗雅鑫
聂婉翎　宁良文　潘　琳　单凌寒　邵瑛琦　陶思怡
王　超　王　慧　王　星　王佳慧　王声雨　王亚蒙
王志远　尹　航　张　鑫　张海峰　张向光

策划单位　哈尔滨市老科学技术工作者协会

支持单位　哈尔滨市百威英博城市发展基金会
哈尔滨市科学技术协会
哈尔滨医科大学卫生管理学院

人民卫生出版社

图书在版编目（CIP）数据

公众健康与安全应急百事通 / 吴群红，郝艳华，焦明丽主编．—北京：人民卫生出版社，2019

ISBN 978-7-117-28605-3

Ⅰ.①公… Ⅱ.①吴…②郝…③焦… Ⅲ.①自救互救-普及读物 Ⅳ.①X4-49

中国版本图书馆 CIP 数据核字（2019）第 103627 号

公众健康与安全应急百事通

主　　编：吴群红　郝艳华　焦明丽
出版发行：人民卫生出版社（中继线 010-59780011）
地　　址：北京市朝阳区潘家园南里 19 号
邮　　编：100021
E - mail：pmph @ pmph.com
购书热线：010-59787592　010-59787584　010-65264830
印　　刷：三河市潮河印业有限公司
经　　销：新华书店
开　　本：710 × 1000　1/16　　**印张**：21
字　　数：323 千字
版　　次：2019 年 6 月第 1 版　2019 年 6 月第 1 版第 1 次印刷
标准书号：ISBN 978-7-117-28605-3
定　　价：68.00 元
打击盗版举报电话：010-59787491　E-mail：WQ @ pmph.com
（凡属印装质量问题请与本社市场营销中心联系退换）

序

安全与健康问题是国家、社会和全体公民高度关注的焦点议题和头等大事。“夕烽来不近，每日报平安”。健康平安，既是个人家庭幸福美满的基础，也是国泰民安的基石。

面对各类突发事件，要依靠国家、政府和相关机构与专业队伍高效的应急反应和处置能力，更需要千千万万普通民众具有良好的应急素养和应急处置能力。因此，通过有效的科普行动，提高公民应急素养与自救能力，使其在遭遇突发事件时能够从容应对、化险为夷，是整个社会应努力追求并达成的目标。

以科普为目的，立足于百姓日常生活，将公众健康、安全与应急的基本知识传授给广大民众是本书的重要出发点。本书基于日常生活中面临的危害安全、影响健康的多种风险，针对各类突发事件与灾害情景，从预防到处置的关键环节，进行了简明扼要的说明，对相关的知识做了深入浅出的介绍。

本书难能可贵的就是以广大普通百姓所能接受的通俗语言，将百姓生活中常见的各类风险与安全事件进行系统梳理，将安全防范知识与技能用直观、形象的方式做了生动的讲解与诠释，内容贴近生活、益于百姓。本书集科学性与实用性于一体，是近年来不可多见的应急自救科普读物。我已先睹为快，并乐而为之序。

巴德年院士

2019年5月于北京

前言

随着《“健康中国 2030”规划纲要》的颁布，“共建共享、全民健康”已经成为全社会共同关注的热点话题。同时，随着全球化的不断发展深入，中国面临的各类安全风险陡增。各类自然灾害、突发公共卫生事件与群体性事件频发，加之人们安全知识与应急素养相对缺乏，给人们的生产生活与生命财产安全带来重大安全隐患和威胁。面对形形色色、纷繁复杂的安全与应急风险，全民的安全风险意识与应急素养亟须提高。

《公众健康与安全应急百事通》是由黑龙江省哈尔滨市老科学技术工作者协会策划并组织编写的“走进科普世界”丛书之一，由哈尔滨医科大学专家团队撰写完成，旨在向广大公众普及应急知识，提高安全风险意识与应急素养，强化公众的突发事件应对能力。本书通过“日常生活”“出行安全”“公众安全”“公共卫生”“自然灾害”“应急必备”六章四十七节的内容，为居民在日常生活、出行、危急情景下的处置应对提供系统的科学知识。

本书在已故原黑龙江省卫生厅厅长、黑龙江省医学科学院院长、哈尔滨医科大学金连弘教授的积极倡导和精心指导下编撰完成，在撰写过程中得到了哈尔滨市老科学技术工作者协会领导的指导和大力支持。同时，本书的出版也得到国家自然科学基金项目、卫生部行业基金项目及黑龙江省公共安全高端智库及双一流校重点项目的支持。

希望本书的出版能在健康中国战略实施背景下，成为提高公众健康与应急素养的科学参考以及风险规避与自救的实用指南。

编　者

2019 年 5 月

目录

第一章

日常生活

第一节　燃气安全严把关，排除隐患保平安

燃气在生活中必不可少。它方便了我们的日常生活，但安全隐患也随之而生，尤其值得注意的是，有些居民安全意识不足，对安全使用燃气的知识掌握不好，导致了一个又一个的悲剧。据不完全统计，2017 年全国范围内共发生 702 起燃气爆炸事故，致 126 人死亡，1 100 多人受伤。其中，465 起事故发生在居民家中，占比 66%；164 起发生在商户，占比 23%。可见，掌握燃气安全知识非常必要。

燃气知多少

我们通常所说的燃气主要包括天然气、液化石油气和煤气。

天然气：主要成分为甲烷（CH_4），具有热值高、毒性小、适用于长距离输送、密度低于空气等特点。

液化石油气：主要成分为丙烷（C_3H_8）、丙烯（C_3H_6）、丁烷（C_4H_{10}）等，具有燃烧值高、密度重于空气、挥发性强的特点。

煤气：主要成分为氢气（H_2）、甲烷、一氧化碳（CO）、氮气（N_2）等，具有热值高、毒性强、密度比空气轻等特点。

一、燃气事故非小事，预防措施人人知

（一）燃气设备要正规

✧ 购买燃气设备时要注意查看其是否有检验合格标志及检验期限。购买的燃气专用软管和软管卡扣、减压阀等配件要与燃气设备匹配，不可私自安装或拆改管阀和管道！

✧ 软管与硬管及燃气器具的连接处应使用专用的卡扣固定，切不可随意使用接头、铁丝缠绕固定或不采取固定措施，否则有松动漏气的危险！

✧ 液化石油气罐的压力大、燃气喷嘴孔径小，天然气的气压小、喷嘴孔径大，切不可混用二者的灶具。如果更换燃气类型，灶具也要相应更换。切不可自行随意改造出气口，有必要时一定要请专业人士帮忙。

（二）设备安装符合规定

✧ 安装燃气设备时要注意，选用的燃气专用软管长度应小于 2m；不要安装在有辐射、高温的地方或隐蔽处，不要与灶具紧贴，也不宜跨窗、穿墙。

✧ 安装燃气管道设施处要保持空气流通；燃气管道应远离潮湿、易受腐蚀处，如洗菜台、洗衣机出水口处等，否则易导致管道设施生锈漏气。

✧ 若选用嵌入式炉具，应将透气柜置于炉底下方，防止泄漏的燃气积聚，而在打火时发生意外。

（三）燃气使用方法要恰当

✧ 务必按照先点火、后开阀放气的流程操作。若一时打不着火，应停顿一会儿，待已释放出的燃气消散再重新打火。

✧ 直立使用液化气钢瓶，避免钢瓶强烈震动，禁止暴晒、开水泡、火烧；不要在钢瓶上放置物品。

禁倒放

禁随意乱倒

✧ 不许随意乱倒瓶内残

液，更不许私自用两个钢瓶相互倒气。

✧ 使用燃气时，注意保持空气流通。因为管道燃气在完全燃烧时，须消耗自身4倍以上的空气。厨房、浴室、燃具周围都应保持良好的通风状态。

（四）小心维护是关键

✧ “两做”：①长时间使用燃气会使灶具炉头孔眼堵塞，导致回火，因此要经常用细铁丝清理；②要经常检查胶管，当胶管出现老化、龟裂、烤焦、鼠虫齿咬痕迹等情况时要立即更换。

✧ “五不做”：①地下天然气管道及其配套设备周围不搭建构筑物和加装门锁；②天然气管道上不吊挂物品；③天然气管道及附属燃气设施不作为负重支架或电气设备的接地引线使用；④不将固定燃气管道的管卡弄松，否则管道会失去支撑而变形、漏气；⑤不压、弯折软管，以免堵塞，影响连续供气。

（五）勤留意，多当心

✧ 使用燃气时，要有人看管；外出前一定要认真检查厨房中是否在煮东西，做到火灭、阀门关后，人再离开，以防火焰熄灭造成燃气泄漏。

✧ 不可在燃气灶周围存放易燃、易爆物品。

✧ 教育未成年人不要玩火。

✧ 违章使用燃气会危害公众安全，如您身边有这种违章行为，一定要及时制止或举报。

✧ 液化气灶要远离明火。

✧ 燃气器具发生故障，未经专业人员修理前，不可贸然使用。

让我们铭记下面这些案例，切莫重演他人的悲剧！

案例 1 燃气安装不合规引起的事故

郭某在没有专业人士指导下自行安装了燃气管道与燃气灶之间的连接软管，没有使用专业卡扣，而是用铁丝缠绕了几下。不料，铁丝松动导致软管意外脱落造成燃气泄漏爆炸，郭某伤势严重。后经有关部门鉴定，此次事故致使郭某伤残程度达到五级。

注意：软管与燃气管道、燃气灶之间的连接处一定要用专业的卡扣固定！私自随便安装固定是不安全的！

案例 2 人离开时阀门未关闭引发火灾

某居民家中着火。维修人员到达现场时，立即关闭楼前燃气阀门，并配合消防人员将火扑灭。经了解，造成本次事故的原因是该用户外出时大意，未关闭正在使用的燃气灶。

注意：使用燃气设备时一定要做到人走阀门关，走前仔细检查，否则容易发生火灾。

案例 3 热水泡钢瓶引发爆炸

义乌市一家庭发生爆炸，爆炸的瞬间力量将室内一堵墙炸倒，屋内一片狼藉、破烂不堪。此次事故致使两人重伤，全身烧伤面积达 100%。经鉴定，此次事故是由于该户居民将钢瓶放置在塑料盆里用热水加热，以延长液化气使用寿命所致。

注意：天气冷时可能出现液化气罐压力不够的情况，一些居民采取开水浸泡的方法来增加液化气使用的时间。事实上，低气温会使部分液化气在罐底囤积，这些无法完全挥发的液化气不能充分燃烧。这时若用热水浸泡燃气罐，液化气膨胀，就会产生极大的爆炸风险。为了延长液化气使用时间去获得很小的经济利益，却造成了威胁生命的风险，这种做法真的不划算。

燃气使用常识

✧ 定期检查和更换软管：软管是有使用期限的，超过 18 个月就要更换；金属波纹管使用期限为 6~8 年；铝塑管使用期限为 50 年，但要定期检查接口。

✧ 钢瓶固定使用期限：钢瓶是有使用寿命的，一般为 8 年，最长为 15 年，每 4 年要进行一次检修。

✧ 按国家标准和规范选购软管：国家规定，与家用燃气灶具连接的软管应符合我国化工行业标准“家用煤气软管”（HG 2486）或城建行业标准“燃气不锈钢波纹软管”（CJ/T 197）规定。

✧ 购置符合质量安全标准的燃气设备：为了您与家人的生命安全，请选择正规生产、符合质量安全标准的燃气设备。

二、燃气隐患在身边，应急处理要当先

（一）燃气泄漏的蛛丝马迹

✧ 嗅觉——燃气漏出时会有臭味(家庭燃气中掺入的臭味剂)。

✧ 视觉——燃气泄漏时会形成雾状白烟。

✧ 听觉——燃气泄漏时会有“嘶嘶”的声音。

✧ 触觉——燃气泄漏时，把手放在燃气开关附近，会感觉凉凉的。

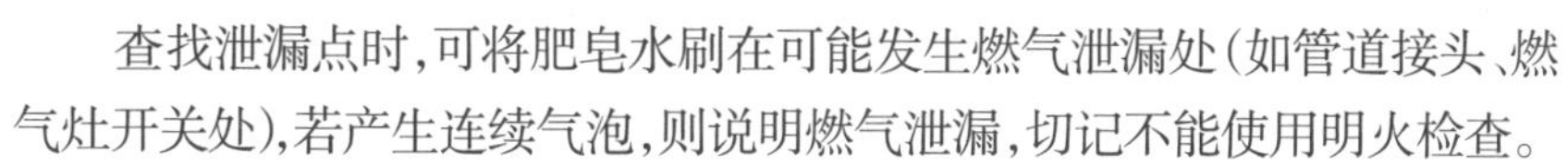

查找泄漏点时，可将肥皂水刷在可能发生燃气泄漏处(如管道接头、燃气灶开关处)，若产生连续气泡，则说明燃气泄漏，切记不能使用明火检查。

（二）燃气泄漏的应急处置

✧ 开窗通风、关阀门：家中有轻微煤气气味、臭鸡蛋味、汽油味、油漆味等时，要进行仔细识别，如果确定是燃气泄漏，应立即关闭灶具阀门、管道阀门，并开窗开门通风。

✧ 禁止开/关电器设备：发生燃气泄漏时，禁止打开或关闭任何电器设备(包括手机)，以免产生火花，引起爆炸。

✧ 关闭阀门：发生燃气泄漏时，管道燃气用户可用胶带将漏气处缠紧，然后找到进入单元的燃气管道总阀门并将其关闭；气瓶用户若发现阀门失灵而漏气，应先用湿毛巾将漏气口堵住，再将气瓶转移到室外，泄掉余气。

✧ 迅速撤离，勿乘电梯：若室内充满浓重煤气味，要迅速撤离以防窒息，撤离时万不可乘坐电梯。

✧ 确认安全，拨打电话：当出现险情时，特别要注意：应到达没有燃气的安全场所后再拨打供气单位抢修电话、“119”电话(“119”拨打方法参见第六章第四节相关内容)，请专业人员处理。

话说燃气泄漏报警器

作为城市燃气安全的最后防线，燃气泄漏报警器（一氧化碳报警器）在日常生活中有着非常重要的作用。

1. 工作原理　燃气泄漏报警器是利用气体传感器探测环境中的低浓度可燃气体，通过采样电路，将探测信号用模拟量或数字量传递给控制器或控制电路，当可燃气体浓度超过控制器或控制电路中设定的值时，控制器通过执行器或执行电路发出报警信号或关闭燃气阀门。

2. 购买要点

✧ 根据需要选择相应种类：燃气泄漏报警器一般不是通用型的，不同地区的燃气有着不同的成分，因此选择燃气报警器时应采用按当地燃气成分标定和检测过的为宜。

✧ 选择品牌信誉好、使用寿命长的燃气报警器。

（三）燃气（废气）中毒的处理

发生燃气（废气）中毒时，应保持冷静，根据不同情况采取相应措施：

✧ 先将中毒者迅速转移到空气流通处，再进行现场抢救。

✧ 中毒较深者可出现昏迷、脸色粉红、呼吸微弱，此时应马上做人工呼吸，并注意保暖。

✧ 若中毒者丧失知觉、出现呕吐，要将其头部侧放，避免呕吐物被吸入肺中，导致窒息，同时立即拨打“120”急救电话（“120”拨打方法请参见第六章第四节相关内容）。

✧ 无论中毒严重与否，都应尽快送往医院（最好送至有高压氧舱的医院）。

（四）燃气炉具的异常火焰处置

1. 回火　是指火焰“噗”的一声缩回至火孔内。回火易导致燃烧器被烧坏，还会使燃烧中断、火焰熄灭，若不及时处理还会进一步导致燃气泄漏。出现回火时，应立即将炉具开关关闭，并进行原因分析，排除故障。

✧ 对于烹饪锅压住火苗致使炉头温度过高导致的，应将烹饪锅垫高。

✧ 对于因喷嘴堵塞减少燃气流量导致的，应清洁、疏通喷嘴。

✧ 对于火孔被风影响导致的，应设置防风圈。

✧ 对于炉头与火盖间缝隙较大导致的，应调整炉头与火盖的位置。

2. 黄火　这是燃气燃烧不充分的现象，不但会把燃具熏黑，还会浪费燃气，并且产生较多的一氧化碳，有较高的中毒风险。

✧ 对于风力原因导致的，应调节炉底的风门，改变进风口面积。

✧ 对于燃具内部、炉头污垢堵塞导致的，应对其进行疏通、清理。

3. 离焰和脱火　离焰是指火焰根部与火孔分离，飘在火盖上。火焰完全脱离火孔即为脱火。发生离焰和脱火时，应立即将火焰关小，使其稳定燃烧。然后分析原因、排除故障。

✧ 对于风力原因引起的，应调整风门。

✧ 对于火孔被堵引起的，应疏通、清洁火孔。

✧ 如果采用以上方法仍不能排除离焰或脱火，则需要检修或更换燃具。

（五）燃气火灾的应急处置

燃气火灾应急处置的核心就是控制住流向火源处的燃气，将其切断，终止燃烧。

✧ 断气灭火：迅速关闭燃气入户总阀门，切断气源，以断气灭火。

✧ 湿被扑压：液化气瓶着火时，应迅速用浸湿的被褥、衣物等扑压火焰，并立即关闭阀门。

✧ 干粉灭火：火势大到无法关闭阀门时，要用干粉灭火器喷射火焰的根部，火灭后迅速关闭燃气阀门并立刻通知燃气公司。火势无法控制时，立即拨打“119”火警电话。

✧ 灭火后通风：燃气着火扑灭后，要做好通风，散净房间内可能残余的大量燃气，防止一氧化碳中毒。

燃气事故处置常见误区

✧ 误区一：发生燃气着火时，先关阀门，后灭火。

原因：先关闭阀门会使着火的天然气压力降低，回流到管道内，引起爆炸。

因此，发生燃气着火时，应先灭火，后关阀门（灶前阀）。

✧ 误区二:在安装有燃气管道设备的房间里使用明火。

原因:明火遇到泄漏的燃气很容易发生爆炸。

因此,安装燃气管道设备的房间内不可住人,更不能使用明火,同时要保持通风良好。

✧ 误区三:用明火检查是否漏气。

原因:明火遇到泄漏的燃气很容易发生爆炸。

✧ 误区四:发生燃气泄漏时,打开电灯、排风扇、抽油烟机等电器,在现场拨打电话。

原因:普通开关的接触点之间利用空气绝缘,在开关接触和分开的过程中,两端较高的电压(市电电压)会把空气击穿而出现电弧或电火花。在燃气泄漏达到一定浓度的环境中,这种电弧或电火花可以将煤气和空气的混合气体点燃并发生爆炸。同理,在有一定浓度燃气的现场绝不能贸然打电话。

第二节　起火原因N多样,操作务必要恰当

近年来,中国平均每年发生火灾约4万起,死亡人数超过2 000人,受伤人数为3 000~4 000人,财产损失达10多亿元,造成数十人甚至数百人死亡的特大恶性火灾时有发生。据消防部门资料显示,在各类火灾事故中,家庭火灾所占比例最高,几乎占火灾总数的50%。这些令人痛心的数字背后无不透露出人们日常防火意识以及相关知识的缺乏。火魔无情,容不得丝毫的粗心大意。将火灾防患于未然,就从这里做起。

一、厨房烹饪引起的火灾

厨房是动用明火烹饪以及使用燃气最多的地方,也是家庭火灾的高发地带,其中油锅起火、灶台用火未关、燃气使用不慎是造成火灾的最大隐患。

（一）预防与处理油锅起火

案例 油锅起火

2016 年重庆一居民区中，杨女士在厨房做饭时突发油锅起火。杨女士随即将身后的一盆水倒进锅中，但没有扑灭油锅的火，反而导致火势越来越大。锅内的火喷出并打在了杨女士的身上，将杨女士的头部、脸部、胸部、手、脚烧伤，最终导致全身 58% 面积重度烧伤。

切记：油锅起火不能用水扑灭，否则火势会越来越大！

因为油比水轻。水和油在一起时，油会浮在水面上。如果将水倒入着火的油锅中，水沉到油层下面，根本无法达到灭火的目的。同时，水受热还会变成水蒸气向四面膨胀，迸溅出来的水和油使火越烧越旺。因此，油锅起火浇水是极其危险的做法。

1. 预防油锅起火的 6 个要点

✧ 炉灶远离可燃物：炉灶应远离汽油、煤油等易燃液体和柴火、纸箱等易燃物品。

✧ 煎炸食物加油勿过多：煎炸食物时，不宜在锅中加入太多油。油液受热后易溢出，遇到明火有燃烧的危险。

✧ 煎炸食物时间别太长：煎炸食物时间过长会导致油温过高而自燃。

油别倒太满

✧ 烹饪食物别离人：当烹饪食物时，

人不能离开，否则油溢出锅外，易遇明火发生燃烧。

✧ 油烟机油垢及时清：定期清洁抽油烟机罩杯盖等处的油污，防止烹饪时上飘的火苗被吸进烟道引发火灾。

✧ 小心操作：操作不当易使油溅出，遇明火燃烧。

别离人

2. 油锅起火这样做

✧ 第一步：冷静，关抽油烟机。

在着火后，我们首先要做的是冷静，不要着急，但同时要快速反应，先将抽油烟机关了，避免抽油烟机将火苗吸入机器，点燃油烟污垢加重火势。

✧ 第二步：关闭火源。

根据火势情况，在可以将灶具关闭的情况下，先将其关闭，切断火源；若火势太大，则应在火情得到控制后，立即将灶具开关关闭。

✧ 第三步：巧用身边工具灭火。

湿布：火势不大时，可用湿毛巾、湿抹布等直接盖住火苗。

锅盖：在关闭燃气阀后，可快速盖上锅盖来灭火。如果没有锅盖，可用附近有覆盖作用的器物，如菜盆。

蔬菜：蔬菜是天然的“灭火剂”，将蔬菜倒入锅中也可灭火。

食盐：在紧急情况下，食盐也可以作为一种灭火工具。食盐的主要成分是氯化钠，在高温火源下会迅速分解为氢氧化钠，产生的化学作用可抑制燃烧进行。家庭中备用的颗粒盐或细盐，均可作为灭火剂。

灭火器：如果家中有灭火器，安全性会更高。对于油锅、煤油炉、油灯、蜡烛等引起的初火，使用家用干粉灭火器灭火最为合适。在使用干粉灭火器对起火油锅进行灭火时，应朝着油锅四壁进行喷射，万不可直接对着锅中油面，以防油锅内的油被冲出，造成火灾二次蔓延。

✧ 第四步：灭火后从热灶上移走油锅，以免复燃。

（二）预防灶台用火未关

灶台未关火也是导致厨房起火的一大因素，因此在灶台烹饪食物时，切记不要离人，应时刻牢记人去火灭。

关于燃气起火的预防及应急处置，详见第一章第一节。

二、家电及线路引发的火灾

家用电器和我们的生活密不可分。它们给我们的生活带来很多方便，但若使用不当，也是容易引发火灾的原因之一。

案例 电暖器起火

在没有集中供暖的南方地区，冬季取暖的主要方式是使用电暖气、电烤炉等。这些取暖设备如果使用不当，极易引发火灾。2016年12月14日，湖南长沙开福区一户居民楼的阳台上突然冒起了滚滚浓烟，消防人员接警后迅速赶到现场，很快将大火扑灭。事后调查发现起火的原因是电暖设备使用时间过长。

注意：取暖电器使用过程中不要离人；使用大功率电器时，应当单独接线，加设保险和开关，并和小功率电器分开使用插座。

下面让我们一起来看看如何预防与处置家用电器及线路引发的火灾。

（一）预防电熨斗起火

✧ 使用电熨斗时应特别小心，使用完不要乱放，更不能在电熨斗通电时离开。

✧ 电熨斗使用完，要等完全冷却再收起来；即使在停电的情况下也必须切断所有电源，以免来电后引起火灾。

✧ 放熨斗的垫不仅应具有相当大的厚度（使用不可燃材料），还应远离所有可燃物。实验证明，4cm厚的红砖加热140分钟，温度可达420℃；0.8cm厚的钢板和1.5cm厚的石棉板在分别加热90分钟、68分钟后，背面温度皆可达到280℃，这样的温度已经达到一般织物的着火点。

✧ 要按照说明书要求进行安装、连接，使用符合要求的电源电压。供电线路和熨斗引出线要有足够的截面，防止过荷。

（二）预防电热毯起火

✧ 电热毯被弄湿后极易漏电。

✧ 电热毯通电时间不能过长。

✧ 普通型电热毯不可与热水袋等其他热源同时共用，以免局部过热。

✧ 使用电热毯时要避免电热丝被折断导致短路。

✧ 使用电热毯前要看清所需电压与家用电压是否匹配。

✧ 电热毯使用完毕要拔掉电源插头。

（三）预防电暖器起火

✧ 电暖器是高功耗的电器，要选用有地线的三孔插座，勿将插座放在电暖器上方，最好选用有过流保护装置的插线板。

✧ 不要在电暖器上覆盖物品，否则会使电暖器产生的热量无法及时消散而烧坏机器。如果有专业的烘衣架，请务必拧干水，以免水滴入电器控制盒中。

✧ 电暖器应放在不易碰触、远离易燃物的地方，且应距离墙面约20cm。在浴室中使用电暖器要特别小心，尽管有些电暖器是防水的，但在浴室内使用电器仍然存在安全隐患。

（四）预防手机爆炸起火

✧ 手机潮湿时请勿操作充电器。

✧ 手机不可持续充电一夜。

✧ 不同手机充电器不要混着用。

✧ 远离劣质电池、充电器，购买并使用原装产品。

✧ 手机烫手时要马上停止操作。

✧ 不要将充电中的手机放在床铺或者离人比较近的位置。

✧ 不要将充电器长期插在插座上，防止其发生老化造成火灾。

为什么手机不能边充电边打电话

在现代生活中，人们越来越依赖手机，连手机充电时也在使用，但手机在充电时使用是有很大危害的。

✧ 容易造成电路短路，引起触电。

我们都知道，手机用的是低压电源，以为手机充电用的也是低压电源，不会出现触电的情况。其实不然，在充电过程中，手机的充电电路一直在工作。此外，在雷雨天气，使用正在充电的手机很容易造成雷击。因为手机的短波信号就像一个看不见的天线，而且雷电很容易造成充电中电压不稳定，双重危险很容易引起电击。

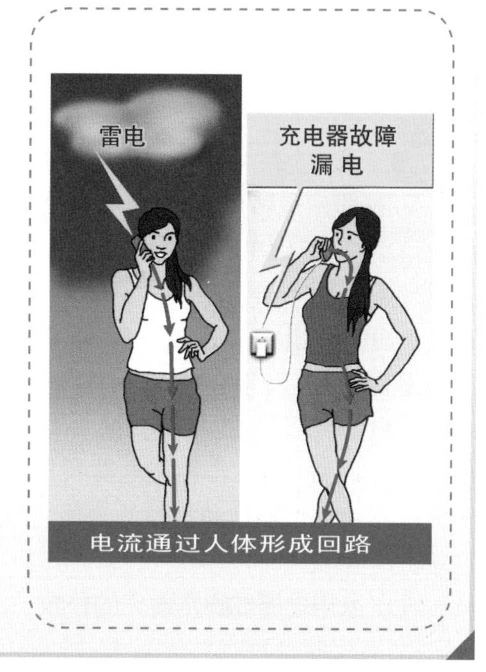

✧ 容易造成爆炸或燃烧。

手机充电时会“发热”，这是因为充电过程就是能量存储的过程，并且在该过程中可能存在一些能量损失，转换成热量。此时使用手机上网或拨打电话，手机的工作电路和中央处理器会产生热量，两部分热量叠加，就容易导致电池过热，产生爆炸或燃烧。

（五）预防电吹风起火

✧ 电源插座以及导线要符合防火安全标准，连接要紧密牢靠。

✧ 电吹风通电时不要离人，更不能随便放在易燃物品（如沙发、床上等）上；要养成在使用后立即切断电源的习惯，特别是在临时停电或吹风机故障的情况下。

✧ 电吹风使用完毕后，应放置一会儿，待出风口冷却后再收起，并且及时从插座上拔下电源线。

✧ 做好电吹风的日常维护，防止跌碰，严禁拆卸，以防发热元件以及绝缘装置损坏而引起电器漏电及短路，埋下火灾隐患。

✧ 严禁在禁火场所及易燃、易爆危险场所使用电吹风。

✧ 接通电源后，若出现电机不转的情况，要马上断电，排除故障后才可继续使用。

（六）夏季电器使用须知

✧ 电器使用时间不宜过长：对于电视机、空调等电器，夏季使用不

可持续太长时间，在 10 小时之内为宜，尤其是电视机，连续使用四五小时后最好将其关闭并进行散热。

✧ 要经常检查电热水器的自动调节装置有无损坏，以防过热引起爆炸或火灾。

✧ 冰箱需放在通风良好的地方。

✧ 千万不要在衣柜里安装电灯烘烤衣物。

✧ 保险丝熔断是警告，换成粗线难发现：夏季频繁使用电器易使保险丝熔断，这就是在警告用电过量了。这时万不可将保险丝换粗，以防短路时无法及时熔断，引发火灾。

✧ 电器不用或使用完毕后，应将电源插头拔下。须特别注意手机充电器的使用，因为充电器是一个变压和整流的器件，插在插座上便通上了电，会消耗一定电流。另一方面，在充电过程中，充电器把高压电变为低压直流电，若将充电器长期放在插线板上不拔掉，持续发热的充电器会加速器件和材料的老化，导致短路或高压击穿，为起火埋下隐患。

（七）家用电器或线路着火的扑救

✧ 有气味、冒白烟，拔插头：如果电器发出橡胶、塑料燃烧的气味，甚至冒出白烟，则有电器燃烧的危险。此时，应立即拔下电源插头或关闭总闸，经专业人员检查，排除隐患后才可再用。

✧ 电器失火别浇水：电器着火时可采用二氧化碳灭火器、干粉灭火器或干沙土灭火，灭火时要与电器设备和电线保持 2m 以上的距离。在无法断电的情况下，万不可用水和泡沫灭火，因为水和泡沫都能导电，即使断电后电器内的剩余电流也会引起触电；并且，浇水还可能使电器温度突降而引起爆炸，非常危险。

✧ 导线绝缘体和电器外壳等可燃材料着火时，可用湿棉被等覆盖物将火扑灭。电视、电脑等带显示器的电器发生燃烧时，要立即拔掉插头或关闭总阀门，然后用灭火毯、湿地毯、湿毛巾等将电器盖住，在阻止火势蔓延的同时，也能防止爆炸时荧光屏玻璃碎片四处迸溅。

✧ 进行相应处理后，与起火的电器保持距离，等待消防员到来。

✧ 起火的家用电器在未经修理前不得通电使用，以防触电、起火。

三、可能引发火灾的坏习惯

案例 1 卧床吸烟起火

2013年11月,84岁的李某家中突发火灾,不仅导致老人当场死亡还祸及楼上的邻居,致使住在楼上的母女被火灾散发的烟雾熏死。当地消防部门经过调查认定火灾发生的原因是死者李某在床上吸烟时,不小心引燃床上的可燃物而引起的。

案例 2 电线乱接、私接引发的火灾

2005年12月,三江侗族自治县发生一起火灾,导致87间房屋被烧毁,187人受灾,经济损失达70余万元。造成这场大火的原因是村民石某私接电线,导致电线短路引发火灾。

案例 3 家中存放危险品引起的火灾

2012年6月初,郑先生在家中存放了一桶汽油,小女儿因不小心把汽油桶弄倒了而吸入挥发的汽油,导致中毒。为给小女儿交住院费,郑先生就让大儿子回家中取钱。由于钱放在地下室,大儿子为找钱打开打火机照明,结果瞬间引燃汽油,引起大火并发生了爆炸,致使大儿子严重烧伤,家中多年的积蓄也化成了灰烬。

案例 4 楼道、阳台堆放杂物有起火危险

2016年1月末，天津市某大厦的楼道内杂物起火，5小时后，又发生一起住户阳台杂物起火事件。火灾发生后，消防人员紧急出动，迅速将火扑灭并疏散人员。万幸的是这两场大火并没有造成人员伤亡，但却使居民们虚惊一场，同时也为我们敲响了警钟。

✧ 在床上吸烟是非常危险的行为。小小的一个烟头，其中心温度高达700~800℃，一般物质在这个温度下都可被点燃，而床上用品多为易燃物质，一不小心就可导致一场大火。

✧ 乱接、私接电线极易引起电线短路、打火，引发火灾。另外，不要将多个大功率电器同时接在一个带线多位插座上，以免插座过热而发生危险！

✧ 家中存放汽油、柴油、烟花爆竹等易燃物，一不小心就可能引发火灾。

✧ 及时清理楼道、阳台堆放的杂物非常重要。楼道作为承载着居民生命安全的应急逃生通道，一旦被杂物堵住导致通道不畅，当火灾来临时，不但阻碍了楼内人员有效逃生，还会使火势和烟气加速蔓延和扩大，对生命造成重大威胁。

四、火灾中的逃生方法

在很多情况下，当火势达到我们已经无法控制的程度时，就要考虑如何逃生了。身处火场之中，一定不要惊慌，了解下列法则，让你火场逃生有方。

1. 冷静！冷静!！冷静!!！探明情况再逃离。

✧ 看清着火楼层、火势大小。

✧ 寻找可利用的逃生条件，一清二楚，再做决定。

✧ 搞清楚疏散通道、安全出口、避难间的位置，做到心中有数再前行。

2. 电梯千万别乘坐，“烟囱效应”躲不过，钢制材料不防火，变形坠落还卡壳。

烟囱效应：是指由于建筑内、外空气温度不同而使建筑物内空气沿垂直方向流动的现象。电梯的井道就是烟囱效应的主要流通通道之一。当烟囱效应强烈时，可能严重影响电梯的安全运行，从而引发电梯的安全隐患。

3. 消防气垫还没到，4 楼以上别瞎跳，气垫承载有极限，楼层太高别冒险。

✧ 消防气垫仅用于消防部队紧急救援，是在没有其他可代替方法时使用的。

✧ 消防救生气垫有适用救援高度，且根据型号不同最大救援高度也不同。通常情况下，20m 是它的极限。也就是说，在 6 楼以上楼层逃生时，使用救生气垫也不能保证跳下时的安全，而需要消防队员运用升降梯救援。盲目跳下很容易造成二次伤害！

✧ 跳气垫的正确姿势：两手抱住头部，半蹲起跳，重心后仰，两腿打开，用屁股和背部去着落气垫。

4. 开门之前先摸门，烫手千万别开门。

如果用手摸房门已感到烫手，火可能烧到门外了，此时一旦开门，火焰与浓烟势必迎面扑来，极易阻断逃生通道并陷入短时间内他人无法救援的困境。此时，需要按如下方法做。

✧ 关紧迎火的门窗，打开背火的门窗。

✧ 用湿毛巾、湿布将门缝堵塞，也可以将用水浸湿的棉被蒙住门窗，然后不停用水淋透，防止烟、火进入。

✧ 固守在房间内，等待救援人员到达。

火灾逃生要诀

✧ 发生火灾在楼上，逃生通道来帮忙，弯腰捂鼻往下跑。

✧ 有火烧身别奔跑，就地打滚记得牢。

✧ 被大火围困时，封住房门是前提，报警求助更有利。

✧ 拨打电话时切忌大喊“救命”，避免吸入浓烟的同时还可节省体力。拨打“119”说清详细地址，白天用色彩鲜亮的衣物，晚上用手电筒、手机闪光，便于让救援人员找到。

第三节　触电事故常发生，防患未然须先行

随着家庭生活的现代化，电及电器已经广泛运用于家家户户。我们在享受它所带来的便利同时，也要警惕其潜在危害，比如触电。触电后，电流对人的灼伤会引起强烈的肌肉痉挛，并且对呼吸中枢及心脏产生影响，可造成呼吸抑制、心脏骤停。2016 年我国因触电而死亡的人数高达 8 000 余人。掌握规范、正确的用电方式对居民十分关键。避免触电事故的发生，应从点滴做起。

一、导致触电的原因及预防方法

(一) 缺乏防触电常识

在日常用电中，许多居民都缺乏安全用电常识，不知道一些错误操作会带来触电危险，存在极大的安全隐患。

安全防触电小常识

金属裸露禁触摸，低电压下也不可；
雷雨天气需注意，树下躲避不合适；
站在高墙有危险，孤立高大招雷电；
户外电线要远离，攀爬拉扯要不得；
触导电物不可行；铁器导电要人命；
教育儿童防触电，家长一定记心间；
识别电源总开关，情况紧急会断电。

案例 1 小学生攀爬电线杆致触电身亡

小学生孙某与其同学一起放学回家，途经一电线杆时，和同学们打赌表演爬电线杆掏鸟蛋，结果在徒手攀爬电线杆的过程中发生了触电。触电后，孙某立即从电线杆上掉下来当场死亡。

注意：严禁攀爬电线杆，平时应尽量远离高压线和高压变电器，尤其注意不要在高压电线下放风筝。

案例 2 孩童将金属插入插座导致身亡

张某夫妻两人一直在外地工作，将年仅6岁的彤彤交给爷爷代为照顾。午饭后爷爷在门口散步，留彤彤和邻居小孩在屋内玩耍，没多久就听到一声尖叫从屋里传来。爷爷赶紧冲进屋，只见彤彤手中拿着一把铜钥匙，直挺挺地躺在地上。经邻居小孩回忆，事发时彤彤在接线板旁边玩耍，很有可能是拿着铜钥匙插入了接线板中瞬间触电，导致身亡。

注意：儿童在家时，一定不能大意，除了要做好一系列防护工作以防儿童触电之外，还要教育儿童远离易触电的地方，不做危险的事情。

案例 3 掉落电线引触电

某日赵老太外出回到家,发现家中的接地电线断了,掉在地面上,她伸手去捡,不料被断线的带电部位电倒,当场死亡。

案例 4 跨步电压触电

某村一电线杆上的电线被风刮断,掉入了水田里。某日,小学生小明往水田赶鸭子,当鸭子游到断线周围时,接连死去。小明见状便去拾死鸭子,不料才跨出一步就被电倒了。小明的爷爷跑到水田去救孙子也被电倒了。小明的父亲闻讯赶到去拉二人也被电击倒。结果三人均死在水田中。

千万要记牢:发现电线掉落后,无论其是否带电,人都应与落地电线保持安全距离。安全距离取决于落地电线电压的大小,至少 20m,距离越远越安全。

说一说跨步电压触电

当电气设备的接地线路发生故障时,很容易发生触电危险。例如,架空线路中的一根带电导线断落在地上时,电流会从导线的落地点向大地流散,在地面上形成一个以导线落地点为中心的电势分布区域,距离导线落地点越远,电流越分散,地面电势也越低。当高压线塔上的电线掉落到地面上时,如果有人行至落地点附近,只要迈开脚步,双脚之间就会产生电压差。因为人体的电阻有限,所以两腿之间就会有电流通过。当电流从两腿之间通过时,腿会抽搐,接着人就会跌倒。这时就会有电压和电流通过人体的重要器官,危险也由此而生。地面电压随着与导线落地点距离的减小而增加,人两脚之间的电压也会随着跨步的增大而增大。有实验表明:在人倒地后,体内电流持续作用 2 秒便可致死。

跨步电压触电的预防:

✧ 无论电线是否有电,只要发现其掉落在地,都切勿靠近,而且距离越远越好。在不能确认是否有电的情况下,应按照有电来处理。

✧ 得知已进入带电区域时,要小步单腿跳离,注意别跳得太远,以免自己跌倒,这样更危险。

✧ 如果不慎进入跨步电压区,切勿将双脚同时置于地面上,为预防两腿间跨步电压形成并造成对生命的危害,一定要用单脚跳着走,方向要与接地点相反,尽快离开跨步电压区。

(二) 电器设备安装不规范

家用电器在人们生活中的重要性不言而喻,但是安装家电时如果不规范、不小心,就可能引发触电危险,不仅损害电器,还会伤害人们的身体。所以,在安装家电时一定要十分小心!

✧ 尽量少在浴室中装电器,除排风扇专用插座外尽量不设别的插座。若必须安装其他插座,则应远离水斗、浴盆,并配装防水防潮盖和漏电保护器;应在洗衣机上方 15~20cm 处安装洗衣机的插座,以免其被淋湿。

✧ 不要在隐蔽处安装电冰箱的接地端子或接地极的插座;在厨房应安装多用插座,微波炉插座要接地极。

✧ 应选用防水、防潮的照明灯具;照明灯、排气扇、浴室取暖的安装高度至少为 2.2m,一般在浴室屋顶上安装取暖灯。

✧ 接临时电源时要保证使用合格的电源线、电源插头。保证插座安全可靠,以免有安全隐患。如果插座已经损坏,就不要再使用了。注意用绝缘胶布将裸露的电源线接头包好。

✧ 应该确保线路接头连接可靠、接触良好。

✧ 房间装修时，应该将隐藏在墙内的电源线放在专用阻燃护套中，要使用截面满足负荷要求的电源线。

✧ 使用电动工具，如电钻，需佩戴绝缘手套。

✧ 必须确保家用电器接线正确，如有疑问需及时向专业人员咨询。

✧ 使用家用电器时，应有外壳接地，并在屋内设置公用地线。

案例　配备安全的防触电保护设备及购置安全的电源插座极其必要

2014年无锡田先生在清理冰箱时发生了触电。家属回忆说："他手刚一伸进去，就被电倒了。"由于田先生家的总电源所处位置很高，来帮忙的邻居借助梯子爬上柱子才断了电。然而此时田先生倒在地上已经没了知觉，后虽经全力抢救，但也无力回天。

在调查事故原因时，一些问题显露出来：家中放置冰箱的地方并没有电源插座，田先生为了给冰箱通电，从别处接过两根电线之后，又用一个插线板接在两根电线上（零线和火线），而没有接上地线。除此之外，周围邻居说，在发生触电时，田先生家里总电源上漏电保护器的闸刀没有立刻弹起。这可能也是造成悲剧的重要原因。

注意：家用电器一定要有接地线。接地线是可以把高压转嫁给地面的一条连接地面的线，也叫安全回路线，可为我们的生命健康提供保障。此外，电闸的质量也很关键，劣质的电闸会阻碍漏电保护器行使功能。

（三）电器设备使用不当

通常情况下，在家用电器合格、操作与使用也符合要求的前提下是不会导致触电事故发生的。那么为了避免触电事故发生，我们应该怎么做呢？

案例　湿手碰电器很危险

2010年，居民常某发现厨房灯不亮了，想更换灯泡，在没有拉闸的情况下赤脚站在地面上换灯泡，因手上有汗，当场触电身亡。

注意:家中一定要安装漏电保护器,千万不能用湿手换灯泡,在维修电器时应先拉闸,再站在干燥的绝缘物上是相对安全的做法。

✧ 使用电器时严格按照说明书的要求:在使用新购家电时,应先仔细阅读说明书,对于说明书中的“警告”内容更是要多读几遍,然后严格按照说明书的指示来使用并注意保养。对于无法阅读说明书的老年人,应有专业人员在旁边指导使用。儿童使用电器要有成年人在场。

✧ 掌握安全用电常识:湿手不摸带电电器,也不用湿布擦拭使用中的家用电器。及时拔掉、停用家用电器的插头。不带电修理家中的线路或电器。关上开关、拔去插头后再搬动家用电器,并且注意避免磕碰。

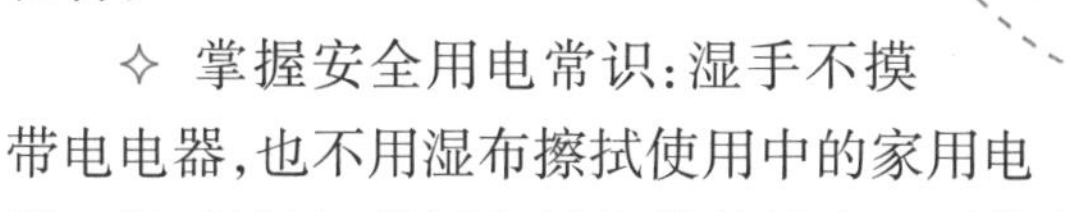

✧ 要有两级防触电技术措施:绝大多数在使用家用电器时发生触电死亡的情况,是因为家用电器的金属外壳因故障带电所造成。按照目前的技术水平,在家用电器的寿命期内,很难做到外壳不带电。为了避免家用电器金属外壳故障带电伤人,可采取保护接零、保护接地、安装漏电保护器等措施。国家安全用电标准要求,采用两级保护,即在保护接地或保护接零的基础上安装漏电保护器,形成“双保险”来防止触电,确保电器在使用时万无一失。

漏电保护器知多少

✧ 什么是漏电保护器?

漏电保护器(漏电保护开关)是一种电气安全装置。在低压电路中安装漏电保护器,当发生漏电和触电,且达到保护器限定的动作电流值时,它就会立即在限定的时间内自动断开电源。

✧ 如何选用漏电保护器?

漏电保护器的选择应根据使用目的和作业条件而定。①以防止人身触电为目的:安装在线路末端,选用快速型、灵敏度高的漏电保护器。②以防止触电为目的:与设备接地并用的分支线路,应该选用中灵敏度、快速型漏电保护器。③以防止由漏电引起火灾和保护线路、设备为目的:应选用中灵敏度、延时型漏电保护器。

(四) 电器设备维护不及时

在掌握电器使用方法的同时,也要注意对其的维护与检查。在日常生活中,因年久失修、线路老化等问题造成的触电事故也是十分常见的。预防措施如下:

✧ 当电器内发生故障,如漏电、短路或断路时,要及时维修。未经维修,不能使用。

✧ 插座、灯座和开关等电灯附件,或者线路电器元件存在触点松脱或绝缘老化,外壳、基座破碎等引起的漏电、短路或断路等故障,应及时修复或更换存在故障的附件和元器件。

✧ 若短路和漏电故障是由连接工艺失误和加工不良引起的,应该按照工艺要求和规范化操作要求重新加工。

✧ 若故障是由芯线截面积过小或导线绝缘老化引起的,要及时更换符合要求的导线。

✧ 若发生的短路和过载等故障是由乱装熔丝或盲目超额用电引起的,应提高安全用电意识以确保供电线路和设备的安全运行。

如何挑选质量好的带线多位插座

1. 材料选择　绝缘性、阻燃性、防潮性和抗冲击性好,性能稳定、不易变色。

2. 外观手感　表面平洁光滑、有质感、颜色均匀;品牌标识饱满清晰,表面没毛刺。用手掂一掂,有分量,不轻飘。开关按钮弹性极好,顺畅有力度。

3. 功率选择　视具体情况而定，大功率家电在现代家庭中的使用越来越多，最好买16A能承载4 000W的插座，大小电器都可以用。

4. 带有地线　符合新国标带线多位插座的每个插头上有3个插孔，其中一个连接地线。新国标则要求带线多位插座的三孔和两孔是独立分开的。没有地线的带线多位插座，漏电时容易伤及人体。

5. 安全认证　经国家认证并且符合国际行业标准：如强制性产品认证（"3C认证"）、国际标准化组织"ISO9000"系列认证等。获得安全认证的产品，都会设置相应标识或者于包装或说明书中注明。

按照新国标规定，插座整体都要获得"3C认证"，而没有获得强制性产品认证证书和未标注强制性产品认证标志的插座将不得出厂销售。

（五）室外电线引起的漏电

误触室外掉落的电线或对触电者施救不当都有可能造成触电死伤。因此，发现断落在地的电线，不可直接用手触碰。特别是看到高压线断落在地时，应与之保持20m以上的距离，并联系供电部门，请专业人员来处理。

二、触电者的救助

（一）触电的自救

若发生触电，周围找不到救援人员，触电者须沉着冷静，进行自救。人在触电后的最初几秒内，还没有完全丧失意识，可以一边呼救，一边奋力跳起，使流经身体的电流失去导电的线路。

（二）身边有人发生触电怎么办

人触电后不一定会马上死亡，通常会出现神经麻痹、呼吸中断、心脏停搏等症状。很多人因为害怕触电者身上带电或以为其已经死亡而不实施急救。其实，触电者只是进入昏迷状态而已，只要现场抢救及时、方法得当，触电者是可以获救的。事实证明，在触电后1分钟内进行救治，

90% 触电者会得到较好的效果；但在触电 12 分钟后才开始救治，救活触电者的可能性就非常小了。所以，及时救治至关重要。

案例　触电施救案例

2006 年，陕西的一个 6 岁男孩在外玩耍时，用手抓住低压电线转圈，被电倒地。见此情况，同行的两个小伙伴立刻上前拉他，结果也被电倒。一名经过的路人见状，用木棍将电线剥开并叫来救护车，三个孩子才及时得救。

注意：切忌触摸触电者，否则也会有触电危险！

救助触电者的正确做法如下：

第一步，遇到身边有人触电，应该立即拉下电闸，切断电源，或用不导电的竹棍、木棍等将导电体从触电者身上挑拨开。注意：对于高压设备上的触电者，应通知有关部门来处理，在电源没有切断或触电者还没脱离电源时，切勿触摸触电者。

第二步，触电者脱离电源后，应根据伤势的严重程度进行相应的抢救措施。

✧ 若触电者伤势不重，可将其平卧，解开领扣和缚身的束带，保持密切观察，请医生前来诊治伤者或将其送往医院。

✧ 对于伤势较重、已经失去知觉，但还有心跳和呼吸的触电者，应使其舒适、安静地平卧，疏散周围人群，使空气流通，将其衣服解开使其顺利呼吸（若天气寒冷，须保持伤者温暖），并速请医生诊治或送往医院。

✧ 如果触电者伤势严重，心跳和呼吸都已经停止，应立即实施心肺复苏，进行人工呼吸、心脏胸外按压，直至触电者恢复呼吸和心跳（具体操作详见第六章第四节）。注意：等待医生到来的同时应尽快实施急救，并且在送往医院途中也不能停止。

✧ 在对触电者采取急救措施时，应注意触电者是否有其他损伤。比如触电后弹离出去或从高空跌下，发生颅脑外伤、内脏破裂、四肢和骨盆骨折等。如果有外伤、灼伤，均须同时处理。

第四节 饮食安全须注意，祸从口入要牢记

“民以食为天”道出了食物对于人类的重要性，而频发的食品安全问题和安全事件，也在一次次提醒我们食品安全问题不容忽视。有关资料显示，我国食物中毒事件年均299起，平均每年约祸及11 946人、致死200多人。这不仅与市面上存在大量伪、劣、有害、有毒食品有关，也与人们的不良饮食习惯有关。长期以来，很多人的食品安全常识存在大量误区，本节就带领大家一起了解一些关于食品安全的常识。

一、食品的选购及保存

（一）食品的选购

选购食品，牢记伪劣食品防范“七字法”。

✧ 一防“艳”：如果食品的颜色过分艳丽，要多加注意，有可能存在添加色素的问题。

✧ 二防“白”：如果发现食品呈现出不自然的白色，也要注意，食品里很有可能掺加了增白剂、面粉处理剂、漂白剂等化学品，可危害人体健康。

✧ 三防“长”：尽量少吃保质期过长的食品。在3℃以下贮藏的采用巴氏杀菌法处理的熟肉禽类产品，一般有7~30大的保质期。

✧ 四防“反”：是指反自然生长的食物，这类食物食用过多可能会影响身体健康。

✧ 五防“小”：要提防小作坊式加工的产品。小作坊生产的食品的平均抽样合格率较低，食品安全事件大多发生在小作坊。

✧ 六防“低”：是指价格明显低于市场一般价格水平的食品。价格过分低于正常水平的食品往往有问题。买东西不要太贪图便宜。

✧ 七防“散”：即散装食品，有些来自集贸市场销售的散装豆制品、散装熟食、酱菜等可能存在安全风险。

小 贴 士

成品包装看标志，打折促销慎购买

买包装食品时要注意查看标志，如“QS”（即企业食品生产许可，现更新为“SC”，既是食物生产许可证标志，又是食品安全市场准入标志）；同时还要注意生产日期与保质期，购买包装上生产日期、保质期、厂名、厂址齐全的食品。临近保质期产品慎重购买，不要贪图便宜。

（二）食品的储存

✧ 生熟食品分开放。

✧ 食品保存不能超过保质期。

✧ 改善食品储存的条件，应做到阴凉、通风、避免光照、防鼠防虫。

✧ 储存的食物要远离有毒物品。

二、食品制作

世界卫生组织推荐的食品安全制作10项“黄金守则”如下：

1. 选择经过安全处理的食品　要选择经过验定的，无污染、安全、优质的绿色食品。以下4类是公认的有害食品，应尽量不吃。

✧ 有毒食物：如毒蘑菇（采摘野生蘑菇有危险）、发芽的马铃薯、河豚、生四季豆、苦杏仁、生木薯、动物甲状腺等。

✧ 被污染食物：如被农药污染的水果、霉变食物、假酒（含甲醇）等。

案例　霉变食物中毒

孙女士由于胃部不舒适，伴有腹胀、厌食、呕吐、尿黄等症状，被诊断为“乙型肝炎”，使用“抗病毒和护肝药”等药后未见好转。近日，孙女士症状加重，偶尔还会有一过性发热，遂转诊到上级医院，最终发现引起她患病的罪魁祸首是从老家带回来的土榨花生油。由于生产、保存不当，油中存在大量黄曲霉素，导致孙女士中毒。得知真相的孙女士后悔莫及。

榨油的原料不好，储存不当或时间过长，油里就会有大量的黄曲霉菌。黄曲霉菌产生出黄曲霉素，当人们食入含有黄曲霉素的食物后，毒素多存留在肝脏中，严重损害肝脏健康。

问题1 把食物发霉的地方处理掉后还能吃吗？

最好不要吃！我们肉眼看到的发霉部分是完全发展成型的霉菌菌丝，但还有许多我们看不见的霉菌在其周围。同时，霉菌产生的细胞毒素会在食物中扩散，扩散范围取决于食物的质地、霉变的严重程度及含水量。我们无法通过肉眼观察判断整个食物被污染了多少。因此一旦食物产生霉变，特别是水果、蔬菜、面包等食物，把它扔掉是最安全可靠的做法，不要冒险地只处理掉有霉菌的地方。

问题2 对发霉的食物进行高温处理可以吗？

高温处理也没用！黄曲霉毒素在水中的溶解度很低，水洗无法将其破坏，即使菌丝洗掉了，但内部毒素还在。黄曲霉素的裂解温度在280℃以上，一般的烹饪温度是达不到的（一般油炸温度不超过200℃，爆炒下八成热的油锅也就在230℃以内）。

问题3 发霉食物对人体有什么危害？

食物发霉后会产生黄曲霉素，这是世界卫生组织癌症机构划定的致癌物，能够破坏人和动物肝脏组织，严重时可导致肝癌甚至死亡。

问题4 如何避开高温和紫外线都杀不死的黄曲霉素？

✧ 存放得当：对易产生黄曲霉素的食品要注意存放得当，这有利于延长食品的保质期。例如，花生、大米等要放在阴凉、通风、干燥的地方。新鲜食品要“现用现买”，尽量别囤积过多，并且避免淋雨、返潮。

✧ 快速识别：黄曲霉素有苦味，如果在食用花生、核桃等时尝到苦味，应马上吐出来并漱口。

✧ 油热了先加盐：食盐能中和、降解花生油中的黄曲霉素。将花生油等食用油倒入锅里加热后，并加入少量食盐，搅拌10~20秒，能消除部分食用油里的黄曲霉素。

✧ 多吃绿叶蔬菜：绿叶菜中的叶绿素能够阻止黄曲霉素吸收，预防肝癌的发生。在不小心吃下含有黄曲霉素的食物时，绿叶素会使黄曲霉素的作用失效一部分。

✧ 油炸食物：在炸、熏、烤过程中，食物（特别是动物性食物）会产生苯并芘，这是一种强致癌物质。所以，尽管炸鸡、熏肉、烤串美味，但还是要少吃为宜。烤制的饼干和酥糖类食品在烤制过程中，不饱和脂肪酸会变成反式脂肪酸，食用过多有发生动脉硬化的风险。

苯并芘知多少

作为世界公认的致癌物，苯并芘对人体健康有极大危害。

1. 苯并芘的来源　日常生活中的苯并芘多有以下来源。

✧ 环境与原料：煤、天然气、石油等不完全燃烧产生的废气、汽车尾气、沥青污染、吸烟产生的烟雾等均含有苯并芘。

✧ 加工环节污染：熏烤食品时，食品中的脂肪、胆固醇在高温下热解或热聚形成苯并芘。油温越高，苯并芘量越多。

2. 苯并芘的危害　苯并芘通常通过吸入、食入、皮肤吸收等渠道入侵人体，可诱发肝癌、胃肠癌、肺癌、皮肤癌等，尤其可对眼睛和皮肤造成强烈刺激。苯并芘有致癌、致畸和致突变的危害，若母体受到危害可经胎盘作用到子代，致使胚胎死亡、畸形，降低幼儿的免疫功能。长期性和隐匿性是苯并芘毒性的一大特点，人在食用或接触后，有20~50年的潜伏期。

3. 饮食方式要健康　蒸、煮、炖等是比较健康的烹饪方式，熏制、烧烤、煎炸的食物要少吃，尤其不要吃烧焦的肉制品。为了减少苯并芘的产生，烹饪时应尽量避免油炸，并且注意控制油温，吸油烟机要早开晚关。

✧ 腌制食品：腊肠、腊肉等腌制食品内含的亚硝酸盐有很强的致癌作用。

2. 烹调食品时要彻底加热

✧ 病菌/病毒感染：研究证明，烹饪时若不将食品彻底加热，则不能有效地将病菌/病毒杀死，因此食品在食用前一定要煮沸、煮熟。在吃火锅时，很多人为了保持牛羊肉等鲜嫩的口感，在没完全煮熟时就直接食用，这可能使得动物体内未被杀死的布鲁菌进入人体，损害人们的健康。毛蚶肉质鲜嫩，深受人们喜爱。每当夏季来临，大排档上就会出现它的身影。但你们知道吗？毛蚶等水生贝类是甲型肝炎病毒在人体外最重要的传播媒介之一。被甲肝病毒污染的毛蚶,若在没有加工熟透的情况下被人食用,甲肝病毒也可能进入人体。

✧ 中毒:四季豆、扁豆、刀豆、豇豆等豆荚类蔬菜若未经彻底加热煮熟,其中的皂素、红细胞凝集素等有毒物质没有被彻底破坏,人食用后有中毒风险。未经彻底煮沸的豆浆中也会存留未被彻底破坏的皂素、抗胰蛋白酶等有毒物质。在煮生豆浆的时候,我们会看到泡沫上浮涌动,便误以为豆浆已经煮好,其实这只是一种"假沸"现象,并没有达到煮沸程度,这时我们应将泡沫除净,继续加热,待其真正沸腾后,再以文火持续加热,使其持续沸腾 5 分钟。

案例 食用生鱼片致寄生虫病

"医生,我最近总觉得肚子胀、恶心,肝还有点疼。"郭某来到了山东省某寄生虫病防治研究所求医。经过检查发现,郭某的肝里有许多小虫子。后经询问得知,郭某平时喜食淡水生鱼片,因为食用了含肝吸虫虫卵的生鱼片而得了肝吸虫病。

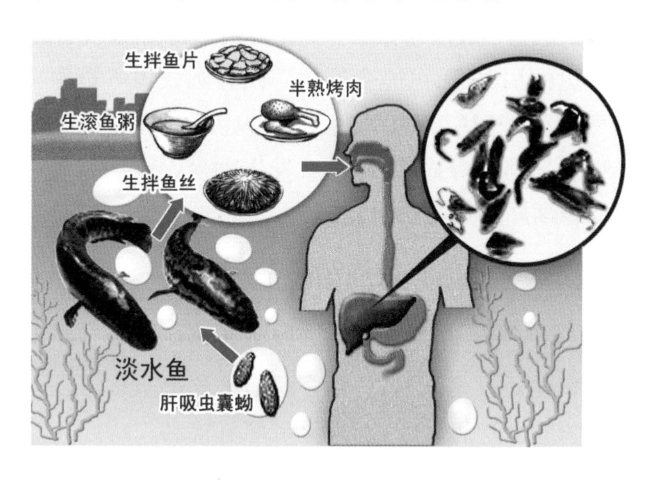

✧ 寄生虫感染:在自然状态下,寄生虫常寄生在蛙、螺、鱼、虾体内。由于寄生虫害怕冷,更害怕热,只要加热彻底,寄生虫和虫卵都会被杀死。因此,造成寄生虫病的关键并非寄生虫的寄宿,而是人们加工和食用的方式。如果经常采取生食或半生食的方式,则感染寄生虫风险加大。蘸芥末、食用时喝点高度酒、蘸醋……这些平时我们认为能消除寄

生虫的方法其实并不管用，如异尖线虫在酸性环境下，活动能力反而会增强。

与海水鱼相比，淡水鱼可感染的寄生虫种类要多些，因为淡水鱼种类多样，寄生在淡水鱼身上的虫子也更富集。抑制细菌生长和杀死寄生虫的最有效方法就是高温或冷冻。深海鱼从打捞上来到在市场上销售期间一般要经过一个标准的处理过程，其中就有冷冻这一环节，可消灭一部分寄生虫。专家解释，鱼的中心温度至 -5℃以下，可以使寄生虫死亡，生化反应停止，达到防止腐败的目的。所以，如果喜欢吃生鱼片，建议大家通过正规渠道购买深海生鱼片，冷冻一定时间或者高温烹制后再食用。

田螺肉鲜味美，含有丰富的维生素 A、蛋白质、铁和钙，但同时也带有大量的寄生虫。若食用了未熟透的田螺，田螺里的寄生虫就会进入人体并在人体内存活。轻者可能无明显症状，重者则会出现乏力、食欲不佳、腹痛腹胀、消瘦、胆汁淤积导致肤色变绿等症状。若寄生虫进入肝胆管，还可能导致严重的胆囊炎、胆管炎，甚至肝硬化或肝癌。

福寿螺属软体动物，外观与田螺相似。由于福寿螺具备个体大、适应性强、生长繁殖快等众多特点，一些餐馆用福寿螺来代替田螺。人食用了未充分加热的福寿螺，可能会发生广州管圆线虫等寄生虫病。2006 年暴发的福寿螺事件曾引起极大轰动，多人因食用福寿螺而患病，出现了头痛、发热、颈部僵硬等症状，严重者发生痴呆，甚至死亡。由此可见，福寿螺一定要经彻底加热煮熟再食用。

福寿螺与田螺的辨别

外壳颜色：田螺为青褐色，福寿螺为黄褐色。

椎尾：田螺的椎尾长而尖，福寿螺的椎尾平而短促。

螺盖：田螺的螺盖较圆，福寿螺的螺盖较扁。

卵：田螺的卵为透明色，福寿螺的卵呈粉红色。

小龙虾又名克氏原螯虾，生活于淡水中，是杂食性动物。许多年前，小龙虾还是难登大雅之堂的“杂菜”，如今却成为许多人心中的完美夜宵。然而，食用小龙虾可能会有很多健康隐患。小龙虾体内含有肺吸虫，食用未经煮透的小龙虾非常容易使人感染肺吸虫。肺吸虫在人身体上主要寄居于肺部、大脑、肌肉等部位。成虫和童虫的寄居、移动都会极大地伤害人体。移动到大脑的寄生虫，会导致人产生严重的头痛、癫痫、视力下降，甚至可出现偏瘫、失语的症状。

肺吸虫的一生

肺吸虫虫卵进入水中发育成毛蚴，并钻入第一中间宿主——螺体内形成胞蚴，之后发育为母雷蚴、子雷蚴，再发育成尾蚴；尾蚴脱离螺体侵入第二中间宿主——石蟹、蝲蛄、小龙虾体内发育成囊蚴。人吃了生的或未煮熟的石蟹、蝲蛄、小龙虾，就会使得囊蚴进入小肠。幼虫脱囊而出，穿过肠壁到腹腔，再穿过横膈进入肺内发育为成虫。成虫在宿主体内可活5~6年，长者达20年。

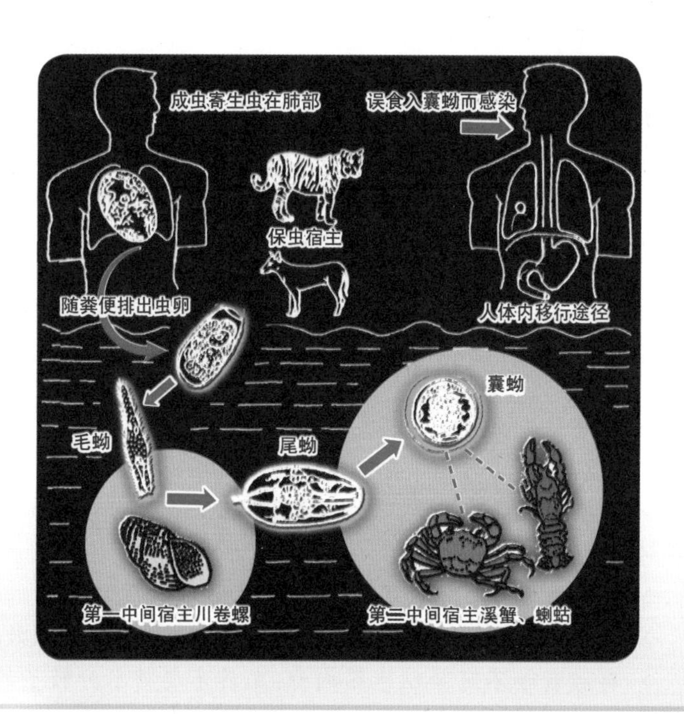

如何健康吃小龙虾

自己在家做小龙虾比较安全卫生，建议在加工前，用清水喂养小龙虾24小时左右，使其尽量吐出代谢物，烹饪前用刷子洗刷虾身，去掉肠线。如果在外就餐，应选择正规、卫生的餐馆就餐。

简易辨别优质小龙虾方法：如果闻到浓烈腥味，且虾体散开、发直，用手触摸无弹性、壳身有较多黏性物质则极有可能是死虾。观察腮部的颜色也可以辨别小龙虾是否干净。一般而言，腮部呈黄白颜色说明小龙虾相对干净，如果是黑色则要注意小龙虾是否干净卫生。如果虾钳很少或很容易脱落，可能是商家使用了洗虾粉（洗虾粉中含有工业强酸“草酸”，对人体有害）。

3. 做好的熟食立即食用　做好的熟食要立即食用，长时间放置易被细菌污染。例如，金黄色葡萄球菌广泛存在于空气、水、土壤、人的皮肤及鼻咽内，容易在富含水分、蛋白质、淀粉的食物中繁殖并产生外毒素，且毒素会随着搁置时间的延长而增多。

4. 注意熟食品的贮藏　若不得不提前做好食品或需要对剩余食品进行储存时，我们需要注意一防变质，二防污染。熟的食物储存应置于60℃以上的热保藏条件或10℃以下的冷藏条件。婴幼儿食品最好现做现吃，不要储存。

电冰箱储存食物的注意要点

✧ 将熟食品放入冰箱前要先将其冷却到室温。

✧ 用水清洁过的食品要把水珠擦干后再放入冰箱。

✧ 为防止食品水分蒸发、串味，在将食品放入冰箱前最好进行密封。

✧ 按种类将食品分开存放，常吃食品放在储存架前面。

✧ 不宜将冰箱内食物堆得过满，无空气流通会影响冷藏效果。

✧ 存放食物不可紧贴冰箱内壁，尤其不要将水分较多的食物贴着冰箱内壁存放，以防冻结在内壁上。

✧ 存放于冰箱内的食品要经常检查，看是否有食品放置太久而变质。

✧ 香肠、火腿储存时间太久易产生肉毒杆菌，其毒素较强，会引起食物中毒。

5. 勤洗手 人们的手上有许多细菌。我国有资料显示，一般人手带细菌率达到15%左右。人手的皮纹、指甲沟、指甲盖边缘隐藏着数十万甚至数千万个细菌。这些细菌多是导致肠道传染病（如痢疾）的元凶。所以，一定要养成良好的洗手习惯。

便后、烹调前、饭前、接触污染物后，都要洗手。当手上有伤口或化脓时，不要直接接触食品。洗手时，最好用流动的自来水，并再用肥皂、香皂、洗手液等进行清洁。若接触了污染物，可使用250~1 000mg/L的1210消毒液，也可使用经批准的市售手消毒剂。

正确的洗手步骤

1. 掌心相对，手指并拢，相互摩擦。
2. 手心对手背沿指缝相互摩擦。
3. 掌心相对，双手沿指缝相互摩擦。
4. 双手指交锁，指背在对侧掌心。
5. 一手握另一手大拇指旋转搓擦，交替进行。
6. 指尖在对侧掌心中前后擦洗。

6. 防范鼠类、昆虫及其他动物污染食品 昆虫、鼠类及其他动物身上很容易感染沙门杆菌。食用被以上动物污染的食物，可能会引起人体发生沙门杆菌感染。因此，如果发现食物被虫鼠污染，应马上丢弃。

7. 经贮藏的食品在食用前一定要彻底加热 很多人认为将熟食品冷藏在冰箱能消毒，然而经检测证明，很多病原微生物对低温有较强的耐受力，在低温下“冬眠”，等到达适宜温度时又会“东山再起”。因此，经过冷藏的熟食也要彻底加热后才能食用。

8. 防止生食品污染熟食品 为防生食品上的大量细菌污染到熟食品，要分开储藏生、熟食品，加工生、熟食品的刀和砧板要分开，不要共用一个。

9. 注意保持厨房用具的清洁 有数据表明，每平方厘米的菜板上，有200多万个葡萄球菌、400多万个大肠埃希菌等会引发肠道疾病的细菌。因此，要注意厨房内用具表面的清洁与消毒。

将食具和盛具清洗干净并消毒后放在防尘、防蝇的地方。在家中常用的消毒方式多为煮沸。如果家庭中有肝炎、肺结核患者，他们的食具

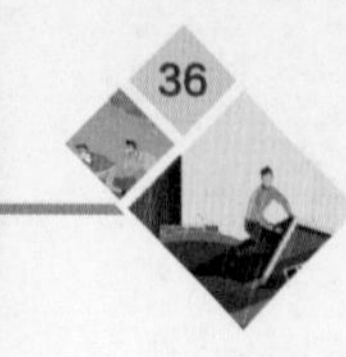

要先消毒再清洗，再进行第二次消毒。第一次消毒要求煮沸15~30分钟，第二次消毒煮沸15分钟，并且要找一个固定容器放置消毒后的食具。使用消毒剂时，应先阅读说明书，注意消毒剂的浓度、使用温度和保持期限。消毒剂只有达到有效浓度才能达到杀菌效果，如碗碟、菜板、刀具等用的浓度一般为1∶300。注意：消毒时要将用具全部浸入水中；煮沸法消毒的时间从煮沸时算起。

10. 使用清洁水　专家建议，如果所在地区水源达到卫生标准，饮用自来水是最好的选择。但要注意三点：①饮用烧开的水；②要喝新鲜开水；③要尽量饮用温开水。

三、食品食用

为保障自身食品安全，进食前应该注意：

✧ 勿食用不干净、腐败变质的食物。食物变质会有酸、苦味儿，食用后会引发食物中毒。

✧ 室温下放置时间过久的熟食和剩余食品最好不要再食用。

✧ 不随便吃野菜、野果。有的野菜、野果中含有毒素，一般人很难辨别。

✧ 生吃瓜果要洗净并尽可能去皮。皮上可能会沾染农药、杀虫剂、病菌、病毒、寄生虫虫卵等，清洗不净会有中毒和染病的风险。

✧ 养成吃东西前先洗手的习惯。我们双手每天都要接触不同的东西，极易沾染病菌、病毒和寄生虫虫卵。因此，洗净双手更能保障我们的健康。

✧ 不要光顾无证无照的流动摊位和卫生条件不佳的饭店。一些劣质食品、饮料往往出现在这些地方，食用后会影响我们的健康。

食物中毒知多少

1. 如何判断食物中毒？

✧ 短时间内出现大量患者有相同症状、有共同的进食史，并且不吃这种食物不发病，停止食用这种食物后不再出现中毒症状。

✧ 一般在用餐后4~10小时发病，高峰期是在用餐后6小时左右。

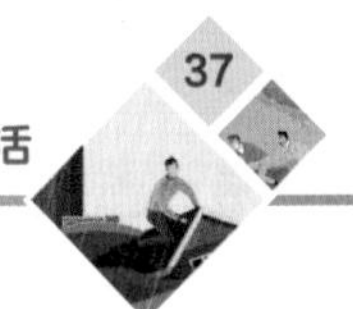

✧ 食物中毒后首先出现的症状往往为腹部不适，一般先会感觉腹胀，有些患者还会腹痛，个别患者还会出现急性腹泻。

✧ 主要症状：恶心、呕吐、腹痛、腹泻，伴有发热。吐泻严重者还能发生脱水、酸中毒，甚至休克、昏迷等。

2. 发生食物中毒如何处理？

如果身边有人有上吐下泻、腹痛等食物中毒症状，应马上停止进食可疑食物，同时立即拨打“120”急救电话。在等待急救车到来期间，可以采取下列措施进行自救：

✧ 催吐：如果服用有毒食物的时间在1~2小时内且患者清醒，可使用催吐方法。例如，服用淡盐水或温开水，多喝几次，促进呕吐；亦可用100g鲜生姜捣碎取汁，用200mL温水冲服；还可以用筷子、手指等刺激咽喉，引发呕吐。

✧ 导泻：对吃下中毒食物时间较长（超过2小时），且精神较好的中毒者，可适当服用泻药，通过导泻将有毒食物排出体外。

✧ 保留食物样本：为确定是何物质引起的中毒，要在发生食物中毒后保留可能导致中毒的食物样本，以便有关部门进行检测。若没有可保留的食物样本，也可保留中毒者的呕吐物和排泄物，以方便医生确诊和救治。

第五节 安全饮水防污染，这些妙招可消减

饮用水可在取水、制水、输配水、贮水等过程中被污染。在日常生活中，乱排放生活污水及废弃物（垃圾）、工业废水或固体废弃物（废渣）、忽视水源卫生防护、水净化和消毒不彻底、水的输配和贮存环节卫生管理工作不到位等因素都会导致污染物进入水中，改变水质的生物种群特性、组成以及理化特性，继而导致水质恶化，给人体健康带来危害。当前，饮用水污染问题仍时有发生，因此在用水时一定要格外注意，一旦饮用污染水，极易导致各种慢性或急性中毒，危害健康。那么，我们应该如何预防和应对饮用水污染呢？

一、判断饮用水是否污染的方法

✧ 看:有些污染物溶于水后有颜色,水体被这些污染物污染后,就会有颜色。一旦水变色就说明可能是被污染了。此外,可将水放在高度透明的玻璃杯内,对着光线看是否有杂质悬浮或者沉淀。

注意:一些会生锈的管道在锈蚀后也会污染水体,使水变色,但这种颜色变化一般只出现在每天第一次放水时,水放一会儿就会恢复清澈,变色时间不长。

✧ 闻:水体被污染后,会有异味出现,所以当闻到饮用水有异味时要提高警惕,及时停止用水并查明问题所在。

✧ 摸:有些无色无味的无机物混入水中很难被肉眼发现,但是它们具有一定黏性。所以,若在关水龙头时发现水体出现吊丝(注意与水滴的正常特征区分),用手搓时有滑腻感,用筷子能拉丝,就应特别注意了。

✧ 煮:若烧开的水泡茶隔夜后变黑,则说明水中锰、铁元素超标。

注意:在有关部门做出权威鉴定之前,切勿相信任何"小道消息",以讹传讹。

二、农村常见饮用水污染问题

当前,农村饮用水存在许多安全隐患,如苦碱水、氟超标水、污染水等,严重影响居民健康。

✧ 急、慢性中毒:被毒性物质污染的水体经食物链进入人体会引起中毒,如氟中毒、铅中毒、铬中毒、砷中毒等。

✧ 以水为媒介的传染病:水体被人畜粪便等生物性污染物污染后,会引发霍乱、痢疾、伤寒等细菌性传染病,还可引发病毒性肝炎等病毒性传染病。有血吸虫、钩虫、蛔虫等寄生虫的水体还会引发各种寄生虫病。

✧ 致癌作用:若长时间饮用被铬、砷、苯胺等致癌物污染的水体,则可能诱发癌症。

✧ 其他影响:阻碍水的正常使用;铜、锌的含量过高会对微生物的生长造成影响,降低水的自净能力。

农村居民如何预防水污染

第一步：选用安全饮用水源。

农村地区的饮用水多数源于山泉水、井水以及小型集中式供水（自来水）。

✧ 若以井水为水源，应该选择水质良好的地方来修井，方圆 30m 内无垃圾堆、畜栏、渗水粪池和工业废渣、废水等污染源；井口加盖，井底用沙石铺严；井的上部 2~3m 要有不透水的井壁。

✧ 若以山泉水为水源，应该尽量将山泉水净化，将其在密闭条件下引入水塔，同时将贮水塔管理好，并在必要时进行消毒处理。

✧ 若以河流或水库水为水源，应选择有卵石河沙、水面清澈的水源，做好水质净化与消毒。

若发现水源出现下列性状变化，应停止饮用并将水样送至有关部门检测：①水体有异色、异味，肉眼可见水中有杂质悬浮或水品尝起来发苦、涩、咸；②水烧开后泡茶，茶水隔夜后变黑；③有水垢结在开水壶、热水器内壁上。

第二步：养成安全饮水习惯——下面 6 种水别喝。

✧ 生水：指未经消毒处理过的水。经常喝生水对健康不利。生水中可能含有多种细菌、病毒和寄生虫（卵）等，如血吸虫及其虫卵、大肠杆菌、肝炎病毒、诺如病毒等对人体有害的生物。经常喝生水者，患急性胃肠炎、痢疾、病毒性肝炎及血吸虫病、绦虫病、钩虫病等的可能性会增大。

✧ 久置水：开水久置，其中的含氮有机物会被持续分解，生成亚硝酸盐，同时细菌污染很难避免，含氮有机物被加速分解，产生更多的亚硝酸盐。若饮用这种水，可能发生血红蛋白与亚硝酸盐结合，严重影响血液运氧功能。因此不宜饮用多次煮沸的残留水、存放多日的开水以及放在炉灶上沸腾很久的水，因为它们的成分已经发生变化。

✧ 未煮开的水：自来水一般都经氯化消毒灭菌处理过，但仍可从中分离出 13 种有害物质，其中氯仿和卤代烃的致畸、致癌作

用明显。在水温达 90℃时，卤代烃的含量可由原先的 53μg/kg 升至 177μg/kg，超出国家饮用水卫生标准 2 倍。直接饮用未经煮沸的水者，患直肠癌、膀胱癌的风险会增加 21%~38%。但在水温达到 100℃时，氯仿、卤代烃的含量会随水的蒸发而降低。因此，水持续沸腾 3 分钟后再饮用将会更加安全。

✧ 早上水龙头刚流出的水：一些人有早晨起床后直接打开水龙头，接杯自来水喝的习惯，这种做法是不科学的。停用一夜的水龙头和水管中的自来水是不流动的，管壁及水龙头中的金属会与水发生反应，造成金属污染，残留在水中的微生物也会迅速繁殖。

✧ 老化水：长时间贮存的不流动水，也就是所谓的“死水”，若被经常饮用，会显著降低未成年人细胞新陈代谢的速度，给其生长发育带来不良影响，还会加速中老年人的衰老。研究发现，这一些地方胃癌、食管癌发病率高可能与长期饮用老化水有关。研究数据显示，随着贮存时间的增加，老化水会产生越来越多的有毒物质。

✧ 蒸锅水：就是蒸馒头、包子等食物后的剩锅水。食物中的硝酸盐和亚硝酸盐可能随着蒸汽流入锅中，再经过加热和浓缩，因此蒸锅水中的亚硝酸盐很容易增加至有毒程度。

第三步：水的净化与消毒。

以河水、山泉水、水库水为水源的饮用水，入户前应做好净化和消毒工作，尤其是在发生洪灾等自然灾害之后。

✧ 净化：可以直接静置澄清或者用砂子进行过滤，也可加入硫酸铝等混凝沉淀剂进行沉淀净化。

✧ 消毒：可采用以下 3 种方法。

(1) 直接加氯法：可使用漂白粉精（先将其捣碎，再加入冷水搅拌成糊，最后将其放入水缸或水井中）。

(2) 煮沸法：这是饮用水消毒效果最好的方法之一。

(3) 持续加漂白粉法：每加一次药，消毒大约可维持 1 周（定期投放药物或测水中余氯都需专人定期操作）。

三、城市常见饮用水污染问题

在城市,饮水机的使用越来越普遍。调查资料显示,很多常见肠胃病,如呕吐、腹泻等都是由于饮水机长期不清洗而导致饮用水污染而引起的。常言道"病从口入",我们应当注意饮水机的清洗消毒工作。此外,一些有条件的家庭在家中使用了净水器,但是净水器在对水进行过滤或处理时会使过滤芯附着许多杂物,长时间不清洗也会滋生细菌。

下面我们来讲一下清洗饮水机的方法。

饮水机应至少每2个月清洁一次,夏季建议每个月清洗一次,方法及流程如下:

1. 切断饮水机电源。

2. 将红色和蓝色出水口开启,直至有水放出后关闭,再双手捧住水桶将其取下。

3. 清洗饮水机外部和聪明座。

4. 在贮水罐中倒入白醋(也可用600mL饮用水专用清洗消毒液,如次氯酸钠等)进行消毒。

5. 静置10分钟,然后开启所有水龙头,直至排尽消毒液。

6. 将机器背部或底部放水阀旋开,放出饮水机内的全部消毒液。

7. 反复用纯净水或开水清洗,尽可能保证每次清洗时水在机内停留数分钟。

8. 将放水阀旋紧,完成消毒灭菌工作。

清理饮水机的误区,看看你中了几条

✧ 误区一:拔电源,取水桶,将饮水开关打开,将机腔内的剩余水放出。

专家评析:我们在对饮水机进行消毒时,应该先将机腔内的所有水排出,但仅仅打开饮水开关,是不能将水排尽的,所以用此种方法进行消毒是不科学的。

正确做法:先将饮水机后的排污管打开,将余水排净(因为致使饮水机二次污染的关键是剩余在排污管里的水),然后再将所有水龙头打开,将残余水排出。

✧ 误区二：通过打开饮水机的开关来排尽消毒液。

专家评析：打开饮水机开关仅能排出部分消毒液，腔体内还会有残留，若排不尽将会变成新的污染源。

正确做法：将包括排污管的所有饮水机开关打开，将消毒液排净。

✧ 误区三：用1 000mL清水冲洗整个饮水机腔体，然后将所有开关打开来排水。

专家评析：用1 000mL清水冲洗饮水机是远不够的，这会使饮水机内残留消毒液。

正确做法：用7 000~8 000mL清水连续冲洗饮水机腔体，并将所有开关打开以将所有的冲洗液体排出。

✧ 误区四：用抹布擦洗饮水机出水口处的后壁。

专家评析：饮水机出水口处的后壁很容易与接水的杯子接触，所以仅做去污处理是不够的。

正确做法：用酒精棉球擦洗出水口处的后壁。

✧ 误区五：消毒完毕，将桶装水放上后立即放水饮用。

专家评析：消毒工作完成后，饮水机内有可能滞留微量消毒液，因此水不能立即放出饮用。

正确做法：接一杯水，闻闻是否有氯气味。若有，就继续放水直至不再有氯气味，此时的水才能安全饮用。

你分得清硬水和软水吗

在日常生活中，我们可以买到不同品牌的瓶装饮用水。它们无色、透明、澄清，看似无差别，喝起来口感确可能不同，有的清爽可口、有的柔和、有的甜、有的会有厚重感。这是为什么呢？

饮用水的硬度会影响水的口感。一般，硬度低的水口感柔和，硬度高的水口感清爽、厚重。水的软、硬是由可溶性镁、钙化合物的含量所决定的。世界卫生组织以“1L水中钙离子和镁离子的量”为标准，对水进行了硬度的分类。不含或含少量可溶性钙、镁化合物的水硬度低，称为软水；可溶性镁、钙化合物含量较多的水硬度高，称为硬水。一般情况下，大自然中的雪水、雨水属软水，而溪水、山泉水、江河水以及部分地下水和井水属硬水。

那么，在日常生活中，我们该怎么区分硬水、软水呢？

我们可以用肥皂水来鉴别水的软硬。用烧杯取少量水样，倒入适量肥皂水后搅拌，若浮渣很少、泡沫很多为软水，若浮渣多、泡沫少则为硬水。也可以用蒸发皿取一定量水样，蒸干，白色固体残留物多的为硬水，反之为软水。此外，软硬水还可以用导电实验来区别。硬水中无机盐离子的含量较多，导电能力也比较强。

水的硬度太高和太低都不好。长期引用软水会使体内缺乏钙、镁等微量元素，但长期饮用高硬度的水，则可能造成腹泻、肠胃功能紊乱。研究发现，在水硬度较高地区，肾结石的发病率随水的硬度升高而升高。

硬水有很多软化方法，煮沸是生活中常用的降低水硬度的方法，但并不能去除所有的可溶性钙、镁化合物。

四、水污染的应急处理

✧ 当发现家中水源、饮用水出现问题时，应立即拨打“12320”热线电话向卫生监督部门报告情况，及时告知居委会让周边居民停止使用，并向物业和供水部门反映情况。

✧ 当确认水污染后，不要在污染水体附近进行捕捞、放牧、引灌等作业活动，同时避免在污水中洗涤、游泳。

✧ 若不慎饮用污染水，出现身体不适反应，应立即到医院就诊。

✧ 未经相关部门允许，不可擅自恢复使用污染的水源。

第六节 儿童是块掌中宝，多留心思灾祸少

儿童天性活泼好动，很容易因家长看管疏忽而发生意外伤害。根据联合国儿童基金会和世界卫生组织的报告，每天有 2 000 多名儿童因意外伤害而死亡。在中国，每年因伤害而死亡的儿童超过 50 000 名，每天有大约 150 名儿童因伤害而死亡，其中 1~14 岁儿童死亡的第一位原因

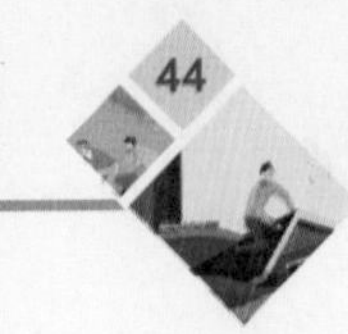

是意外伤害，这些数据令人触目惊心。但很多家长都有个误区，认为意外伤害是不能预防的，并且存有意外伤害不会发生在自己孩子身上的侥幸心理。然而，国内外无数惨痛的事故教训反复提醒人们：绝不能忽视对家长和孩子的安全教育，不要因为一时的疏忽而导致终身遗憾。

一、跌伤：玩耍不知险丛生

小意外大事故之跌落

一个一岁半的孩子从7楼阳台的窗户上掉下来，当场死亡。事件发生时，孩子的母亲在房间里擦地板，她亲自将孩子抱在窗户旁边的桌子上。事故发生后，悲痛欲绝的父母不停地忏悔："如果我不把他放在窗台边，他就不会摔下去了……"

案例警示我们：不要将孩子放置在可能出现危险的地方，要时刻有风险意识；家有儿童，阳台要安装安全围栏。

（一）儿童跌伤的预防

1. 家中可能发生危险之处

✧ 窗户和阳台：①窗户边不要放置儿童可以攀爬的桌椅等家具；②窗户和阳台应安装围栏，高度在85cm以上，栏杆之间的间隔在10cm以下。

✧ 台阶：①台阶处时刻保持足够的亮度；②台阶上不放置任何东西；③台阶至少有一侧要有扶手。

✧ 家具：①不要让孩子单独待在容易跌倒、磕碰的地方，如凳子、桌子、床等旁边；②婴幼儿的床应该有床栏；③当孩子坐在相对较高的地方时，务必照顾好；④教育孩子不要站在椅子上。

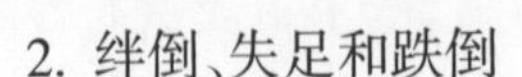

2. 绊倒、失足和跌倒

✧ 去除家里可导致儿童发生意外伤害的危险因素，如收起卷起的地毯、过道中的杂物、外露的电线等。

✧ 教孩子在玩完玩具后收好。

✧ 在洗手间、浴室等的地面有水处放置防滑垫。

✧ 检查孩子频繁活动的地点是否安全。

✧ 及时擦干有水渍或油渍的地板。

✧ 避免穿着袜子在光滑的地板上行走。

✧ 保持婴儿学步车的每个滑轮都可360度旋转。

✧ 在给婴幼儿换尿布或衣服时,保持有一只手保护着婴幼儿。

✧ 不要留孩子单独在房间。

3. 扶梯坠落

✧ 尽量搭乘升降电梯;在乘扶梯时,父母应该一手扶扶梯,一手牵着儿童。在上下扶梯时要跨过梳齿板。当自动扶梯的台阶出现或者消失时,梳齿板和台阶之间将会形成缝隙,儿童的脚可能会被卡住。

✧ 乘扶梯时应站在台阶中央,并收起散落的围巾、鞋带。因台阶和自动扶梯边缘有狭小的缝隙,会夹住围巾、鞋带、裤子的下边缘等,致使儿童摔倒。

✧ 不要穿"洞洞鞋"乘坐扶梯。根据美国、日本等国的报道,舒适柔软的"洞洞鞋"鞋底软,而且儿童有时会沿着自动扶梯的边缘滑动鞋子,增加了鞋子嵌入扶梯间隙的风险。

✧ 教育儿童在离开自动扶梯后,不要在出入口徘徊、滞留,以免因为身后的行李或者行人而受伤。

✧ 机场、车站等处的自动扶梯可能出现重型行李箱、大型手推车等引发的危险。人们很容易忽视自动扶梯上"禁止行李推车"的相关标志,因此一些机场通常会设置拦截或障碍物,防止行李推车上自动扶梯。而大中型行李如果把控不住也容易发生倾倒,易导致后面的乘客躲闪不及而发生危险。

(二) 儿童跌伤的应急处理

✧ 青、肿、淤血:切记,不可用手揉伤口处,应让儿童试着慢慢活动,以确认有无大碍。如果没有问题,可在患处敷冰,以缓解疼痛和肿胀。

✧ 伤处破皮：用聚维酮碘（碘伏）或医用酒精进行消毒。

二、烧烫伤、割伤、夹伤，小鬼当家惹祸端

小意外大事故之烧烫伤

浩浩是一个才10个月大的小男孩。有一天，妈妈倒完开水后，随手将暖水瓶放在了脚边。浩浩在扑向妈妈时也碰倒了暖水瓶，导致大腿被完全烫伤。最可怜的是因为治疗延误，浩浩的伤口被感染，经历了漫长而痛苦的治疗过程。

案例警示我们：不要把暖瓶等危险物放在孩子易接触的地方。此外，父母掌握一定的意外伤害紧急处理方法至关重要。

（一）烧烫伤的预防与处理

1. 危险因素的预防

✧ 客厅：①电插座应放置在高处或者加盖；②在电取暖器旁加设围栏；③电动玩具，检查电路和电池完好后，再拿给孩子。

✧ 厨房：①暖水瓶、电饭煲等热容器应放在高处，不要让孩子轻易碰到；②尽量不要使用桌布，防止孩子扯拉桌布打翻盛放热汤热菜的容器，引起烫伤事故；③打火机和火柴等易燃物品放置在儿童无法接触的地方；④当不使用燃气等烹饪器具时，应关闭总开关，防止儿童模仿使用烹饪器具，引发烧烫伤。

✧ 卫生间：①给孩子洗澡时，应先放入冷水，再放入热水，并且用手不断测试水温，水温要在38℃左右；②电热器具用完以后，要拔下插座，放在孩子不易接触到的地方。

✧ 卧室：①不要在床上吸烟；②不放点火器具。

2. 儿童烧烫伤的应急处理

✧ 赶紧用凉水冲：发生烫伤后，立即用凉水冲患处，并浸泡30分钟至1小时左右。冬天穿的衣物较多，不要扒开或脱掉衣服，直接连同衣服在冷水中冲泡降温，以免撕裂烫伤处皮肤，造成创面感染等。

✧ 应保持创面干净及水疱完整，可涂上一些抗生素软膏、烧伤药膏，或用干净的衣服、布包裹伤口处，立即送往医院。

（二）割伤、夹伤的预防与处理

1. 割伤、夹伤的预防

✧ 剪刀、针、刀等利器要放在儿童不易触摸到的地方。

✧ 当儿童在家时，要有成人始终看护，并且是有效看护。

✧ 儿童玩具的边角不宜太锋利。

✧ 在研磨机、榨汁机等家用食品加工机器工作时，家长不要离开，并应在使用后关闭电源。

✧ 家中低矮的桌子、椅子、茶几（尤其是玻璃桌）等家具的四周应做成圆角或增加防撞保护措施。

✧ 门缝处添加门垫，以此防止儿童把手插进门缝夹伤手指。

2. 割伤、夹伤的应急处理

✧ 当发生割伤或夹伤时，如果伤口较小，可使用创可贴；如果伤口处有金属、玻璃等异物，则需要先将异物清理干净，然后再对伤口做消毒处理。

✧ 对于严重割伤或夹伤，应给伤口包上干净的纱布，用力按压伤口以止血，并

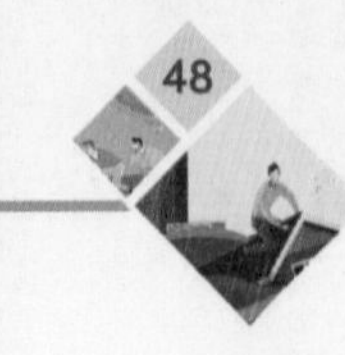

且立即拨打“120”急救电话，带孩子去医院接受治疗。

三、中毒、异物入体——吃出来的大麻烦

近年来，由于无知、好奇及模仿大人吃药等原因导致儿童药物中毒事件呈现日益增多趋势。大约每3个因中毒就诊的儿童中，就有2个是由于误吞药物引发的。可见，父母们的安全防范意识亟待增强，应加强相关药物和有关化学物品的存放管理。

（一）中毒的预防与处理

1. 中毒的预防

✧ 应将药品、洗涤剂、农药、化学品等儿童可能吞食的物品放在其不易接触到的地方。

✧ 在危险物品加上中文及警告标志，让孩子明白其危险性。

✧ 不要用装饮料、糖果等食品的瓶子储藏危险物品。

✧ 应尽量把药品和未使用的化学用品放入加锁的柜子中，及时清理过期物品。

2. 中毒的应急处理

✧ 如果怀疑孩子吃了有毒物品，应立即带孩子前往医院，并且带上装有孩子所吃的有毒物质的瓶子。

✧ 若孩子出现不清醒、昏迷症状，应立即拨打“120”急救电话，及时送医院救治。

（二）异物入体的预防与处理

小意外大事故之异物入体

据报道，一个孩子不小心把果冻吸进气管，家长立即打车送孩子到医院进行抢救。但到达医院后，抢救了46分钟，孩子的心电图还是一条直线，最终遗憾离世。悲痛欲绝的妈妈抱着孩子，晕坐在地。

流行病学调查显示，在中国，气管、支气管异物占0~14岁儿童意外伤害的7.9%~18.1%，大约80%的患儿好发年龄在1~3岁。

案例警示我们：尽量不要给孩子吃果冻、软糖等容易堵塞呼吸道的食品；家长应掌握一定的意外伤害紧急处理方法。

1. 异物入体的预防

✧ 细小物品要收好，不要随处摆放在儿童可以触及的地方。

✧ 不要给儿童玩可能被他们吞入或吸入的小玩具。

✧ 不要给儿童吃容易导致气管阻塞的食物，如软糖、果冻、花生、瓜子等。

✧ 注重培养儿童良好的饮食习惯，不要一边吃一边玩。

2. 异物入体的应急处理

✧ 若儿童发生异物梗阻，家长们在第一时间要做的不是将其送往医院，而是应立即让异物排出，尤其是卡在气管的异物。

对于消化道异物，如果还在咽喉，家长可以用手指抠；如果已经滑下去，并且没有咳嗽等气管异物的表现，可以带到医院治疗。

对于气道异物，必须立即采用海姆立克(Heimlich)急救法(详见第六章第四节)，并及时送往医院。

✧ 儿童在进食后，如果出现剧烈呛咳，不管有没有其他任何症状，家长们都应该迅速采取应急处理措施并带儿童前往医院就医，不要抱有侥幸心理。

✧ 若儿童误吞异物，家长们一定要保持镇静，不要慌张，尽量让孩子不要哭闹，以免加重伤害。

儿童易吞入异物之十大杀手榜

1. 花生
2. 瓜子
3. 硬币
4. 笔头笔帽
5. 鸡骨头
6. 鱼刺
7. 纽扣
8. 拉链头
9. 吊坠
10. 纽扣电池

四、安全度夏，谨防溺水

小意外大事故之溺水

2010年秋天的一个下午，3岁的敏敏在家中玩耍，妈妈因为困倦睡着了，不料醒来后发现敏敏栽在洗手间的水桶里已经没有了呼吸。妈妈在哭喊、慌张中将敏敏送到最近的医院进行抢救，但是终究没有抢救过来，孩子永远地离开了父母。

案例警示我们：一不要让孩子单独待在洗手间、浴室等地方；二教育孩子注意安全。

（一）溺水的预防

✧ 浴室溺水：①家中浴室内应铺上防滑垫；②不要让儿童单独在浴室洗澡，应有成年人陪同；③不能让孩子从里面自行反锁浴室的门。

✧ 泳池溺水：①不要让孩子单独在水池或游泳池游泳；②即使孩子已经学会直接潜入水池的方法，也要在成年人的监护下进行，而不能让孩子直接跳入水中；③让孩子远离游泳池排水口；④不要让孩子在水中吃东西；⑤教育孩子注意安全，一定要在有保护措施并允许游泳的水域游泳。

（二）溺水的应急处理

孩子发生溺水时，应迅速把孩子带到地面。如果孩子大哭，表示没有生命危险。如果发现孩子嘴中有呕吐物，应让孩子侧躺，以便其吐出呕吐物。如果发现孩子没有呼吸，应使用人工呼吸和胸部按压急救，并且立即拨打“120”急救电话（详见第六章第四节）。

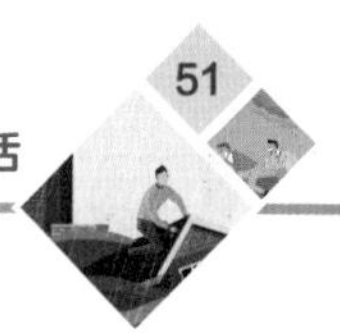

干性淹溺

1. 什么是干性淹溺?

干性淹溺(干性溺水)是指喉头痉挛、呼吸道梗阻,造成窒息死亡。喉头痉挛会引起心脏反射性地停搏,或者由于窒息和心肌缺氧而致心脏停搏。干性淹溺者肺部无水或者仅有少量水。大多数溺水者属于干性溺水或少量肺部进水。干性淹溺有潜伏期和隐蔽性,可在人离开泳池几小时甚至几天后发病,对儿童来说尤其危险。因此,孩子游泳之后,家长应注意观察孩子是否出现口唇发干、呼吸困难、嗜睡、倦怠等症状,一旦出现应及时处置和就诊。

2. 如何判断是否发生了干性淹溺?

干性淹溺的征兆具体表现为:①游泳出水后不断咳嗽;②喘气非常费力,急速浅呼吸,鼻孔不断翕动,胸部剧烈起伏;③表现出很疲倦、易困的状态;④有健忘、表现异常或呕吐表现。若发现孩子出现这些症状,一定要尽快就医。

3. 干性淹溺如何急救?

✧ 清除呼吸道异物:如果发现孩子出现干性淹溺,应该及时清除呼吸道异物,以免堵塞气道造成窒息。具体措施是将淹溺者腹部放在抢救者屈膝的大腿上,头部朝下,按压背部以迫使其呼吸道和胃中的水和其他异物倒出,但时间不能太长,否则会延迟心脏复苏的时间。

✧ 心脏复苏(具体操作步骤见第六章第四节)。

✧ 及时抢救:在进行前两项急救措施的时候,如果发现孩子情况严重,应该立即去医院,以免延误病情。

五、车祸——车来车往不胜防

小意外大事故之儿童被留车内

2017年8月6日下午1点，南方某市的最高气温达到34℃，6岁的女孩可可跟着祖父母坐亲戚的车外出游玩。因汽车颠簸，可可在车里睡着了。“车里有空调，比较凉快，让可可在车里睡觉吧。”看着可可睡得好，祖父做出了这样的决定。因此，可可一人被留置在车内。谁料，老人的疼爱引发了惨剧：一个多小时后，祖父母回到车上，发现可可已经叫不醒了，便赶紧将其送到医院救治。入院时，可可出现了非常严重的惊厥，以及脑、心脏、神经等多个器官/系统衰竭的状况，并且一度出现接近脑死亡症状。经过抢救，可可才脱离生命危险。

消防人员介绍，密闭车内开空调，会产生大量一氧化碳（封闭车门20多分钟，一氧化碳的浓度就会严重超标）。人在这样的车内待太久，会有明显的窒息感。

这个案例警示我们：不要把孩子单独放在封闭的车内。不要由于自己的疏忽大意造成不可挽救的后果。

（一）儿童步行安全

✧ 应在人行道上行走，如果没有人行道，最好走在道路的右侧，面向车流的方向。

✧ 过马路时，应看红绿灯指示，走在斑马线上，并且要做到“停、看、过”。

✧ 走路时不要看手机或图书。

✧ 学会认识车辆的指示灯（如汽车的尾灯、转向灯等），以确定车辆

移动的方向。

✧ 穿越快车道或十字路口时，要特别注意安全。不要让孩子在过马路时嬉戏打闹。不应该让 10 岁以下儿童单独过马路。

✧ 下雨或者天气阴暗时，应该戴上或穿上颜色鲜艳的挂件或衣服，或者穿有反光材料的衣物，以便驾驶员更容易看见。

✧ 不要让孩子在停车场、马路或者没有围墙的沿街院子中玩耍。

✧ 夜晚不要让孩子独自上街。

✧ 让孩子尽量与小伙伴一起步行上下学。

（二）儿童骑车安全

✧ 一定要让孩子学习骑车相关的安全知识以及骑车者的行为规范。我国“道路交通安全法实施条例”规定：驾驶自行车、三轮车必须年满 12 周岁，驾驶电动自行车必须年满 16 周岁。

✧ 骑车前，要给孩子戴上头盔等防护用具。

✧ 每次骑行前都要检查车辆，确保设备完整、刹车系统完好等。

✧ 要在非机动车道上骑自行车，且在道路右侧行驶，绝不能逆行。

✧ 在穿过十字路口时，要减速慢行，并且向左右两边看，确定安全后，再穿越路口。

✧ 在转弯时，应该减速慢行并且伸手示意，避让行人和直行车辆。

✧ 严格按照交通信号灯（红绿灯）行驶，遇到红灯或任何停止信号灯，应该立即停止前行。

✧ 要了解车辆的指示灯（如汽车的尾灯、转向灯等），以确定车辆移动的方向。

✧ 骑车时不要载人前行，骑行时不要和别人说话、听音乐、追逐和玩耍。

（三）轨道交通安全

✧ 乘轨道交通时要遵守黄线安全原则：永远站在黄线的后面等车。

✧ 教育孩子了解轨道交通上使用的警示标志和警示信号。

✧ 告诉孩子一定不要攀爬轨道前的任何栏杆。

✧ 在候车时，不要让孩子玩球等会滚动的玩具，也不要向轨道内扔任何东西，若有东西掉入轨道，不要自己去捡。

✧ 在上车、下车时，注意车与站台之间的缝隙，在人多时不要挤门。

✧ 推着婴儿车等推车时，要时刻防止推车滑入轨道中。

✧ 乘轨道交通时要注意站立位置和安全通道的方向，并学习如何安全逃生。

（四）带宝宝自驾安全

✧ 婴幼儿搭乘汽车时应使用儿童安全座椅。1 周岁以下，体重不超过 9kg 的婴幼儿应该使用面朝车后的儿童安全座椅；1 周岁以上并且体重超过 9kg 时，可以选择面朝车前的座椅。一般而言，13 岁以下的儿童均应该使用儿童安全座椅。

✧ 不要让孩子坐在副驾驶位置或者把面朝后的儿童安全座椅放在车的前座，因为前座有安全气囊，安全气囊弹出时对婴幼儿是不安全的。

✧ 绝对不要让孩子单独留在车内，尤其是在夏季，车内温度可在数分钟内升至很高水平，孩子很可能由于高温致死。

增加孩子出行安全性的方法

1. 画一张安全上学路线图　新学期开始前，家长必须陪伴孩子熟悉上学路线，评估路线的危险性，并给孩子绘制安全的上学路线图。路线图上的信息可以包括：固定可以通过的马路，一条固定的上学路线，不建议进入的商铺，如网吧、游戏厅等。路线确定后，让孩子每天只走这条路上下学。走固定路线上下学所需时间是基本不变的。如果路线有变化，要求孩子告诉您，这将帮助家长找到孩子并及时发现问题。

2. 制作安全上下车路线图卡　孩子上下车和校车停靠时，容易发生危险，家长可以先在家里和孩子一起画出：①站在校车的哪个区域是非常危险的，因为站在那个区域驾驶员看不到；

②站在马路哪个区域等校车是相对安全的。下车后应该立即走到安全区域,不能立即过马路,确保安全后,才能过马路。应该带孩子到等候校车的地方观察一下,一起确定安全的候车区域;并且告诉孩子,始终不要靠近移动的校车,并始终站在司机可以看见的范围内。

3. 怀揣一张紧急联系卡　为孩子准备紧急联系卡,如果孩子遇到意外,可以让孩子(自己或请他人)依据联系卡上的信息联系父母,或根据联系卡上信息进行及时的紧急救助。

特别提示:全球儿童安全组织在2007年发布的《中国三城市儿童步行者道路交通伤害报告》显示,一天中儿童相关道路交通事故的高发时间段是11:00~13:00和16:00~17:00。

六、儿童意外伤害常见误区

儿童不要睡在父母之间,新晋爸妈知道吗

人体内耗氧量最大的是脑组织,并且年龄越小,脑组织耗氧量占全身耗氧量的比例就越大。成年人脑组织的耗氧量大约占全身耗氧量的20%,婴儿和幼儿脑组织耗氧量占全身耗氧量的比例高达50%。如果婴儿睡在父母之间,父母呼吸排出的废气(二氧化碳)双管齐下,婴儿会处于缺氧和高浓度二氧化碳的环境中,出现半夜哭闹、睡眠不稳等现象,长时间如此甚至会影响正常的生长发育。此外,儿童在父母之间睡觉,会增加父母无意中挤压儿童的不安全因素。所以儿童还是不要睡在父母之间为好。

(一)摔伤

✧ 使用“土法儿”处理伤口。

分析:各种“土法儿”,如用牙膏、唾沫等涂抹伤口,不利于伤口结痂,甚至可能造成细菌感染。

正确做法:不要用“土法儿”处理伤口。

(二) 烧烫伤

✧ 胡乱扯下烧伤处衣物。

分析:胡乱扯下烧伤处的衣物会加重对受伤皮肤的损害,甚至会把表皮扯下。

正确做法:不要胡乱扯下烧伤处衣物,以防加重皮肤的损伤,可以用剪刀把周围部分衣服剪掉。

✧ 在伤口处涂抹牙膏。

分析:牙膏不仅对治愈烫伤无效果,还可能污染创面,增加感染风险。

正确做法:不要在伤口处涂抹牙膏。对于轻微烫伤,可以先在烫伤处涂上一些药膏,然后用干净的纱布包扎,两天后解开纱布,查看伤口处,如果情况好转,则继续涂抹一些药膏,然后再行包扎。但是如果发现伤口处感染,应该立即去正规医院进行救治。根据烫伤的程度可有不同的处理方法。

一度烫伤:皮肤发红、微肿,无水疱。可在冷水中冲洗半小时,然后在伤处涂抹烫伤膏。

二度烫伤:有剧烈疼痛,产生水疱。可用消毒针刺破水疱边缘放水,涂上烫伤膏后包扎。注意包扎松紧适度。

三度烫伤:全层皮肤受到损坏、组织坏死、形成瘢痕和溃疡。可在伤处绷上无菌绷带后,立即送往医院进行医治。切不可在创面上涂紫药水或膏类药物,影响对患处情况的观察与处理。

(三) 中毒

✧ 随意使用抗生素(有些家长按自己的主观意愿给孩子使用抗生素,随意换药或停药)。

正确做法:使用抗生素,应该提前做好皮试,牢记孩子的过敏药品,将诊断结果告知医生,并且遵循医嘱用药。

✧ 捏住鼻子灌药。

分析:容易造成误吸,甚至导致孩子死亡。

正确做法:将药片掰开或研磨后加水服下是儿童服药的最好做法。

(四) 溺水

✧ 倒背着溺水的孩子控水。

分析:这样做容易使胃部内容物倒流,阻塞呼吸道,引起肺部感染,还会延误心肺复苏的时间。

正确做法：救护人员应该轻装上阵，快速游到溺水者身边，在后面抱住，然后将其拖上岸。上岸后应该立即脱去溺水者的湿衣服，用清洁的手帕清理其口鼻，将水从呼吸道和胃中排出。

第七节 正确运动讲方法，误区盲从伤害大

如今人们都崇尚健康生活，户外运动也越来越流行。但是，在运动过程中，由于人们缺乏安全运动知识和自我保护的意识，稍不留神就可能会让自己受伤。有些看起来是“小伤”，但是如果不重视，也会对身体造成很大的伤害。因此，在运动中，我们不仅要有运动安全意识，还要掌握基本的运动常识和运动损伤紧急处理知识。

运动损伤预防知多少

1. 个人

✧ 树立安全运动的意识，掌握正确的运动损伤预防方法，提高预防伤害的能力。

✧ 衣着合理，根据运动项目选择护具并正确佩戴。

✧ 运动前热身，根据年龄和身体状况选择合适的运动项目。当感觉身体不适时，选择低运动强度和运动量的活动。

✧ 积极、认真学习并且熟练掌握有关运动损伤的紧急处理方法。

2. 环境

✧ 检查运动场地，清除地面凹凸不平、湿滑等安全隐患，不要在不明情况的水域游泳。

✧ 运动前应确保运动设施和器材坚固可靠、完整。

✧ 不要在恶劣天气或者污染的环境中运动。

✧ 夏季运动要防止中暑，冬季运动要注意保暖、防止冻伤。

一、常见运动损伤

(一) 擦伤

擦伤是最常见的轻度损伤，由皮肤受到剧烈摩擦引起，通常是由于

钝器机械力摩擦的作用,造成表皮剥脱、翻卷为主要表现的损伤,可以表现为撞痕、擦痕、压痕、抓痕、压擦痕等。

处理措施

✧ 对于轻微表皮擦伤,只需要在伤口部位进行清洁并涂些聚维酮碘(碘伏)。

✧ 如果伤口稍深并且有污染,需要先用凉开水、肥皂水清洁,然后涂抹抗生素软膏,再用绷带包扎。一般伤口会在几天内愈合。

✧ 对于较深并且污染严重的伤口,必须去医院处理并注射破伤风抗毒素。

✧ 对于面部擦伤,要注意及时治疗,防止伤口感染,避免留下瘢痕。

(二) 肌肉拉伤

肌肉拉伤是由肌纤维撕裂而致的损伤。肌肉突然剧烈收缩或者被动拉长,超过负担能力就会出现肌肉拉伤。肌肉拉伤的主要内因有身体的协调性、柔韧性、力量不够,生理结构不佳等;外因有准备活动不充分,场地、湿度和气温等环境条件不合适。

处理措施

✧ 在受伤后 24 小时内的急性期,需要停止运动,并且在受伤部位敷上冷毛巾或者冰块,每次冰敷 30 分钟,使受伤部位的小血管收缩,减少局部水肿和充血;切忌对受伤部位进行热敷以及搓揉。

✧ 在受伤 24 小时后的恢复期,需要在医生的指导下,配合按摩进行康复性锻炼。通常在损伤后 3~4 周需要在医生的指导下进行损伤部位功能锻炼。

(三) 关节扭伤

如果活动幅度超出正常范围,在外力作用下关节周围的韧带就会受损。关节扭伤主要发生在膝关节处和踝关节处。扭伤部位会出现肿胀和疼痛,损伤后几天会出现青紫色的淤血斑,疼痛会逐渐减轻。

处理措施

✧ 发生关节扭伤后,应该立即停止活动,对扭伤部位进行冰敷,并适当抬高。严重者,应该包扎固定扭伤处,并且立即送往医院进行治疗。

急性闭合软组织损伤的治疗原则

✧ 停止运动：损伤后应该尽快停止运动，并且以相对舒适的姿势进行休息。

✧ 冷疗：在扭伤发生的 24 小时之内，尽量做到每隔 1 小时用冰袋冷敷一次，每次半小时。24 小时之后方可转为热敷。

✧ 加压包扎：使用绷带等类似物对伤口进行加压包扎，以减少损伤处的肿胀和出血。固定式包扎不能包扎得太紧，以防止血流阻塞。

✧ 抬高患处：在损伤发生后的 24~48 小时，应尽可能让受伤部位置于心脏上方，以消除并减轻肿胀。

（四）肌肉痉挛

肌肉痉挛（俗称抽筋）是指肌肉产生不自主的强直收缩。疲劳是引起肌肉痉挛常见的原因。当身体疲劳时，肌肉的正常生理功能会发生变化，产生大量的乳酸堆积，不断刺激肌肉而发生痉挛。

处理措施

✧ 停止运动，坐下或躺下休息。

✧ 对于发生痉挛的肌肉，均匀地在局部施加压力，然后缓慢并且持续地拉长它，使它放松。

✧ 切记，不要用力拍打肌肉或把它拉得过长，以免造成肌腱或肌肉纤维断裂。

✧ 如果抽筋时间过长，可用热敷方式进行缓解。

✧ 若因过度疲劳而引起肌肉痉挛，则须保持休息，不可进行运动，等疼痛消失才可以恢复运动。

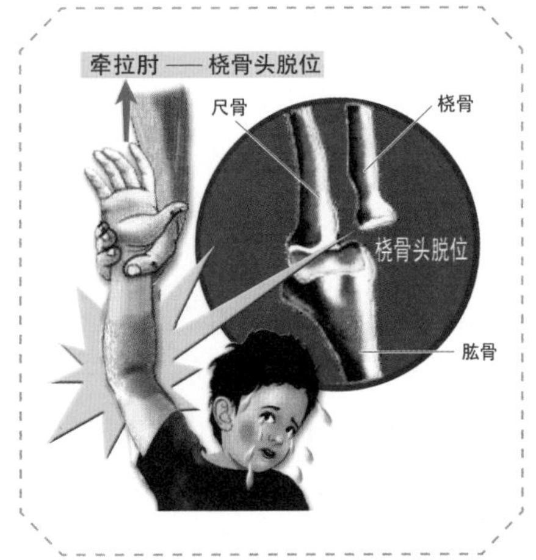

（五）关节脱位

关节脱位是指构成关节的骨骼关节面失去正常的对应关系，临床上可分为损伤性脱位、先天

性脱位以及病理性脱位。关节脱位后，韧带、关节囊、肌肉和关节软骨等软组织也可能损伤。此外，脱位的关节周围会发生肿胀，可能会有血肿，如果不能及时复位，会造成血肿机化、关节粘连，甚至造成关节不同程度地丧失功能。

处理措施

✧ 复位：主要是采用手法复位。应该由有经验的专科医生进行复位，复位时间越早，复位越容易，效果越好。

✧ 固定：复位后，应该将关节固定在稳定位置 2~3 周，使受伤的肌肉、韧带、关节囊得到修复和愈合。

✧ 功能锻炼：在固定期间，应该经常进行关节周围肌肉的舒缩活动以及患肢和其他关节的主动运动，以促进血液循环和消除肿胀，避免关节僵硬和肌肉萎缩。

（六）骨折

骨折是指骨的完整性遭到破坏，通常是由猛烈冲撞、摔倒等剧烈动作造成的。骨折属于比较严重的损伤，发生率相对较低。常见的骨折部位为前臂骨和肱骨。发生骨折后，患处会出现肿胀、皮下淤血、压痛、畸形、功能障碍等症状。

处理措施

✧ 开放性骨折：指断骨刺穿皮肤，并且造成伤口血流不止。对于开放性骨折，首先需要使用干净的纱布压迫伤口以止血，可以用消毒纱布固定受伤处，然后立即送医院进行处置和治疗。谨记，不要试图自行将弯曲或者变形的肢体弄直，也不要将突出伤口外的断骨塞回伤口内，以免感染。

✧ 闭合性骨折：指折骨没有伸出皮肤。对于闭合性骨折，应在受损部的两侧进行固定，以防止进一步损伤，然后立即去医院骨科进行治疗。

特别提示

✧ 不是所有损伤都能自己处理：需要在完成初步急救处理后，尽快请医生明确诊断，制订治疗计划，给予更详细的康复指导，而不该擅自处理。

✧ 不是所有损伤都能保守治疗：大多数运动损伤可通过上述处理方法修复，但有一些难以自身愈合的严重损伤，需要借助外科手术进行治疗。早期修复往往可以取得较好的效果，所以需要及时通过医生的检查（必要时借助辅助检查），明确诊断并抓住治疗时机。

二、常见运动误区

科学运动，防止运动损伤

27岁的李强（化名）最近每天起床，下床走路第一步，都会感觉足跟痛。经医生检查，诊断为足底筋膜炎。原来，李强热衷于跑步，两年多来，每周跑4次，每次跑20分钟，大约4km。由于这种超负荷压力的长期作用，造成足底筋膜损伤，引起疼痛。引起足底慢性损伤最常见的原因是登山、徒步、逛街、跑步等需长时间走行的运动。

案例提示：提倡科学运动，适可而止，并且在跑步前做好拉伸，从而防止运动损伤的发生。

（一）运动减肥的常见误区

✧ 误区一：每天做重复的运动。

原因：我们的身体会对运动方式形成习惯。如果每天重复相同的运动模式、运动时间和运动强度，我们的身体将优化这项运动，消耗最少的能量来达到相同的运动效果。这样，我们在运动中实际消耗的热量远远少于想象中的热量，从而无法实现减肥的理想目标。

正确做法：变换不同的运动方式，最好将有氧锻炼和负重训练结合起来，跑步、打球、仰卧起坐、举重都要尝试一下。

✧ 误区二：减少日常活动。

原因：运动减肥会让人产生很强烈的疲惫感。如果在运动后，我们

在床上或者沙发上度过剩余时间，就达不到预期的减肥效果。

正确做法：给自己找点“麻烦”，让自己动起来(运动过后，可以选择打扫房间或者手洗脏衣服)，以达到减肥效果。

(二) 健步走常见误区

✧ 误区一：不喝水或者不吃早餐就出门“狂走猛跑”。

原因：不喝水或者不吃早餐就出门“狂走猛跑”会导致血糖过低。早晨起床时，人体血液相对比较黏稠，尤其是心脑血管病患者，此时运动存在较大的运动风险。早晨是心脑血管疾病的高发时间，高血压、糖尿病患者等心脑血管疾病高危人群应该避免在清晨剧烈运动。在清晨快速走路健身会使心脏负荷增大，肺、肾脏等器官的负荷也会随之增大，特别容易发生心脏期前收缩(早搏)、脑出血、心肌梗死等，危害身体健康。在清晨，人的各关节润滑度不高，相对比较僵直，肌肉、韧带、筋膜等还处于相对放松状态，若起床后迅速外出走步健身，容易造成骨骼和关节损伤。

正确做法：早晨应先喝水、少量进食后再锻炼。

✧ 误区二：1 万步是评判走路起到“锻炼”作用的关键数字。

原因：走步锻炼分为快走和慢走(散步)两种方式。快走能起到锻炼心肺功能的作用，因为快走时，呼吸频率和心率都能提高；然而慢走，无论走多少步，对心肺功能的锻炼效果都不明显。

正确做法：对身体健康的人来说，走到自己“有点累”的锻炼效果更佳。有心肺功能疾病的人则应循序渐进、量力而行地进行锻炼。

(三) 跑步常见误区

✧ 误区一：刚开始就猛跑。

原因：快速能源和储备能源是人体内的两种能源，只有当快速能源快被消耗殆尽时，储备能源(脂肪)才开始燃烧。换句话说，身体素质不是很好的人，开始就猛跑，跑累了时，可能还没有开始消耗脂肪。

正确做法：跑步前做好热身活动，如伸展和拉伸；掌握正确的跑步姿势；量力而行，循序渐进，不盲目追求跑步量；重视跑步后的身体拉伸。如果希望获得更好的运动减肥效果，最好将有氧运动和无氧运动、耐力锻炼和力量锻炼有机结合起来。

✧ 误区二：随便穿双鞋就跑。

原因：随随便便穿双鞋就去跑步，会大大降低健身效果。一些人喜欢穿板鞋跑步,但专家指出,板鞋的鞋底太平,不能在跑步中提供良好的缓震作用,会间接导致膝关节受损。

正确做法:选择专业跑鞋并注意尺码(宁愿选大一号的鞋也绝不能选小一号的鞋,否则会容易磨伤脚)。

✧ 误区三:跑完就坐下。

正确做法:跑步后不要立即停下来休息,而应该继续慢走几百米,全身放松后,再做一些拉伸活动。

✧ 误区四:跑步姿势很随意。

原因:正确的跑步姿势是获得健身和跑步减肥的必要条件,也是预防身体损伤的前提。跳跃跑、前倾跑都不是正确的跑步姿势。

正确做法:身体保持直立,不前倾也不后倒,收臀,脚尖自然落地,脚跟触地滑行。不用跳跃的方式跑步。

✧ 误区五:不做拉伸运动就跑。

原因:跑步前做拉伸运动一方面可以防止身体受伤,另一方面可以消耗一部分糖原,大大提高脂肪燃烧的效率,从而提高减肥效果。

正确做法:做完拉伸运动之后再跑步。

（四）瑜伽练习常见误区

✧ 误区一:自己在家练习瑜伽省钱、省时间。

分析:当你在家练习瑜伽时,会倾向于把注意力放在追求动作本身,而忽视呼吸和冥想。如果瑜伽练习者不了解自己的身体状态(不知道自己的极限),盲目练习,会增加受伤的可能性。

✧ 误区二:练瑜伽时必须空腹。

准确做法:在瑜伽练习之前最好不要进食,但如果有饿的感觉,可以喝一杯牛奶或者吃一点水果。血糖偏低的练习者需要在练习前补充一点糖分。练完之后最好等 30 分钟后再进食。

✧ 误区三:瑜伽就是拉伸。

分析:瑜伽是动静结合的运动,需要练习者用意念配合呼吸完成体位,并不是简单的伸展。练习瑜伽不像舞蹈需要练习者身体灵活。瑜伽

讲究能量平衡，要求用呼吸带动身体运动，呼吸越深，身体越舒展。呼吸可以帮助人提高身体的灵活性，这更多是感觉上的柔软，而非肢体上的柔软。

✧ 误区四：只有身体柔软的人才适合练习瑜伽。

分析：并不是身体柔软的人才适合练习瑜伽，而是练习瑜伽会让身体变得柔软。瑜伽练习不追求动作完成的幅度大小，适度即可，只要练习者尽力，便可以达到理想的效果。

✧ 误区五：练瑜伽后再做其他运动。

分析：瑜伽最好在其他运动后练习。因为练习瑜伽可以起到缓解疲劳、放松身心的效果。如果练习完瑜伽后再进行更激烈的运动，将会打破能量平衡，导致身心紧张。

第八节　室内污染在身边，预防避免应优先

据世界卫生组织报道，全世界每年大约有 370 万人死于室外空气污染，而死于室内空气污染的人数则有 430 万。据统计，大多数人一天中 80%~90% 的时间在室内度过。室内污染问题严重威胁着人们的健康。调查显示，城市儿童白血病患者中，90% 的家庭在孩子发病前 1 年中进行过室内装修。世界卫生组织 2016 年的报告显示，世界上约有 30 亿人仍然在家中使用固体燃料，以明火和开放式炉灶进行烹饪和取暖。这种烹饪和取暖方式会产生大量对身体健康有害的污染物，包括会渗透到肺部深处的细微颗粒，使室内空气高度污染。因此，提高人们对室内污染的关注度以及预防和治理室内污染的能力刻不容缓。

室内污染的分类

室内空气污染源按照来源的性质可以分为3大类。

✧ 化学性污染源：主要包括无机化合物污染源和挥发性有机物污染源。其中无机化合物污染源主要来自燃烧产物、化学品以及人为排放等。挥发性有机物污染源主要来自日用化学品中的挥发性有机化合物（volatile organic compound，VOC）成分以及建筑材料。

✧ 物理性污染源：主要来自三个方面：①地基、建材、混凝土、砖、井水、水泥等产生放射性氡及其子体；②噪声及振动；③家用电器、照明设备等产生电磁污染。家中的手机、电视机、电脑、冰箱等容易产生电磁辐射的电器不宜集中摆放在卧室里或人长时间读书学习的地方。

✧ 生物性污染源：主要来自湿霉墙体和垃圾产生的真菌类孢子花粉、细菌、藻类植物呼吸放出的二氧化碳（CO_2）以及人为活动、宠物、吸烟、烹饪、代谢产物等。

室内污染物根据其存在状态可以分为两类。

✧ 悬浮固体污染物：主要包括烟雾、微生物（病毒、细菌、尘螨、霉菌）、植物花粉、灰尘、可吸入尘等。大的悬浮颗粒，如棉絮和灰尘，可以通过喉咙和鼻子过滤，但是细小的悬浮颗粒，如细菌、病毒、粉尘等，肉眼无法看见，会进入肺泡，增加免疫系统的负担，并对身体造成伤害。

✧ 气体污染物：主要有一氧化碳（CO）、CO_2、臭氧（O_3）、氮氧化物（NO_x）、二氧化硫（SO_2）、氨气（NH_3）、VOC（主要是甲醛、苯系物）、氡气（Rn）等。这些气体污染物大多可在人呼吸时进入肺部。

室内装修污染知多少

室内装修污染最主要、危害最大的有5种，分别为氡、甲醛、氨、总挥发性有机物以及苯。

甲醛是一种无色、有刺激性、易溶气体，可以被呼吸道吸收，35%~40%的甲醛水溶液（俗称福尔马林）可以通过消化道吸收。长期接触甲醛会引起皮肤、口腔、鼻腔、鼻咽、咽喉和消化道癌症；即使低剂量接触，也会引起慢性呼吸道疾病、妊娠综合征等疾病，甚至会导致鼻咽癌，因此甲醛被誉为室内“夺命杀手”。

氡是一种天然放射性气体，无色无味。世界卫生组织公布的最新研究成果表明，氡成为引发肺癌的第二大原因（仅次于吸烟）。室内的氡主要来源于房基、室内地面及其周围土壤、岩石、建筑材料和室外空气。

氨是一种无色、有强烈刺激性气味的气体。人短时间内吸入大量氨气会出现流泪、咳嗽、咽痛、头晕、胸闷、呼吸困难、呕吐、乏力等症状。在冬季施工时，大量氨会存在于防冻液中。

总挥发性有机物（total volatile organic compounds，TVOC）包括苯、甲苯、乙酸丁酯、乙苯、苯乙烯、邻二甲苯、十一烷等。TVOC可影响中枢神经系统功能，引起免疫水平失调，出现胸闷、头晕、嗜睡、头痛等症状，还可影响消化系统，出现恶心、食欲不振等症状，严重时会损伤造血系统和肝脏。

苯有一种特殊的香味，是一种强致癌物，长时间吸入会破坏人体造血功能和循环系统，很可能导致白血病。苯通常在油漆、各种油漆涂料的添加剂和稀释剂、黏合剂中，以及部分防水材料和低档、假冒涂料中含量较高。

一、“夺命杀手”甲醛污染的预防治理不容小觑

案例

刘女士一家在住房新装修后就入住了。半年后，刘女士的女儿便患上白血病，住院治疗无效，一年后去世。中国室内装饰协会

室内环境检测中心对刘女士住房室内空气进行检测，发现甲醛含量严重超出国家标准。

案例警示：新房装修后，应采取一些处理措施，消除室内装修带来的污染，待室内环境安全后再入住。

（一）5个环节预防甲醛污染

✧ 装饰材料搭配：对于装饰材料，要进行合理搭配，充分考虑室内空间的通风量和承载量。

✧ 施工工艺：尽量使用无毒或少毒、无污染或少污染的室内装饰、装修施工工艺。

✧ 材料选择：消费者应根据“室内装饰装修材料有害物质限量十个国家强制性标准”，选择合格的室内装饰和装修材料，最好是无污染的绿色产品。其中，采购大芯板和复合地板时，以甲醛释放量作为主要选择条件。

✧ 入住时间：适当延长入住前的时间，使室内甲醛尽量释放，经专业检测机构检测合格后再入住。

✧ 检测与净化：注意室内甲醛的检测和净化。尤其是家庭成员中有儿童、老年人和过敏体质者，要严格把控室内甲醛含量。《民用建筑工程室内环境污染控制规范》中规定“室内甲醛含量应不高于 $0.08mg/m^3$”，超过该标准，会有甲醛中毒的危险。

（二）清除甲醛建议

✧ 加强通风：通风可以让有毒有害物质排出，降低室内甲醛等有害物质的浓度。由于通风治理甲醛的速度慢，并且家具、装饰材料等会在较长时间内持续释放甲醛，所以要坚持通风，不可以中断。

✧ 活性炭吸附：活性炭拥有很大的比表面积（单位质量物料的总面积）和复杂的空隙结构，所以具有较强的吸附作用。但活性炭只能吸附甲醛，没办法吸收、分解甲醛，并且其有一定的使用寿命（6~10个月），当吸附饱和后，就会丧失吸附作用，所以活性炭主要在封闭空间使用，放在抽屉、衣柜、床屉里面才能有效果，并且要不停更换新炭包。

✧ 种植绿色植物：绿色植物在光合作用下可以改善空气质量，并且可以美化环境。

✧ 入住前进行甲醛检测：《民用建筑工程室内环境污染控制规范》

(GB50325-2010)是建筑、装修的验收标准，该标准规定，装修工程和施工项目必须符合环保验收标准才能交付，严禁交付非标准房屋。

✧ 请专业公司处理：如果赶时间入住、预算充足，可以请专业机构进行处理。新装修住房除了甲醛以外，还会有总挥发性有机物和苯等有毒有害污染物存在，经过专业机构处理，可以有效降低各种污染物浓度。并且大部分专业机构可以提供一定年限内的质量保证，可以解决甲醛长时间释放问题。

✧ "高温+高湿+强力通风+吸附"多种方法组合应用并反复操作：可以尝试封闭门窗、打开窗帘、让阳光暴晒或把室温加到30℃以上等办法，加快各种材料和家具中甲醛的挥发。有研究表明，甲醛的挥发释放与室内温度密切相关，其释放量在温度高于19℃时开始增加，当温度超过28℃、空气湿度超过45%时，各种家具材料中隐藏的甲醛等有害物质的挥发释放量会猛增。当室内甲醛挥发浓度达到很高时，应及时打开所有门窗，最好利用穿堂风或强力通风系统来加快甲醛的排出。上述做法可不断重复。总之，可以通过增加室内温度、使用大风量电扇或鼓风机，结合活性炭及植物吸附、增加室内湿度等多种方式的组合运用来实现减少甲醛的危害。

你不知道的甲醛陷阱——甲醛反弹

甲醛是一种来源广泛的挥发性有机污染物，主要存在于家具、各种黏合剂、油漆、窗帘、板材、涂料、砖缝，甚至水泥、墙面里。并且，甲醛的挥发期可长达10~15年，是挥发期很长的一种有害气体。新装修后的3年是甲醛的高挥发期。采用简单的物理吸附、开窗通风等治理方法，都无法一次性处理掉室内甲醛。如果一次检查甲醛浓度指标降至安全范围内，忽视甲醛治理的持续性，约1个月后甲醛浓度会反弹，严重危害人体健康。

因此，甲醛的室内污染处理不是一蹴而就、可以在短时间内解决的问题，而是一个需要长期高度关注的事情，保持室内经常通风，定期检查甲醛和监测室内各种可能有害的污染物，并且不断采取各种有效的防范和处理措施无疑是十分必要的。

二、室内装饰污染

案例

小安的父母在 2015 年 4 月购买了一套单元房。因家庭经济拮据，装修时所买材料比较便宜，装修工请的也是街头民工。在 6 月 1 日入住时，小安一家人感到房内气味难闻且刺眼，并出现身体不适。为此，一家人搬到别处借住了一段时间，但回来后房间异味依然存在。小安父母认为打开所有门窗通风即可。谁知半年多后，小安出现了高热不退，在当地儿童医院被诊断为急性单核细胞性白血病，并认为是室内装修空气污染所致。专业卫生检测中心对小安家住房环境检测发现，有害物质苯浓度超过国家标准的 3.5 倍，甲醛浓度超过国家标准的 1.87 倍。小安母亲哭着说："如果知道装饰材料有毒，我说什么也不会用，是我害了孩子啊！"

案例提示：家庭装修要选择正规装修公司；装修完毕后应由权威检测机构进行检测，检测合格后再入住。

如何预防室内装饰污染

✧ 室内装修合同：应与装修公司签订环保装修合同，要求施工方竣工时提供由具有中国检验检测机构资质认定证书（China Inspection Body and Laboratory Mandatory Approval，CMA）的机构出具室内环境检测报告。

✧ 装修材料选用：装修应选用有害物质限量达标的装修材料。施工中使用的辅材也要采用环保型材料，特别是防水涂料、胶粘剂、油漆溶剂（稀料）、腻子粉等。儿童房不要使用大理石、花岗岩等天然石材，因为它们是造成室内氡污染的主要原因。提倡简约装修，装修材料不要超出室内空间的承载量，简单实用的装修材料更环保。装修完毕后，应及时处理剩余材料，特别是油漆、涂料、人造

板等会挥发出对人体有害的物质。房间内最好不要贴壁纸,可以减少污染源。

✧ 通风换气:装修完的房屋要打开门窗通风,并且注意在通风时打开新购买家具的抽屉、柜门。

✧ 家具选择:家中,尤其是儿童房,最好选用实木家具;家具油漆最好是水性的;购买家具时要看有没有环保检测报告。

小 提 示

1. 不要使用油性漆,告别苯系物质的威胁!
2. 布艺纺织品也会释放有毒、有害气体!
3. 谨慎选择水管,避免劣质水管导致水污染!
4. 墙面涂料首选硅藻泥,装修更环保!
5. 五金件中优中选优,不给铅污染机会!

三、室内空气污染的辨别

案例

2001 年,北京某大学的一位老师在某家具店购买了一套家具,在家中使用不到 1 个月,该老师及其家人都出现了身体不适的症状。中国室内装饰协会室内环境监测中心对该老师家室内空气进行检测发现:在存放家具的卧室,空气甲醛浓度超标,是国家标准的 6 倍多。

案例提示:出现身体不舒服状况时不要掉以轻心,要抓紧检查是否是由室内污染造成的,以免造成更严重的后果。

我们怎样知道室内已经被污染呢?如果出现下述情况中的任何一项,都应该迅速对家居环境进行测试,并且采取措施进行处理,否则可能造成更为严重的健康问题:

✧ 早上起床时有头晕目眩、恶心、憋闷的感觉,长期精神、食欲不振。

✧ 家里人经常感冒。

✧ 没有吸烟习惯却经常感到呼吸不畅、嗓子不适等。

✧ 家中儿童经常咳嗽,而且免疫力下降。

✧ 家人有群发性皮肤过敏现象。

✧ 家人共患一种疾病,离开家后,症状会明显好转。

✧ 新婚夫妻长期不孕,并且检查不出原因。

✧ 孕妇正常妊娠,婴儿却畸形。

✧ 新修建或装修的房屋内,植物不易成活。

✧ 家中养的宠物莫名其妙地死去。

✧ 新装修的房间里有刺激性气味,且长时间不消散。

四、装修常见误区

✧ 误区一:食用醋可以治理室内装修污染。

原因:食醋虽然是酸性物质,可以中和空气中的氨气,但是不能去除甲醛等其他有毒、有害物质。

✧ 误区二:在装修完的家里放茶叶能够清除有毒、有害气体。

原因:茶叶没有吸释功能,只能起到掩盖气味的作用,所以放茶叶根本不能解决室内装修污染问题。

✧ 误区三:新装修房间有刺激性气味,才需要治理。

原因:一些有毒有害物质是无色、无味的,但是长期吸入体内,会对身体造成严重伤害。

正确做法:新装修的房间没有刺鼻的气味也要进行检测,如果发现异常要进行治理。

✧ 误区四:只要使用环保装修材料,就可以避免室内污染。

原因:环保装修材料并不是完全不含甲醛等有毒、有害物质,只是含量低。并且,各环保材料放出的有毒、有害物质会叠加,叠加量不超过室内空间的承载量,才能保证室内空气质量。

第九节 家有一老如珍宝,防病知识不可少

一、老年人走失

2016 年 10 月 9 日发布的《中国老年人走失状况调查报告》显示:全国每年约有 50 万老年人走失,平均每天老年人走失人数达 1 370 人。其

原因主要有三:①失智:据统计,老年人走失人口中有72%患记忆障碍,25%患失智。②照顾疏忽:这使得老年人走失风险增加。研究显示,配偶不在身边的老年人走失占63%,农村留守老人走失比例高于城市老人。③受教育程度低:走失老人教育程度普遍偏低。

(一)老年人走失的预防

"事先防范,胜过一切寻找。"

✧ 使用手机等通信设备:配备通信设备的老年人走失,可以通过电话联络家人。有条件者还可采用手机的全球定位系统(global positioning system,GPS)定位确定老人行踪。特别是患有阿尔茨海默病的老年人,最好在衣服中安装GPS定位器。

✧ 让老年人随身携带写好家庭电话号码、联系地址和其他信息的联系电话卡。若有必要,可将联系卡缝制在老人的衣服上。这样,有好心人看到后就可以与走失老人的家人联系了。

✧ 无论是为了防止老人走失,还是为了照顾老人,最好请专人或专业机构看管照顾。

✧ 登记并佩戴助老卡:在一些有助老机构的地区,如果老人在机构登记并戴有绿色助老卡,无论他身在何处,只要有人发现他,通过拨打助老机构电话,就能查到家人的联系方式和地址。

(二)老年人走失的应对

✧ 冷静:紧紧抓住老人刚走失的那段时间,立即寻找,否则很容易错过寻找机会。

✧ 及时报警:老年人走失不受"失踪24小时以上才能报警"的限制。因此,一旦有老年人不慎走失,要第一时间报警,请求警方帮助查看老人走失附近的所有监控(报警电话拨打方法可参见第六章第四节),不须等待24小时。

✧ 求助专门机构:在发现老人走失后,除了及时报警外,子女还应尽快将老人信息、照片送到专门救

助机构,以方便核对。

✧ 多方求助,及时获知信息:在微博、微信等网络平台上发布“求助信息”,及时将老人的身体特征、走失时的衣着特点传递给广播、报纸、电视等媒体,让广大车主、读者和观众都能第一时间获知信息。

✧ 不要放弃在夜间寻找:夜间人少,老人的身影更容易被发觉。

二、老年人跌倒

2014 年调查数据显示,我国老年人跌倒发生率约为 18.3%,其造成的死亡伤害位居所有死亡伤害的第二位。由于老人身体功能逐渐衰退,平衡感及灵活度降低,发生跌倒的概率随之增高。并且,老年人跌倒受伤后,身心健康受到影响,可导致生活质量下降。严重情况下,跌倒甚至可能导致老年人死亡或残疾。因此,要特别注意防范老年人跌倒。

(一) 老年人跌倒的常见原因

1. 患心脑血管等疾病

✧ 高血压患者在血压控制不好时,出现头晕、眼花、天旋地转感,这时多数会感觉站立不稳,容易跌倒。

✧ 冠心病患者在情绪激动时容易出现心绞痛,可能会因疼痛而跌倒。

✧ 糖尿病患者须长期使用胰岛素,可能因血糖控制不佳或低血糖而出现昏迷,容易跌倒。

✧ 长期受病痛折磨的患者会发生全身肌肉松弛、萎缩、贫血、疲乏无力,容易跌倒。

2. 不良的外界环境

✧ 室外路面不平,道路曲折等。

✧ 室内摆设杂乱无章、地板湿滑、桌椅未固定好或高度不合适、光线昏暗等。

✧ 老年人衣裤不合身、鞋子不合脚,影响行走。

(二) 老年人跌倒的预防措施

✧ 去除杂物,保持路面整洁,以便于老年人无障碍行走。

✧ 取掉地毯或使用双面胶带固定,避免地毯滑落。

✧ 起床速度要慢,并在穿过另一个房间时先开灯。

✧ 在所有楼梯上都安装扶手和照明设备。

✧ 在淋浴间内外和坐便器旁安装扶手杆。

✧ 浴缸内和淋浴间的地板上放置防滑垫。

✧ 避免使用凳子或梯子去够高处的物品。

✧ 延长各种绳索开关的长度，使老年人更容易够到。

✧ 在室内和室外行走时要穿舒适、防滑的鞋，不要赤脚。

✧ 避免在户外结冰的路面上行走。

（三）老年人跌倒后的救助措施

1. 跌倒老人自己起身

✧ 老人在家中跌倒，若是背部先接触地面，应先弯曲双腿，将臀部移动到椅子或床铺旁，然后平躺，并注意保暖，保持体温。如果在外面跌倒，应向他人寻求帮助。

✧ 跌倒后应短暂休息，等恢复部分体力后，尽量让自己朝椅子和其

他可以靠近的物体方向翻转身体，取俯卧位。

✧ 用双手支撑地面，抬起臀部，弯曲膝盖，然后试着使自己面向椅子等可倚靠的物体跪立，并用双手扶住椅子等可倚靠的物体表面。

✧ 以椅子等可倚靠的物体为支撑，尽力站起来。

✧ 休息一下，部分体力恢复之后，如果身体不适，须打电话向家人或医疗机构求助，报告自己跌倒了。

2. 老年人跌倒的救助者现场处理　发现老年人跌倒，救助者不要忙于将其扶起，要分清情况进行处理。

(1) 若老人意识不清，应立即拨打急救电话，同时进行急救措施。

✧ 若老人有外伤、出血，应在有条件的情况下，立即给予止血、包扎。

✧ 若老人出现呕吐，应把其头转向一侧，并清洁口腔、鼻腔呕吐物，以确保呼吸顺畅。

✧ 若老人发生抽搐，应将其移动到柔软的物体表面或在其身体下垫柔软的物体，避免碰撞、擦伤；必要时可在其牙间垫较硬物品，以避免咬伤舌头；不要硬掰抽搐的身体，避免肌肉、骨骼受伤。

✧ 若老人出现呼吸或心跳停止，要立即采取急救措施，如胸部按压、口对口人工呼吸等。

(2) 若老人意识清楚，可以采取以下处理措施。

✧ 询问老人跌倒情况以及能否记得跌倒过程，如果不记得跌倒过程，可能是发生了晕厥或脑血管意外，要迅速护送老人到医院接受治疗或拨打急救电话。

✧ 询问老人有无严重头痛并观察其有无嘴角歪斜、言语不利、手脚无力等提示脑卒中的症状，如果有，不要迅速扶起老人，要立即拨打急救电话。

✧ 若老人有外伤、出血，如果条件允许，应迅速进行止血、包扎并护送老人到医院进一步治疗。

✧ 检查老人是否有肢体疼痛、畸形、关节异常、肢体位置异常等提示骨折的症状，如果没有相关医学专业知识，不能随意移动老人，以免加重病情，要立即拨打急救电话。

✧ 询问老人是否有腰部、背部不适，双腿活动或感觉异常及大小便失控等提示腰椎受损的症状。如果没有相关医学专业知识，不能随意移动老人，以免加重老人的病情，要立即拨打急救电话。

✧ 如果老人尝试自己站起来，可以帮助其慢慢站起来，然后坐下休息并观察，确定无碍后即可离开。

✧ 如果老人需要搬动，要尽量保持平稳，并尽可能让老人平躺。

3. 跌倒后损伤的处理　若老人跌倒后出现紧急情况，应尽力给予急救处理并等急救人员到场。

(1) 皮肤破损、出血

✧ 清创及消毒：对于皮肤表面的创伤，可用过氧化氢清理创口，用红药水消毒并进行止血。

✧ 止血及消炎：依据血管破裂的位置，使用不同的方法止血。毛细血管是体内最细的血管。皮肤擦破，损伤毛细血管时，毛细血管内的血液通常是从皮肤内渗出的，使用创可贴即可止血消炎。静脉在身体较深的位置，若静脉破裂，血液通常会从皮肤破损处流出。对于此种情况，用消毒纱布包扎后，还需服用消炎药。

(2) 扭伤及肌肉拉伤：可以冷敷来缓解疼痛，并且可以在支撑受伤位置的同时将用绷带紧紧系住。

(3) 颅脑损伤：脑震荡是较轻的颅脑损伤，通常没有颅骨骨折，可伴有轻度头晕、头痛，如果发生昏迷，通常不会超过半小时。严重的颅骨骨折可引起脑出血和昏迷。对于有创伤性脑损伤的人，要分秒必争，迅速拨打急救电话并采取急救措施，同时要保持伤者安静卧床、呼吸通畅。

(4) 颈椎损伤：如果在跌倒时老人头部撞击地面，可能会导致颈椎脱臼和骨折，多会发生脊髓损伤、四肢瘫痪。对于此种情况，必须迅速拨打急救电话进行救援。在现场急救期间，要使伤者平躺在地上或硬木板上，将沙袋放在伤者的颈部两旁以保持其颈椎处于平稳状态，颈椎与胸椎轴线一致，不要过度伸展、弯曲或转动伤者身体。

(四) 老年人外出突遇暴雨须知

✧ 在暴雨来到之前，选择地势较高的位置避雨。

✧ 在暴雨开始时，如果处在危险地段，需要向家人报告位置。

✧ 如果道路被水淹没，应站立于安全处，不要贸然涉水。

✧ 当暴雨伴随雷电时，应将手机关机，并且避免站在大树下。

✧ 不要靠在路灯杆或电线杆上，避免与金属物体接触。

✧ 注意周围是否有电线，控制与电线的间距，避免触电。

✧ 留意外界动向，警惕泥石流等灾害。

✧ 注意墙体结构，远离不牢固围墙。

（五）老年人安全出游须知

✧ 出行前体检和保险不能少。

✧ 慎重选择旅行团，不要图便宜。

✧ 了解目的地天气和治安情况。

✧ 做到量力而行，不要挑战高难度活动。

✧ 避免过度疲劳。

✧ 注意饮食卫生。

✧ 谨慎购物，避免上当。

✧ 注意人身安全。

✧ 携带必要药物，防止意外伤害和旧病复发。

✧ 不要单独行动，服从统一安排。

老年人“七戒”

戒急行，戒独行，戒夜行，戒雪行，戒贪凉，戒贪食，戒登险。

三、老年人常见病

健康和长寿是人类的共同愿望。相关研究结果显示，危害老年人健康的疾病主要是高血压、冠心病、脑卒中、糖尿病、高脂血症、脑血管意外、慢性阻塞性肺疾病等，且老年人患病通常具有病程长、多种病共存的特点。

（一）突发高血压病

突发高血压病是指在没有服用降压药物的情况下，非同日 3 次测量上肢血压，收缩压≥140mmHg 和（或）舒张压≥90mmHg。

1. 临床表现

✧ 突然感到头晕、头痛、视物模糊或失明、恶心、呕吐、心悸、气短、面色苍白或潮红、双手颤抖、烦躁等。

✧ 严重时出现短暂性瘫痪、失语、心绞痛、尿液浑浊，更严重者可出现抽搐、昏迷。

✧ 由于身体和自己感知差异，有些人没有察觉或只有轻微的心悸、

头晕、头痛；有些人会感到天旋地转、恶心、呕吐、耳鸣、四肢冰冷。

2. 急救方法

✧ 若老人突然出现心悸、气短、呼吸困难、口唇发绀、身体活动受限，伴咳粉红色泡沫样痰，应考虑急性左心衰竭，此时应让患者双腿下垂，采取坐位，如有氧气袋，应及时吸氧，并快速拨打急救电话。

✧ 高血压患者在发病时，常伴有脑血管意外。老人忽然出现严重头痛，伴有呕吐，甚至意识受限和肢体瘫痪时，应让患者头转向一侧平卧。

✧ 血压忽然上升，伴有恶心、呕吐、剧烈头痛、心悸、尿频，甚至视物模糊，即高血压脑病已经发生。家庭成员应该安抚老人不要紧张，卧床休息，并及时服抗高血压药物，还可以服利尿剂、镇静剂等。如果服药和休息后情况没有改善，要拨打急救电话送医院治疗。

(二) 脑卒中(中风)

脑卒中(中风)是指脑部某个区域内病损的血管突然堵塞、梗死或破裂，造成脑血液循环障碍，脑部神经细胞缺乏足够的氧气供给，细胞死亡无法再生而引起脑功能障碍。

1. 临床表现　突然昏迷、晕倒或突然发生口眼歪斜、半身不遂、语言不清或智力受限。

2. 前兆　突然发生严重头痛、头晕、恶心、呕吐，或头痛、头晕突然比往常严重，或从不连续性变成持续性；突然感到一侧身体、面部、舌头、嘴唇麻木；反应迟缓、脾气改变、理解力降低；突然一侧或双侧视力下降、耳鸣或听力下降；突然发生短暂的意识丧失，血压突然急剧增高。

3. 急救方法

✧ 如果老人意识清楚，检查以下三项：①“笑”：让老人微笑，看看是否嘴角歪斜、不对称，判断是否面瘫；②“抬”：让老人平抬双臂，看看身体是否一侧无法抬起或肢体虚弱，确定是否有偏瘫；③“说”：让老人回答或重复简单的话语，看看是否说话清楚，判断有无失语。

✧ 保持绝对卧床，不要枕高枕头，保持安静，避免不必要的搬动，尤其要避免不必要的震动。

✧ 松开领口，保持呼吸通畅，避免喂水、喂药。对于昏迷的老人，要保持稳定的侧卧位。

✧ 拨打“120”急救电话，迅速将老人送入医院，经计算机体层摄影

(computerized tomography，CT)检查确诊后，再由医生决定治疗方案。

4. 注意事项

✧ 当老人发生脑卒中时，不要随意移动，否则会加速血管破裂。

✧ 老人如果发生大小便失控，要当场处理，切勿搬动上半身。

✧ 给老人保暖，同时密切观察脉搏和心跳，一旦心跳停止，应迅速进行心肺复苏。

(三) 心绞痛

心绞痛是冠心病的常见急症之一，是由供应心脏血液和营养的冠状动脉发生急剧、暂时的缺血与缺氧引起的，以发作性胸痛或不适为主要表现的临床综合征。

1. 临床表现

✧ 胸骨后有闷胀感觉，伴有明显的焦虑，持续3~5分钟，经常发散至左臂、肩部、下颌、喉咙、背部，也会散射至

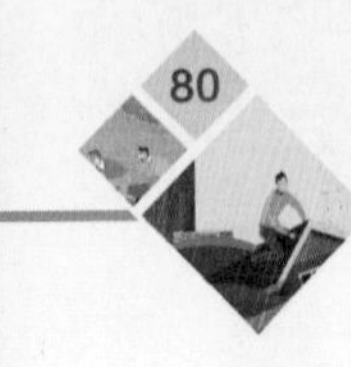

右臂。

✧ 情绪激动、受寒、饱餐等使心肌耗氧增加的情况可导致心绞痛发作,称为“劳力性心绞痛”,可通过休息或含化硝酸甘油缓解。

✧ 有些老年人表现出不常见的心绞痛症状,如气紧、晕厥、虚弱等。

2. 急救方法

✧ 停止一切活动,安静休息,去除精神刺激、焦虑、恐惧等诱因,避免不必要的搬动。如果由于呼吸困难而无法平卧,则应采取半躺卧姿势或坐姿;如果血压下降或发生休克,应采取平卧位。

✧ 解开老人的衣领与腰带,缓解疼痛,并注意保暖。

✧ 快速舌下含服硝酸甘油(0.5mg)或硝酸异山梨酯片(消心痛,10mg),通常1~3分钟起效。

✧ 如果有条件,可以帮老人吸氧,并快速将老人送往医院或拨打“120”急救电话求救。

3. 注意事项

✧ 血压下降、心率过快或过慢、右心室心肌梗死以及在24~28小时内服用枸橼酸西地那非(伟哥)的患者,禁止在舌下含服硝酸甘油。

✧ 通常心绞痛一次发作时长不超过10分钟。如果经处理后,老人心绞痛的症状未缓解甚至加重,则应怀疑为“急性心肌梗死”,要立即拨打“120”急救电话。

(四)糖尿病紧急并发症

糖尿病紧急并发症包括糖尿病酮症酸中毒、非酮症高渗性糖尿病、低血糖昏迷、乳酸酸中毒等。这些并发症有可能直接威胁患者的生命,

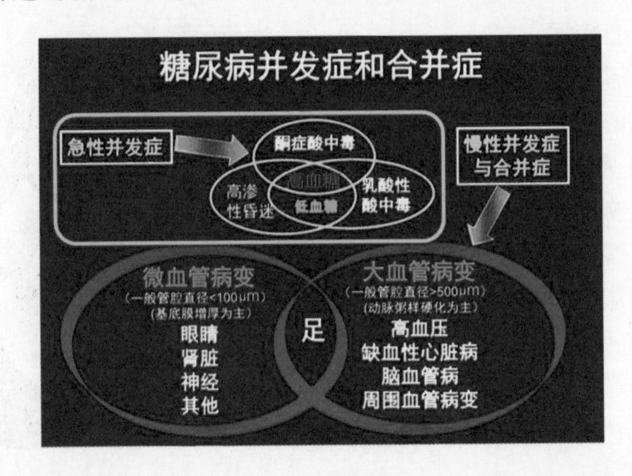

因此必须加以重视，要做到“早预防、早发现、早治疗”。

1. 临床表现

✧ 酮症酸中毒患者多表现口渴、多饮、多尿、乏力、食欲不振、恶心、呕吐，少数患者会出现腹痛。在严重情况下，患者呼出的气体会有腐烂的苹果味道，并出现心率加快、血压降低，甚至昏迷。

✧ 非酮症高渗性糖尿病患者初期有多尿、口渴增多的症状；后期因重度脱水会导致少尿、无尿及神经精神症状，如嗜睡、幻觉、癫痫发作及昏迷。

✧ 乳酸酸中毒患者有疲劳、恶心、呕吐、腹泻、上腹痛等表现，病情严重者会出现意识受限和昏迷。

2. 急救方法

✧ 对于酮症酸中毒患者，要及时补液并静脉连续注入少量胰岛素，以纠正电解质紊乱及酸中毒。

✧ 对于非酮症高渗性糖尿病患者，应及时纠正脱水高渗症状，静脉注射少量胰岛素，并消除诱因。患者平时要注意多喝水，不应等到口渴时才喝水，更不应控制喝水。

✧ 对于乳酸酸中毒患者，应补充碱、吸氧及补充小剂量胰岛素。

✧ 病情严重的患者应及时就医。

3. 注意事项

✧ 患有严重肝病、肾病和严重心肺功能不全的老人不宜服用双胍类降糖药。

✧ 自己注射胰岛素时，应在腹部、大腿前外侧、手臂外侧 1/4 处及臀部轮流注射，不宜重复多次在身体同一位置注射胰岛素。

第十节 怀胎十月不容易，事事提前须注意

十月怀胎，准妈妈在身体和精神上都会经历很多磨炼。但只要知道怎样度过孕期并学会享受它，这会成为生命中一段美好的记忆。那么怎样安全度过这段非常时期呢？

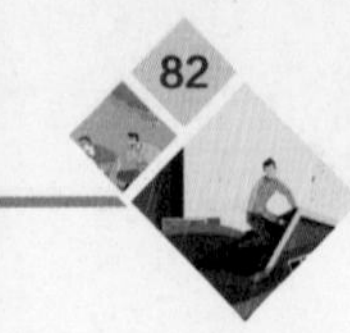

一、各孕期保健要点

从妊娠到分娩，一般经历 40 周，分为孕早期(12 周以内)、孕中期(12~27 周)和孕晚期(28 周后)。孕早期为胎儿组织和器官形成的关键时期。孕早期可能出现的主要问题有：早孕反应、体液失衡和代谢紊乱、营养素摄入不良、胎儿畸形。孕前 3~6 个月应合理膳食、均衡营养、健康生活。

(一) 孕早期保健要点

✧ 避免挤压碰撞、病毒感染、不洁饮食、放射线等可能对胚胎造成影响的不良因素，慎用药物，不抽烟、不喝酒。

✧ 少食多餐，多吃清淡营养的食物。呕吐后仍坚持进食。

✧ 注意休息，切忌进行繁重的体力活动，避免性生活，以免流产。

✧ 如果发现发热、阴道见红、严重呕吐、腹泻等异常症状，要立即到医院检查。

(二) 孕中期保健要点

✧ 每个月做 1 次产前检查。

✧ 保持情绪平静、精神愉快。

✧ 衣着宽大合适，用宽松的乳罩托起乳房，穿舒适的鞋，注意个人卫生。

✧ 注意补充营养，确保科学均衡地摄入各种营养素。

✧ 适当地做些户外活动，学会做孕妇体操，开始对宝宝进行胎教。

(三) 孕晚期保健要点

✧ 妊娠 28~36 周，应每两周做一次产前检查；36 周后，每周做一次产前检查；如果发现异常情况，应立即去医院检查。

✧ 应注意坐立姿势：背部挺直，腰部收紧；提取东西时，不要弯腰，可手扶膝盖。

✧ 确保每天 8~9 小时的睡眠；睡眠时采取左侧卧位，以增加子宫胎盘的血流量，这样有助于胎儿的生长发育。起床时，先侧身，然后用双手支撑上半身。

✧ 注重个人卫生，经常换洗衣物，勤洗澡，避免盆浴。

✧ 禁忌性生活，以免发生早产和感染。

✧ 每晚 6~10 时测胎动，每小时胎动次数≥3 次为正常，<3 次或比

平时减少 1/2 或忽然频繁胎动均属于异常。

（四）产后保健要点

✧ 产后应立即对产妇、新生儿进行健康检测。

✧ 对产妇进行产褥期卫生保健以及科学育儿、科学膳食、母乳喂养指导。

✧ 产妇接受并开展产后体形恢复训练。

✧ 产后 42 天，母亲及新生儿都要到妇幼保健机构再次进行健康检测。

二、流产非小事，时刻要留心

妊娠不足 28 周，胎儿体重达不到 1 000g 而自然终止，称为意外流产。流产发生在妊娠 12 周以前称为早期流产，发生在妊娠 12 周以后为晚期流产。意外流产给女性带来的伤害很大，应多留心、多注意。

（一）病情判断

✧ 先兆流产：阴道有少量鲜红色或褐色出血，伴有轻度下腹痛或腰酸下坠感，宫颈口未开。

✧ 难免流产：指流产已不可避免，通常在先兆流产的基础上，出现阴道流血量增多，阵发性腹痛加重，宫颈口大开，羊水流出，可看见胚胎组织。

✧ 不全流产：有些妊娠物已排出体外，还有一些留在子宫内，子宫收缩力差，阴道流血多且连续不止，有阵发性腹痛。

✧ 完全流产：所有妊娠物已经从子宫腔排出，阴道出血逐渐变少，腹痛明显减轻。

✧ 过期流产：又叫稽留流产，指胚胎或胎儿在宫内死亡 2 个月以上还未排出，阴道流血可有可无、可多可少。

✧ 习惯性流产：连续 3 次或以上流产。

（二）急救方法

✧ 让孕妇躺在床上休息，同时对其进行心理安慰。

✧ 拨打“120”急救电话，向医生说明孕妇的症状，并询问医生在等待救护车期间应如何处理。

✧ 收集阴道排出物，用容器装起来供医生检查。

✧ 如果阴道大量出血（出血不止）、腹部剧痛并有块状物排出，可能为不完全流产，有条件者可选服缩宫剂，保留块状物并立即送医院处理，以防大量出血引起休克，危及生命。

三、孕妇防辐射其实很简单

电子产品为人们的日常生活带来很大便利的同时，也带来了健康风险，如电磁辐射污染。经常与家用电器“亲密”接触的孕妇，常会担心电磁辐射引起早产、流产或胎儿畸形。那么，孕妇如何做才能减少遭受电磁辐射的伤害呢？

（一）减少暴露于可能的辐射源

✧ 应尽量将易产生电磁辐射的各类电器从孕妇经常休息的卧室和书房移除。

✧ 孕妇应尽量减少频繁和长时间使用手机、电脑等会产生电磁辐射的电子设备。

✧ 若不可避免要暴露于某种电磁辐射，可选择穿优质的防辐射服。

（二）远离各类电磁辐射源

电磁波辐射功率的变化与距离的平方成反比。随着距离的增加，辐射强度将迅速减小。日常生活中，电吹风机、电动剃须刀、吸尘器、荧光灯、便携式收音机、电磁炉、洗衣机、电熨斗、洗碗机和其他家用电器产生的电磁辐射较小，很容易被忽视。彩电和微波炉的电磁辐射比计算机和冰箱强得多。只要减少与这些电器的接触时间或远离其30~100cm，就不会对人体健康产生重大影响。

（三）不同妊娠期电磁辐射暴露的可能危害

从理论上讲，电磁辐射对妊娠前3个月孕妇的危害远远高于对中晚期孕妇的危害。

妊娠0~3个月：受到强电磁辐射，可能引起流产、胎儿肢体缺损或畸形。

妊娠4~5个月：受到强电磁辐射，可能损害胎儿中枢神经系统，致使宝宝出生后智力低下。

妊娠6~10个月：受到强电磁辐射，可能导致免疫功能低下，胎儿出生后体质虚弱、抵抗力差(在正常的生活环境中，基本上不可能受到这种严重的电磁辐射)。

如果孕妇想避免过度的电磁辐射，其实方法很简单：与电器保持一定距离并尽可能减少接触时间。

第十一节 残疾照料别苦恼，细心关爱有法宝

据统计，2018年中国大约有8 500万残疾人。残疾人是一个长期存在、数量巨大、生活困难、社会竞争力弱的特殊群体。作为社会中的一个特殊群体，残疾人的安全应该得到特别重视。

一、视力残疾者的生活照料

✧ 交谈：与视力残疾者日常接触时，不能突然尖叫或突然握手、拥抱他们，要在距离其一两米远时发出声音提示，让他们知道你在附近，以免他们被突然吓到。当和他们交谈时，应先说出他们的名字，并且提示正在跟他说话。

✧ 引路：在引导视力残疾者走路时，让他（她）握住你的胳膊肘部并引导他走路而不是拽着他（她）走。照顾者应该记住视力残疾者的生活习惯，例如他（她）习惯于走左边或右边。带路时，多使用描述性语言，并尽量告诉他（她）你看到的所有内容。不能随便拿走视力残疾者的盲杖或拉着盲杖为他（她）带路。

✧ 指挥方位：指挥位置应清晰准确，使用如"将杯子放在你面前""在你左前方1m左右"等语言，而不是"将杯子放在那里""在这里"。

✧ 就坐：引导视力残疾者就坐时，应将其左手轻轻放在座椅的靠背或扶手上，以便其确认座椅。

二、听力、言语残疾者的生活照料

✧ 耐心：照料听力、言语残疾的家庭成员时，家人要主动、耐心地为其解释或者翻译周围发生的事情。

✧ 交谈：和听力、言语残疾者交谈时，应该提前微笑并打招呼，尤其应注意其眼神和手势。如果不能理解他们的言语，可以用笔进行交谈，用语要言简意赅。在日常生活中，家庭成员应避免以尴尬、幽默或反语

的方式与他们交谈，以免引起误解。

✧ 手语：家庭成员应熟练使用手语与听力、言语残疾者进行交流，并注意手语表达的准确性。

三、肢体残疾者的生活照料

✧ 交谈：与坐轮椅的残疾者交谈时，如果时长超过1分钟，最好采用蹲姿，确保双方的目光在同一条水平线上。注意避免倚靠其轮椅或其他辅助设备。

✧ 打电话：给肢体残疾者打电话，要等待电话响铃多响几声，以便对方接听。

✧ 同行：与架双拐的残疾者同行、上下楼梯或乘电梯时，最好在他们前面行走，但不要让他们产生紧迫感。一般来说，应减少不必要、不恰当的搀扶，他人的搀扶反而可能使肢体残疾者失去平衡，"帮倒忙"。

✧ 就餐：与失去双臂的残疾者一起用餐时，只需要问他们需要什么样的餐具，避免喂他们；与坐轮椅或拄拐杖的残疾者一起用自助餐，要先询问对方需求，然后根据对方的需求协助他们取食。

四、残疾人遇险求救方法

在当今社会，先天致残率明显下降，但因意外伤害及其他因素导致的残疾逐步增多。在我国，因交通事故、外伤、疾病以及生物和社会因素导致视力残疾、听力残疾、语言残疾、智力残疾以及各类肢体残疾和精神残疾的人数高达八千多万。除了社会的关爱和帮助外，残疾人个人也需要掌握必要的遇险求救知识。当遇到危险而无力自救时，可采取如下方法求救。

✧ 可以使用敲脸盆、饭碗、茶缸、挥毛巾、吹哨子等方式向周围发出求救信号，或给家人朋友发短信，让他们打报警电话，也可以拨通报警电话后持续不挂断，并在话筒边制造混乱声音以寻求帮助。

✧ 可以通过手电筒、镜面反射光等，向人们发送求救信号。

✧ 当被大火困在楼上时，可以向楼下抛掷枕头、书籍、空塑料瓶等柔软物体，从而引起楼下人的注意并指示方向。

✧ 如果在野外遇险，夜间可点燃干燥的木材，利用火光向周围发出求救信号；白天可点燃青草、树叶，使其冒烟，以引起别人的注意。

第二章

出行安全

第一节　一“陆”平安

在我国,交通事故已经成为导致意外伤亡的主要原因之一。2017 年全国发生交通事故 203 049 起,死亡人数为 63 772 人,造成直接财产损失 121 311.3 万元。其中,由汽车引发的交通事故和导致的死亡人数最多。2017 年,我国发生汽车交通事故 139 412 起,导致 46 817 人死亡,139 180 人受伤。近年来,随着人们交通安全和道路安全意识逐渐加强,机动车交通事故发生量逐渐呈下降趋势,但总量还是较大。交通事故像一个隐形的杀手,潜伏在马路上等待着违章、违规的人出现。因此,人们应当学会保护自己,养成文明行车、文明走路的习惯,了解交通安全防范与应急救护措施。

一、机动车出行安全

(一) 家庭轿车安全注意事项

1. 正确使用安全带　坐正副驾驶座与后方座位,都须系好安全带。《中华人民共和国道路交通安全法》第 51 条规定:机动车行驶时,驾驶员和乘客应按规定使用安全带。

案例 1　副驾驶未系安全带之祸

山东某市的朱先生在2014年5月与好友驾车外出游玩。位于副驾驶位的朱先生自认为没有必要，就没有系安全带。一路上，大家欢声笑语，但车行驶在盘山公路时，突然一辆卡车迎面开来，驾驶员猛踩刹车，由于惯性，朱先生身体猛向前倾，导致额头严重磕伤，颈椎受损，身体其他多个部位软组织挫伤。

交通安全关乎生命，只有时刻谨记安全带的重要性，才能平安到家。

案例 2　坐后排未系安全带，造成乘客当场死亡

2016年11月18日在多伦多，3名中国女留学生乘坐一辆"路虎"出行，途中发生交通事故，翻车后撞墙，车身面目全非，造成1死2伤。乘坐在后排未系安全带的乘客在车祸中被甩出并当场死亡。

该案例提示：乘客无论是坐在前排还是后排，为了生命安全，一定要系安全带！

✧ 安全带的巨大作用：当车辆发生碰撞或紧急制动时，由于惯性作用，驾驶员、乘客可能会与方向盘、挡风玻璃等发生二次激烈碰撞，造成身体伤害。安全带的预紧装置能够瞬间收束，将驾驶员和乘客牢牢地拴在座椅上，从而防止二次碰撞的发生。一旦安全带的收束力度超过一定限度，限力装置会适当放松安全带，以保证胸部受力平衡。因此，汽车安全带对于约束位移和缓冲可起到至关重要的作用，能

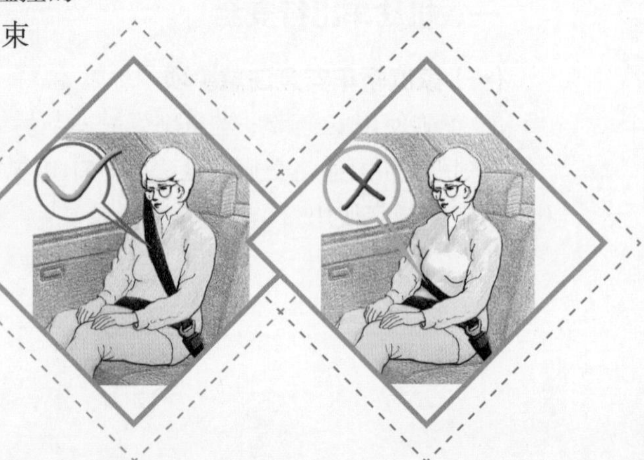

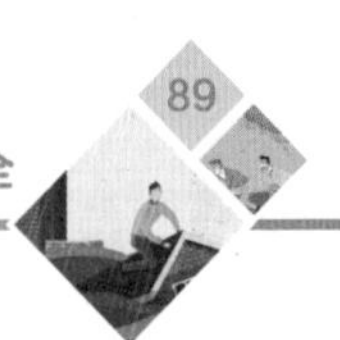

够吸收冲击时产生的能量,避免或减少对驾驶员和乘客的伤害。有关调查数据显示,如果系了安全带,正面碰撞的死亡率会降低 57%,侧面碰撞的死亡率会降低 44%,翻车的死亡率会降低 80%。系好安全带在关键时刻能保命。

✧ 正确佩戴安全带:①调节好安全带肩部的位置;②肩带应跨过胸部,腰带紧贴髋骨;③系好后,拉扯一下,确保锁扣扣合良好、没有损坏。

孕妇系安全带应注意:①肩带避开隆起的肚子,从头侧部通过胸部,到达侧腹部,不能紧贴脖子,应置于肩胛骨处;②腰带避开隆起的肚子,放在髋骨的最低位置,不要让腰带横切在隆起的肚子上;③调节座椅倾斜度,使安全带始终贴在身上。

2. 使用儿童座椅　据统计,我国每年超过 1.85 万名 14 岁以下儿童被交通事故剥夺了生命。儿童安全座椅使用率低被认为是不可忽视的原因。因此,若家有孩童,车必须配备儿童座椅。

儿童座椅最安全的固定位置应是驾驶者后方,不可将儿童安全座椅安放于副驾驶位。因为发生事故时,驾驶员出于自我保护的本能会下意识地往左转,所以副驾驶位往往是最危险的位置。另外,副驾驶处配备有安全气囊,发生事故时安全气囊可在几毫秒内完全充满,并以每小时 300 多公里速度弹出,若将儿童安全座椅安放于副驾驶位,安全气囊的巨大冲击力将对孩子身体造成严重伤害。因此,12 周岁以下儿童严禁坐副驾驶位,一定要坐汽车后座的儿童座椅

上，这样致命伤害至少会减少 1/3。

案例　孩子没坐安全座椅，轿车拐弯时直接被甩到路中央

2017 年 5 月 28 日，河南省驻马店市一十字路口，一辆轿车由于未配备安全座椅且后门未上锁，在急转弯时，孩子被甩下车，所幸并无生命危险。

在关键时刻，儿童安全座椅对于确保孩童乘车出行安全具有重要作用。

（二）避免孩子被困车内

夏季儿童被锁车内，已致多名儿童死亡

近年来，儿童被遗忘在车内造成死亡的新闻时有报道。2016 年 6 月 20 日，海南一幼儿园校车司机接儿童上车时，将一名 3 岁多的孩童遗留在车内致其死亡；2015 年 6 月 27 日，湖南湘潭一夫妇下车时把不满 4 岁的儿子遗忘在车内，孩子因高温缺氧窒息死亡；2011 年 8 月 2 日，安徽安庆一名 3 岁女童被忘在校车里闷了一天，后经抢救无效死亡……

触目惊心的事故告诉我们，将孩子单独留在车内这种危险行为会带来严重后果。为了避免悲剧发生，家长一定要做好安全防范措施，避免孩子单独被困车内。

✧ 不要把孩子单独留在车内：成年人下车时应当养成检查后座的习惯，即使是短时间下车也不可单独留下孩子。

✧ 不要贴过暗的车窗膜：万一孩子被困车内，浅色的窗膜容易让他人及时发现。

✧ 车内准备可发声玩具：车内准备儿童哨子、喇叭号角等可发声玩具，以便孩子在紧急情况下吹响求救。

✧ 让孩子学会自救：家长们一定要告诉孩子，万一被锁车内，一定要通过按喇叭、拍窗户、开双闪灯等方式进行自救。

✧ 路人发现孩童被困车内的救助：若孩子意识清醒，仍可正常回应，应在警方到场前与其保持联系，同时寻求他人帮助寻找家长；若当孩子已无反应或出现中暑症状，如皮肤发红、烦躁、抽搐昏迷，需要立即报警并拨打“120”，尽快将孩子抱离汽车，转至通风凉爽的地方，解开其衣扣，喷洒凉水降温（注意勿喷冰水）。

（三）开车在路上，这些陋习不能有

✧ 拒绝疲劳驾驶：有关统计数据显示，疲劳驾驶导致交通事故的易发时间为午后 11—13 时、深夜 0—2 时和凌晨 4—6 时。因此，建议驾驶员若连续开车超过 4 小时，必须到服务区休息。

✧ 开车时不要打电话：因开车时看手机而发生事故的概率是安全驾驶情况下的 23 倍；开车时打电话发生事故的概率是安全驾驶情况下的 2.8 倍。

✧ 远离“路怒”，文明出行。

案例　中山一司机逆行连撞后车 6 次

2016 年 7 月 28 日下午，彭某驾驶小轿车行至红绿灯位置，在红灯转绿灯起步时，赵某驾驶小轿车从右侧车道变道到左侧车道，与彭某的轿车发生轻微碰撞。事故发生后，赵某下车与彭某争执，随后竟启动自己的轿车驶出路口，掉头逆向行驶撞向彭某的轿车。之后，还多次倒车撞击彭某的轿车，导致双方车辆损毁严重。

在“路怒症”状态下行车伤人害己，调节好自身的情绪极其重要。当产生冲动的情绪时，可尝试多做几次深呼吸，还可以开窗让新鲜空气进入车厢，以缓解激动的情绪，保持头脑冷静。最重要的是，每一位驾驶员都要有尊重生命、遵守规则的意识，只有将生命与安全的重要性牢记在心，才能让自己在驾车时时刻保持冷静。

（四）汽车发生交通事故的急救

1. 被困车内　可使用安全锤敲车窗周边四角，打碎车窗逃生。因为车窗钢化玻璃四角和边缘位置最薄弱易碎，若敲击车窗中间部分，窗口破损部位狭窄，不利于快速逃生。

2. 翻车事故　遭遇翻车事故时，驾驶员须勾住踏板并紧握方向盘，以便身体随车翻转；车内乘客抱紧前排座椅，保持身体固定，避免翻滚过程中造成二次碰撞伤害。

3. 汽车落水

✧ 车辆入水前：应立即弃车逃生，若打不开车门，可摇下车窗玻璃，从车窗逃出；若摇窗失灵，可砸碎车窗玻璃逃出。

✧ 车辆落水后：一般情况下落水汽车会在1~2分钟内注满水。车辆落水下沉后，应关紧所有车窗，不要打开车门，解开安全带，打开车灯及室内灯，爬至后座，待水位不再上升后，深吸一口气，打开车窗或车门，循着光亮处游出车外。

4. 车辆相撞

✧ 乘客应采取防冲击姿势，固定住身体；注意侧身而坐，靠近车座后背，伸出双脚顶住前排座椅，手掌护头，能有效防止或减轻冲击带来的伤害。

✧ 驾驶员双肘夹紧方向盘，双脚勾紧踏板。若车内只有司机一人，司机可在相撞之前迅速打开车门用力跳出，就地打滚，远离相撞车辆。

5. 汽车起火

✧ 若有条件，应将起火的车驶离人员密集区域，切断电源，组织人员有序下车避险。取出灭火器，给油箱和燃烧部位用干粉或二氧化碳灭火器对准火焰下方灭火降温（灭火器使用方法详见第六章第三节）。

✧ 若发现起火时已经较晚且火势大，车上所有人员尽快远离现场并及时拨打“119”“122”求助、报警，并报告保险公司。不要急于抢救车内财物，以免自身烧伤、烫伤。

小贴士

✧ **汽车起火为何不能用水灭火？**

汽油与水的密度不同，若用水灭，会让汽油浮在水面上四处迸溅，加大火势，因此，机动车失火时务必使用干粉或二氧化碳灭火器灭火。

✧ **汽车起火前是否有可察觉征兆?**

一般汽车自燃前会出现车身有异味、冒浓烟、仪表盘不亮等现象，尤其不可忽视仪表盘不亮这一项，可能说明已经出现短路。

（五）乘坐出租车安全注意事项

1. 不坐“黑车”，乘坐正规运营的出租车　“黑车”是指未经道路运输管理部门批准、未在道路客运管理部门办理相关手续、未取得营业执照而从事有偿服务进行非法经营的车辆。这些车辆多是以低价的方式私自组客或通过“黄牛”拉客，无法保证安全和服务质量。尤其女性，必须有一定的安全防范意识和自我保护意识。

2. 警惕“网约车”的安全隐患　“网约车”有着即叫即到、便捷高效等特性，逐渐成为公众出行的首选方式。然而，2018 年发生一名空姐乘坐某“网约车”出行遇害的事件，提示个人单独乘坐“网约车”可能存在安全隐患。因此，女性单独乘车时须熟悉“网约车”各种报警、紧急呼救和定位等功能，并采取各种自我保护措施，以降低风险发生的概率。

✧ 尽量不要打车去人烟稀少且偏僻的地方。

✧ 记住车牌号、服务监督卡上出租车司机姓名、公司等信息。

✧ 女乘客上车后故意高调打电话给亲友，可给心怀不轨的司机带来心理警示与压力。

✧ 不做车上“低头族”，随时注意方向和位置，发现行驶路线不对，立即提醒司机。

✧ 上车后避免与司机发生争执，以免发生意外。

✧ 运用通信设备的位置共享或定位等功能将自己的行程路线分享给亲友。

✧ 单独搭乘时，尽量避免乘坐副驾驶位（尤其女性）。当危险来临，后排相较于前排，有更大的缓冲区，安全性更好；女性坐后排，可避免与司机密切接触，更有利于女性保护自身安全。

（六）乘坐大巴及公共汽车注意事项

✧ 勿乘坐超载车辆和无载客许可证、运营证的车辆。

✧ 严禁携带易燃易爆品上车，以免在挤压、碰撞的情况下，发生燃烧和爆炸。

✧ 长途汽车乘客上车后应系紧安全带，公交车乘客上车后应在座

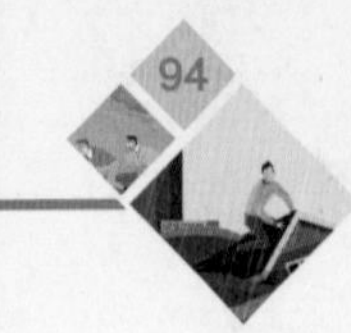

位上坐好或扶紧把手，防止急停、颠簸等对身体造成伤害。

✧ 车上人员密集繁杂，应看管好随身物品，谨防扒手。

✧ 车上若遇劫匪，要以配合为主，牢记生命第一，勿贪钱财。在情况允许的条件下，可通过手机短信报警。

✧ 不要与司机发生冲突，勿抢夺方向盘。

✧ 乘坐长途汽车，由于路程较长，所耗时间较久，旅客易感疲惫，这时须注意保管好贴身重要财物，莫让扒手有机可乘。

（七）坡路行驶注意事项

✧ 爬缓坡道时，可利用车辆惯性，以较低挡位加速冲坡。

✧ 过长而陡的上坡道时，注意速度与挡位的变换，保持车辆动力充足。

✧ 在接近坡顶时，由于视距缩短，应更加谨慎驾驶。

✧ 下坡时应根据路面实际情况换入合适的挡位。

特 别 提 示

如果发生交通事故，若无人员伤亡，可与当事人互留联系方式自行解决，及时撤离现场，避免拥堵；驾驶员未受严重伤害应保护现场并立即报警。

二、非机动车出行安全

（一）自行车出行安全注意事项

✧《中华人民共和国道路交通安全法》规定，禁止 12 岁以下的未成年人乘骑非机动车上路。

案例　未满 12 岁儿童骑共享单车，逆行被撞身亡

2017 年 3 月 26 日，上海一名 11 岁男孩与 3 名伙伴（均未成年）骑共享单车逆行，与一辆客车相撞，男孩经医院抢救无效死亡。根据上海市某交通警察支队出具的《道路交通事故认定书》，该男孩未满 12 周岁，在道路上逆向行驶且忽略周围路况，负本起事故主要责任。

共享单车的普及，在方便人们出行的同时也带来了各种潜在风险。尤其须注意的是，儿童骑自行车时，需要父母或看护人严格监护。

✧ 出行前务必检查自行车，确保刹车与车铃无故障。

✧ 在国内，非机动车道靠右行驶，不逆行；在国外，应根据当地交通法规安全骑行。

✧ 骑行时，不双手撒把，不多人并骑，不互相攀扶，不听音乐，不携带沉重的货物。

不可小觑的安全帽

发生交通事故时，头部容易受到猛烈撞击，头盔可有效地保护头部。由于头盔为光滑的半球形，可分散并吸收冲击力，而头盔和护垫的变形和裂纹，也能吸收一部分撞击能量。同时，安全头盔鲜明醒目的色彩能在会车或超车时引起对方的注意。因此，安全头盔的保护作用是不可小觑的。

✧ 对于不能载人的共享单车，切忌用车篮载人。

自行车任何情况下都可以载人吗

我国《道路交通安全法实施条例》第七十一条规定：自行车载人具体规定由省、自治区、直辖市人民政府根据当地实际情况制定，通常情况下各地在制定规定时，均有以下3个条件：①只能在市区不通行公交车辆的街道上；②只能搭载学龄前儿童；③车辆必须配有安全座椅。

（二）电动车出行安全注意事项

✧ 驾驶电动车之前一定要检查刹车是否灵敏，并佩戴头盔。

✧ 电动自行车应当在非机动车道内行驶，若没有非机动车道，则应靠机动车道的右侧行驶。

✧ 驾驶电动自行车时，不可与周边骑车者搭肩并行、互相追逐，应保持适当车距。

✧ 在城市道路上驾驶电动车时可搭载1名12周岁以下儿童，搭载6周岁以下儿童需有固定座椅。

防范电动车火灾事故

近年来，电动自行车、电动摩托车、电动三轮车等电动车以其经济、便捷等特点，逐步成为群众出行代步的重要工具。但由于停放、充电不规范以及技术方面的问题，电动车火灾事故呈多发态势，给人民群众生命财产安全造成重大损失。了解电动车火灾防范措施，有助于减少电动车使用的安全隐患。

✧ 整车线路使用时间长了容易老化，建议用户最好定期（间隔0.5~1年）到维修点做检查。

✧ 电动车内普通电池使用年限为1.5~2.5年，用户定期更换电池非常必要，并且一定要到正规店铺购买匹配的电池，不要购买劣质电池。

✧ 在高温天气骑行之后，要把车子放在阴凉处，等电动车以及电池的温度降下来后再充电。

✧ 不同品牌充电器不混合使用，如果充电器损坏，应及时更换。

✧ 保证电动车的充电时间，当电池电量放至70%~80%时及时充电，一般夏天充电6~8小时，冬天充电8~10小时为宜，不宜过度充电。

✧ 不私拉电线，在正规电动车充电处充电。不要把电动车放在楼道充电，更不要把电动车停放在安全出口处。

三、步行安全

✧ 行人要走人行道，没有人行道就靠路边行走，有过街天桥和地下通道的路段，自觉走过街天桥和地下通道。

✧ 过马路时要走斑马线，勿跨栏杆。

✧ 过铁路道口时，要遵循“一停、二看、三通过”原则，确认安全后方可通过。

✧ 遭遇劫匪时，弃财保命，并立即报警，跑向人群密集处，或（假装）

打电话给亲友，打消匪徒犯罪意图。

✧ 若被匪徒近身纠缠，可损坏就近行人重要财物或商家产品，从而引起他人注意，为自己赢得救命时间与机会。

第二节 循“轨”蹈矩保安全

2011年7月甬温线发生特别重大动车事故，造成40人死亡、172人受伤，中断行车32小时35分钟，造成直接经济损失19 371.65万元。血淋淋的数字不断警醒着铁路安全知识宣传以及铁路事故防范的重要性。地铁、列车都是在封闭状态下运行的大型载客轨道交通工具，设备故障、技术原因、人为破坏、不可抗力因素等都可能导致重大事故，且事故发生时往往伴随着人员伤亡和财产损失。事故的应急处置不仅需要相关部门拥有完善的应急机制和应急预案，更需要社会公众加强自身应急素养，提前了解关于轨道交通的安全常识、安全规范及要求，掌握应急知识和技能，加强事故防范并在事故发生时紧急自救。

一、轨道交通出行前须知

✧ 不携带易燃易爆品，管制刀具等违禁物品。

✧ 乘客提前到达车站，保证预留时间充分。

✧ 注意防盗，保管好贵重物品，将包背在胸前，不让行李离开自己视线。

✧ 车站人员混杂，带孩子的旅客勿将孩子交给陌生旅客看管，谨防人贩子。

二、铁路出行安全注意事项

✧ 候车时要站在安全线内，车停稳后再排队上车。

为何须在安全线外候车

根据伯努利原理可知：流体流速快的地方压强小，流速小的地方压强大。快速移动的列车推动空气形成气流，行驶速度快，空气流动也越快，火车近处的气体压强小，造成周围气流回填，如果人离火车过近，会被卷入车下，或被大气压压到火车上从而发生事故。因此，候车时应该站在安全线以外。

✧ 进入车厢后找到自己的座位坐下，同时注意清楚收听列车站名、时间播报，避免过站、错站。

✧ 不要在车厢连接处活动，那里容易发生夹伤、挤伤等事故。

✧ 卧铺旅客休息时，应将头朝过道；贵重物品随身携带，不放在显眼位置；设好闹钟提醒，提前收好行李。

✧ 高铁全列禁烟，烟雾会触发烟雾报警器造成车辆急停。

案例 女乘客用高浓度香水，导致高铁急停

不在高铁上吸烟是常识，但很多人不知道高铁上也不能喷浓度高的香水和防晒喷雾。

2018 年 6 月 26 日，郑州东至安阳东的 G6602 次列车在郑州东站 - 新乡东站区间上行驶时，突然急停。机械师赶到报警车厢时，发现一名女士正在使用香水，导致烟雾探测器检测到烟雾浓度达到警报值。这个事件直接导致该列车延误 3 分钟，也由此导致后续列车全部延误。

在这里，提醒每位乘客：每个人在乘坐高铁列车时都要维护其安全运行，不要在高铁上喷洒香水、花露水、防晒喷雾等用品，更不要吸烟！

✧ 未赶上列车的乘客，可改签或退票，不要做出扒门这类危险的行为。

案例　列车不等人，迟到别扒门

2018 年 1 月，在安徽合肥高铁站，一名女子在高铁将要关门时，站在车门处，阻止车门关闭。工作人员告诉她这样做是非法的，但她仍然不愿离开，并且一直在打电话。她表示自己的丈夫没能通过检票口并要求工作人员放行，否则她就留在门口。列车工作人员建议她改签，但她充耳不闻，最终导致该趟列车未能准点出行，并对后续列车的出发和到达时间造成严重影响。

在没有特殊情况下，列车不会因为个人原因等候乘客。该女子挡在车门处不仅会耽误其他乘客的行程，也会带来安全隐患！

三、列车撞击出轨应急须知

火车事故通常是两列车相撞或脱轨。脱轨的征兆是紧急制动，猛烈摇晃并倾倒一侧。火车一旦发生相撞事故，往往会脱轨翻车，车内的人与座位、车壁剧烈撞击，玻璃、金属片、行李等横飞，致人伤亡。因此，只要感到有异常，就要迅速做好防护准备。防护要点是双手护头，屈膝护腹。

✧ 面朝行车方向的乘客，抱头屈肘，俯到对面的坐垫上，下巴紧贴胸前，护住头部，或抱住头朝侧面蹲下。

✧ 在通道内坐着或站着的乘客，若车内拥挤，立即下蹲，双手护住后脑；若不拥挤，双脚朝着行车方向，手护后脑部，屈身躺倒，膝盖护住腹部，用脚蹬椅子和车壁。

✧ 在厕所内的乘客，应背靠行车方向的车壁，坐在地板上，手护头，膝护腹。

小 贴 士

✧ 发生事故后离车避难时，避免接触电线。

✧ 火车出轨后仍运行时，勿跳车，否则身体会以全部冲力撞向轨道。

四、列车发生火灾时自救

列车内起火时，不要惊慌，勿盲目跳车，应迅速通知列车员采取措施停车。

✧ 灭火及疏散要求：当车厢内的火势不大时，乘客不要打开车厢门窗，以免大量新鲜空气进入加剧火势；应听从乘务员的指挥，利用灭火器材灭火；采取低姿行走，有秩序地疏散到车厢前后门或相邻车厢。

✧ 利用车厢的窗户逃生：列车车厢的窗户一般为 70cm × 60cm 的双层玻璃。若车厢内火势大，被困人员可用应急锤或其他坚硬的物品打破窗户玻璃，通过窗户逃离火灾现场。

五、地铁安全注意事项

（一）候车注意事项

✧ 注意地铁行驶方向，避免乘错车 。

✧ 候车时请勿越过黄色安全线。

✧ 手或身体勿扶靠屏蔽门或安全门。

✧ 若物品跌落至轨道，联系工作人员拾取。

✧ 尽量避免在人潮拥挤处候车，出现身体不适或遇到困难，应及时联系工作人员。

✧ 在地铁站内候车时，不要玩手机，应随时关注列车到站情况，避免慌忙上下地铁，带来安全隐患。

案例　男性乘客低头玩手机，匆忙下车遇险情

2017 年 4 月 20 日晚高峰期间，一名男性乘客在低头看手机时，突然发现乘错方向，匆忙下车时被夹在列车与屏蔽门间，所幸站台工作人员及时发现险情，再一次开启屏蔽门，最终帮助该男乘客“脱困”。

（二）小心地铁屏蔽门

✧ 一般，站台屏蔽门和地铁列车门同时开关，应密切关注屏蔽门灯和车门灯的闪烁。

✧ 小心屏蔽门的玻璃，当屏蔽门指示灯闪烁时不要上下车。

✧ 若列车到站时，屏蔽门不能自动开启，请按绿色按钮，手动拉开屏蔽门。也可到列车两端，选择有绿色横杆的屏蔽门，用手推动横杆即可。

✧ 切勿将手提袋、背包或其他个人物品放在车门附近，以免发生危险。

遇到被屏蔽门"夹"的情况怎么办

若你不幸被屏蔽门、车门夹住，不必惊慌，也不用大力掰开屏蔽门。屏蔽门内侧一般有一对黄色或红色把手，只须用一般大小的力气向外拉动把手，让屏蔽门打开一个缝隙，就可以直接切断列车的回路，实现紧急停车。

如果见到有人被屏蔽门、车门夹住，站台上的乘客应该立刻按动站台墙壁或柱子上的"紧急停车按钮"；列车上的乘客应该立刻按动车厢中的报警按钮。上述按钮，非紧急情况切勿碰触！

案例 地铁车门即将关闭时强行上车使不得

2010 年 7 月 5 日晚上 6 时 16 分左右，上海地铁 2 号线中山公园站，在列车车门即将关闭之际，一名中年女性乘客将手伸进车门强行上车，致手腕被车门夹住。此时，地铁列车启动，带动该乘客，使其与安全护栏相撞并跌倒在站台上。该乘客最终抢救无效死亡。

2018 年 5 月，在西安地铁通化门站内发生了惊心动魄的一幕。一列地铁的车厢正在关门，两位老人着急抢着上车，伸出手脚阻止车门关闭，导致列车延误，所幸无人伤亡。

（三）地铁场所火灾及地铁故障注意事项

1. 车厢内起火的应对

✧ 按下地铁车厢的紧急报警装置，及时报告。

✧ 利用车厢内的灭火器灭火。

✧ 如果火势蔓延，乘客应先行撤离到安全隔间。

✧ 乘客不得有拉门、砸窗、跳车等危险行为。

✧ 如果列车无法继续运行，须在隧道内疏散，乘客应有序地通过车头或车尾的疏散门进入隧道，或通过开放的疏散平台撤离到邻近车站。

✧ 不要因为顾及贵重物品，而浪费宝贵的逃生时间。

2. 车站内起火的应对

✧ 利用车站站台墙上的“火警手动报警器”或直接报告地铁车站工作人员。

✧ 若有浓烟，应捂住口鼻，贴近地面逃离。

✧ 乘客应迎着新鲜空气跑向明亮处。

3. 遇地铁故障，切勿跳轨以防触电

✧ 乘客应依照指示从列车紧急出口疏散或从打开的车门疏散。

✧ 为避免阻碍疏散，应将携带的大件行李留在车上。

✧ 切勿擅自跳下轨道，以防触电。

✧ 穿高跟鞋的乘客最好脱掉高跟鞋，以免在逃生疏散中扭伤脚踝。

4. 地铁上遇不明物品的处置

✧ 如果在车厢内发现不明物品，在未确定其危险性时，最好远离该物品，同时应立即报告工作人员，切勿自行处置。

5. 地铁停电时的应对

✧ 若站台陷入一片漆黑，很可能只是该站照明设备出现了故障，在等待工作人员进行广播解释和疏散前，应在原地等候，不要惊慌。站台将随即启动事故照明灯。即使站台不能立即恢复照明灯，正常驶入车站的列车也将暂停运行，用车内灯光为站台提供照明。

✧ 若列车在隧道运行时停电，乘客不用担心车门会打不开，应等待列车停车后工作人员将指定的车门打开，此间乘客不要擅自扒门。

第三节　让安全伴您飞翔

中国民用航空局官方数据显示，截至 2019 年 3 月 1 日，2019 年民航在春运工作 40 天期间，共运送旅客 7 288.2 万人次，比 2018 年春运同期增长 11.4%，在各种交通运输方式中增速最快。全国共保障航班 665 126 班次，同比增长 6.32%。航空运输安全、快速、顺畅、有序，能够充分满足旅客的出行需求。但我们也应该意识到，选择乘坐飞机出行并不是万无一失的。每一起重大飞行安全事故都在告诉我们：一旦飞机失事，公众的生命安全将岌岌可危。此外，国际航空运输协会的统计资料显示，除自然灾害导致的灾难外，80% 的飞行事故都与人的不安全行为有关。可见，人为因素是当今航空飞行安全的最大隐患。在您选择乘坐飞机这一出行方式时，除了要遵循航空公司的规定外，还须掌握航空安全与应急知识，为旅途安全提供保障。

一、充分预留时间，有条不紊出行

✧ 提前到达机场，为办理登机牌、安检留出足够的时间，确保行程井井有条。乘坐国内航班，一般提前 1.5~2 小时到达机场办理登机手续为宜；乘坐国际航班，则需要至少提前 3 小时到达机场。

✧ 机场会在飞机起飞前 30~45 分钟停止办理登机手续。

✧ 在乘坐飞机前应该查看航班所属航空公司关于随身携带行李、物品以及托运行李的相关规定，并认真配合安检。当被发现携带违禁物品时，要配合安检人员的指示进行处理。

二、违禁行李提前知

国家民航总局规定，旅客可以携带少量化妆品上飞机，每种化妆品限带一件，其容积不得超过 100mL。注意，瓶身包装也不得超过 100mL。例如，用容积 150mL 的瓶子装 50mL 化妆水，也不可以带上飞机。若液体超过规定容积，需办理托运。

三、不宜乘机三人群，关乎健康莫强行

婴幼儿、孕妇、老年人等特殊人群乘坐飞机须注意以下事项。

✧ 新生婴儿抵抗力差，呼吸功能不完善，飞机起飞、降落时因气压变化大容易对其造成伤害。因此航空公司规定，新生婴儿出生不足14天，早产婴儿不足90天，不能乘机出行。对于出生满14天的婴儿，为了防止其在飞机着陆过程中发生中耳气压性损伤，父母应让婴儿吮吸奶瓶或奶嘴，使其咽鼓管保持通气状态。

✧ 妊娠不足32周的孕妇，除医生诊断不宜乘机外，按普通旅客乘机。妊娠超过32周但不超过35周的孕妇，必须提供县级以上医疗单位出具的有"适宜乘机"字样的诊断证明书，方可乘机。诊断证明书应在乘机前7天内填开，且须在航空公司售票处提出申请。妊娠超过35周的孕妇不得乘坐飞机。乘坐飞机的孕妇，在飞行过程中，应注意做腿部运动，促进血液循环，同时将安全带环绕下腹部系好，以防颠簸导致胎盘早剥。

✧ 老年人乘机出行，为避免途中发生紧急情况，应在乘机前准备好一封信放在身边，说明自己的身体状况、必须服用的药物和家人的联系方式；若在旅途中需特殊照料，建议乘机前提前咨询航空公司售票处。

四、系紧生命的安全

系安全带时，一般是先用双手从两侧拿起安全带，将没有金属扣件的一端，顺沟槽和孔穿过金属扣件，就像平时系皮带一样。上半身和臀部紧靠椅背，一只手按住金属扣件，一只手拉住织带，直至拉紧为止。

解开安全带时，让腹部微微收缩，用一只手握牢释放装置，另一只手推动释放扣，安全带就立刻松了。

案例　航空出行未系好安全带之殇

2013年7月6日，韩国韩亚航空公司的一架飞机在降落时滑出跑道，机身起火。事故导致3名中国女学生遇难，其中一名女学生因没系安全带被甩出机舱摔死。

当飞机在起降过程中紧急制动或遇到强气流发生强烈颠簸时，没系安全带的人和未被固定的物体都可能飞到空中，然后坠地，造成乘客身体撞伤、骨折，甚至死亡。因此，乘坐飞机时应该听从机组人员的指挥，全程系好安全带，切勿怀着侥幸心理解开安全带。

五、别让遮光板挡住了生命之光

飞机起飞和降落期间为什么要打开遮光板?

✧ 提供辅助采光。
✧ 便于舱外营救人员观察内部状况,进行施救。
✧ 乘客可以通过舷窗观察到飞机的异常情况,及时向乘务人员汇报。
✧ 在遇险撤离前,可以通过舷窗更好地观察外部环境。

六、乘坐飞机不要随意换座

乘坐飞机时,旅客应该按照登机牌上的座位号有序入座,如果没有空乘人员的明确同意,不能私自更换座位,以防止安全事故的发生。

飞机也怕“偏重”

飞机未满员时,乘客往往想调换到更宽松或靠窗边的座位,而空乘人员会提醒不要随便换位置,这是为什么?其实,旅客位置、行李的舱位、货物重量数目、大件行李托运,都是经过载重平衡员精确计算的,随意调换座位可能会破坏平衡,甚至会影响飞机安全。飞机在空中飞行时,机身没有任何支撑,对于外部或内部的变化很敏感,这些变化对飞机的姿态会有影响。所以,保证飞机的“重心”平稳至关重要。

七、耳部不适好解决

多数人在坐飞机时耳部会有不适的感觉,常见的是耳鸣与疼痛。您可以通过做吞咽动作、打哈欠、咀嚼食品、打喷嚏、用手指或耳塞堵住耳朵等方法缓解这些不适症状。

飞行中为什么会有耳部不适

当飞机快速上升或下降时,外界的气压骤然改变,中耳组织无法迅速适应这种变化,还保持正常气压,使外界气压与中耳气压之间出现压力差,导致鼓膜向外膨隆,使乘客出现耳闷、耳胀等不适症状。

八、如何使用氧气面罩

民航客机一旦发生客舱内部压力不足的情况，放在每个座位上方的氧气面罩就会自动脱落。此时，乘客用力向下拉面罩，将其罩在口鼻处，进行正常呼吸。注意，自己戴好氧气面罩后再帮助别人。在任何情况下，你都要先保全自己，才能去帮助别人。

为什么氧气面罩脱落后还要人用力向下拉

氧气面罩与化学氧气发生器之间系着一根细绳，向下拉面罩就会拉动这根细绳，触发氧气发生器内部的释放销，使得撞针刺穿氧气发生器的化学物质腔，这些物质迅速混合发生化学反应而生成氧气，通过导管输出到面罩，供给乘客。

九、紧急撤离莫慌乱，注意事项不能忘

✧ 紧急出口一般位于机翼处或客舱边，登机后尽量测算一下从自己的座位到出口有多少排座位，以便在紧急撤离时临危不乱。

✧ 普通旅客从滑梯撤离时，应双臂平举、轻握拳头或双手交叉抱臂，从舱内跳出落在梯内时手臂的位置不变；双腿及后脚跟紧贴梯面，收腹弯腰，直到滑到梯底，站立跑开。抱小孩的旅客，应把孩子抱在怀中，坐着滑下飞机。

✧ 通过紧急出口逃生时，要切记不能穿戴金属饰品、眼镜、高跟鞋、皮鞋等，应把所有物品和行李袋放在座椅底下或行李箱内，在紧急撤离时不要携带任何行李。

✧ 在正常情况下，紧急出口是不允许打开的！若操作不当容易导致紧急逃生滑梯弹出致人受伤。

案例　日本大雪引发飞机发动机故障，乘客紧急滑出客舱逃生

英国《每日邮报》2016 年 2 月 23 日报道，当地时间 2 月 22 日下午 3 时，一架由日本札幌新千岁机场飞往福冈的波音 747-800 客机，因暴雪导致发动机引擎异常。航班上共有 159 名乘客和 6

名机组人员，紧急逃离共用时约 20 分钟。乘客通过紧急逃生滑梯逃离机舱，并滞留在满是大雪的停机坪上。一些乘客没有按照乘务人员指示，坚持带着行李从紧急逃生滑梯撤离，导致在紧急撤离时受伤。

误区解答

1. 飞机上最安全的座位在哪里？

关于“飞机上哪儿最安全”的问题，目前尚没有定论，与具体飞行事故相关。如果飞机发生碰撞或可控触地，前排位置更危险。而若事故中，飞机尾部撞地，则后排位置更危险。可见，飞机上没有绝对的安全座位。

2. 飞机越大越安全吗？

飞机的飞行安全与飞机特性、飞行员技术和飞行环境密切相关，这是一个由“人 - 机 - 环境”组成的闭环系统，任何一环出现问题都将影响飞行安全。飞机大小所影响的主要是舒适性，而非安全性。

十、六字帮您搞定救生衣

“六字诀窍”：取、撕、穿、扣、拉、吹。

✧ 取出救生衣，撕开包装，经头部穿好。

✧ 将带子扣好系紧。

✧ 拉动红色充气手柄，救生衣自动充气。

✧ 充气不足时，拉出人工充气管补气。

✧ 成人救生衣给未成年人穿戴时，应将带子放在未成年人两腿之间，扣好系紧。

✧ 婴儿救生衣的穿戴异于常规操作，须得到乘务员的帮助。

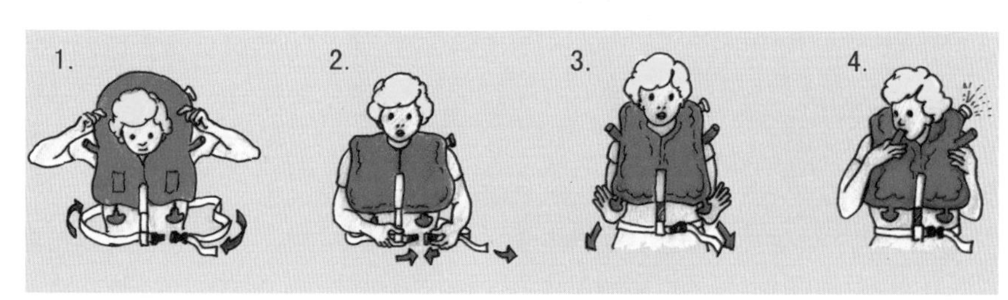

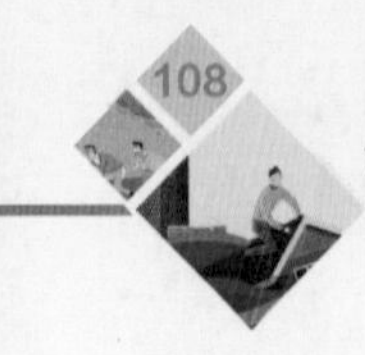

案例　飞机水上迫降，乘客未等爬出舱外就打开救生衣致死

1996年11月23日埃塞俄比亚航空公司的961号班机被3名寻求政治庇护的埃塞俄比亚人劫持，后因燃料耗尽进行水上着陆，机上175名乘客和机组人员中有125人遇难。飞机在水面急降前，机长曾以广播指示乘客穿上救生衣，并不要充气，但不少乘客未按要求操作。当飞机坠海时，机舱随即入水，穿着充气救生衣的乘客因浮力被卡在天花板上，无法游到水下的舱门逃生，而被困在舱内溺亡。

因此，发生飞机在水上迫降时，一定要游出飞机后才能打开救生衣，否则会被浮力困在机舱里无法得救。

十一、正确防冲击姿势

如果飞机处于紧急着陆状态，应按照乘务员的指示采取防冲击姿势：小腿向后收，头部前倾尽量贴近膝盖。这个姿势可以减少头部和四肢受到的伤害。

第四节　有风无险水上行

案例　“东方之星”沉船事件

2015年6月1日21时30分，“东方之星”轮船在从南京到重庆的行驶途中，遭遇龙卷风，在长江中游湖北监利水域沉没，客船上有454人，442人遇难，仅12人获救。调查组发现，“东方之星”客船沉没事件是由突如其来的强对流天气引起的灾难性事件。

中国的水域辽阔，人们在出行时选择水上交通工具无疑能带来许多便利。然而，水上航行容易受复杂多变的自然条件影响，存在各种风险。因此，在乘船之前，掌握一些乘船应急知识和必要的安全防范措施，对减少风险和确保旅途安全十分重要。

一、出行天气早知道

乘船出行前应该提前查看天气预报。若有风、大浪、浓雾等恶劣天气，应合理安排出行计划或及时换乘其他交通工具，尽量避免乘船。

案例 恶劣天气出航，造成惨烈人员伤亡

1999年11月24日，山东烟台船舶轮渡有限公司载有304名乘客和61辆车的“大舜”号船舶按正常路线行驶时遭遇恶劣天气。调整航线时，船体大角度倾斜。由于船上的汽车没有做好固定措施，车辆发生位移和碰撞，导致甲板着火，船舶驾驶失灵，最终造成285人死亡，5人失踪，只有22人幸存。事故的起因之一是11月24日下午，当“大舜”号准备航行时，海上刮起了七八级大风，形成的海浪高度接近10m。烟台的另外两个港口——国有港口和北岛港口，在烟台海事监管局的控制下均无出港航船。但是，“大舜”号所在的港口由于各种原因没有得到海监部门的有效监控，在不具备充足条件的情况下出海航行，造成不可挽回的损失。

血淋淋的事实告诉我们，无论是旅客还是轮船公司，出行前都应该根据天气安排计划，切不可冒着生命风险出航！

二、对付晕船有妙招

有晕船、晕车史等晕动症的乘客，选择乘船外出前应使用抗晕船药物（具体用药注意事项参见第六章第二节）。

三、乘船出行“五个不”

- ✧ 不乘坐无牌无证船舶。
- ✧ 不乘坐客船、客渡船以外的船舶。

✧ 不乘坐人货混装以及超载船舶。

✧ 不乘坐冒险航行船舶。

✧ 不乘坐缺乏救护设施的船舶。

四、违禁行李物品早了解

乘船时，勿携带煤油、汽油、乙醇（酒精）等危险物品。如果察觉有人在船上携带危险物品，应敦促他们将危险物品交给有关负责人妥当处置。

五、上下船，有秩序

✧ 上船时，要对号就座，禁止随意选择和更换座位。

✧ 等船停稳定后，等工作人员安放好上下船的跳板，再遵照工作人员的安排按顺序上下船，不可争先恐后地上跳板，以免造成拥堵。

✧ 禁止擅自攀爬船杆、跨越船档，以免造成挤伤、落水等事故。

六、船上注意事项

✧ 当船舶驶过风景区时，旅客不要聚集在船的同一侧，以防止船只倾斜、下沉。

✧ 船上的许多设备直接决定船舶的安全航行，不能随意操作，以免影响正常航行。

✧ 夜晚航行时，禁止拿手电筒照向水面，以防驾驶员产生错觉，导致危险发生。

✧ 为了能在紧急情况下迅速离开危险的地方，须了解备用救生衣、救生艇和救生筏的存放处及使用方法。

✧ 乘客须按船票所规定的舱位或地点休息和存放行李，不要乱放行李，尤其不能放在会阻塞通道和靠近水源的地方。

七、轮船遇险时的应对

✧ 船舶在航行中遇到大风暴时，会有颠簸，乘客切莫惊慌，要冷静应对，迅速穿上救生衣，勿四处奔跑，以免影响船的稳定性和抗风能力。

✧ 发生危险时，乘客要迅速到指定的救生艇甲板集合，有秩序登艇，避免争抢发生混乱和其他意外事故。注意：只携带救生物品，如食物和水。

✧ 救生筏的荷载人数有限，如果人数太多，就会增加有人再次掉入水中的风险。

小 贴 士

救生衣又称救生背心，在关键时刻可以救命。救生衣一般存放在乘客座位下面或者挂在墙上的箱子里或者存放在乘客所处船舱的衣柜里。船上救生衣的穿戴方法可参考本章第三节中飞机上救生衣的穿戴步骤。如果在水中穿着救生衣或使用救生圈，应该采取弯曲腿部的姿势，以减慢身体热量消散的速度。除非靠近岸边或靠近船只，否则不要漫无目的地游动，以免身体热量消散更快，同时要避开浮动物体和漩涡。

八、客船发生火灾时的自救

✧ 客船发生火灾，需要疏散时，乘客应向上风向撤离，使用湿毛巾遮住口鼻，弯腰前行并尽可能快跑，迅速远离火区。

✧ 当客舱着火时，如果火势较小，应使用灭火器灭火，并及时通知工作人员。船舱人员应在逃生后关闭舱门，防止火势蔓延，并提醒相邻船舱内的乘客迅速撤离。

✧ 若火挡住露天楼梯的通道，导致着火楼层以上楼层的乘客不能尽快撤离，被困人员应该向顶层疏散，寻找机会向下投放绳索，沿着绳子

向下逃离火灾现场。

✧ 如果火已经被密封在通道内，相邻房间的乘客应该关闭内部走廊的门以防止浓烟火焰侵入。

延伸阅读

在海上等待救援时如何最大程度保证生存

我们知道，人一旦不幸遭遇沉船和海难，生存的希望很渺茫，即使有幸乘救生艇逃离，在等待救援时也可能因为饥饿或缺乏饮用水而死亡。一个被大海困住的人如何逃生？一位名叫艾伦邦巴的法国医生在进行海上实验多年，总结了以下几点生存法则：

✧ 保持生存的愿望和坚强的求生意志。

✧ 补充水分：水分占鱼体重的 60%~80%，因此可以通过吃鱼获得身体所需的淡水。不要喝海水来补充水分。因为海水中盐的浓度是人体肾脏中盐浓度的 2 倍，喝的海水越多，体内失水情况就会越严重，最终导致脱水甚至死亡。

✧ 预防维生素 C 缺乏病：在海上吃一些漂浮的小甲壳类动物，可以有效避免维生素 C 缺乏病。

✧ 食物的选择：海洋中绝大多数鱼类可以食用。海龟是海中最理想的食物，它们的血液、肉类、内脏和蛋都可以食用。此外，绝大多数海藻和海鸟也可以食用。

✧ 注意观察接近陆地的征兆：远处天空云在移动，这些云往往是在陆地或其附近的上空；鸟类往往在黎明时从陆地起飞，而在黄昏时飞回；发现苍蝇、蜜蜂、蚊子等，则更能说明接近陆地。

第五节　入乡随俗

大千世界，因为不同而更加美丽，文化的多元性为人类文明更添光彩。出门旅行让我们从不同的视角体验不同的风土人情和宗教习俗。2017 年中国公民出境旅游人数超过 1.3 亿，支出约 1 152.9 亿美元。中国成为世界上最大的出境旅游来源国。但同时出境旅行也存在着文化及宗教冲突、盗抢、自然灾害、传染病等种种风险和威胁。公众在出境前慎重选择旅游目的地，通过多渠道了解目的地的风俗习惯、安全程度；在旅途中尊重当地秩序习俗，同时提高警惕，加强安全防范措施，才能在感受风土人情的同时，确保旅途顺利平安。

一、出境游安全须知

出境旅游时，旅客应遵守目的地国家和地区的法律法规，尊重当地宗教和民族习惯，入乡随俗，举止得体，注重形象，与当地人民友好相处，展现中国游客的良好形象。

（一）服务有偿须注意

享受服务后应付小费是大多数国外服务行业文化的一部分，各国机场及酒店的行李搬运费等小费需游客自理，用餐后付服务员小费也是需要注意的细节。

（二）勿胡乱鸣笛

国外大多数城市不准鸣笛，只有在工人罢工或重大纪念节日时才会以鸣笛形式表示支持或纪念。

（三）听到警车鸣笛，立即靠边停车

驾车行驶在路上时，若听见救护车或警车鸣笛，须立即让行或靠边停车，待鸣笛车辆驶过再继续行驶。若违反交通规则会被交警鸣笛追车，此时需要立即靠边停车，但切忌下车与交警交涉，在很多国家，下车会被视为抗拒。

（四）乘电梯有礼仪

不同的国家，电梯礼仪也不同。日本坐电梯分“上座”和“下座”。“上座”是在电梯按钮一侧最靠后的位置，通常会把“上座”让给领导或老人；而“下座”是挨着操作盘的位置。

出境游小贴士

✧ 出境旅游前须首先明确目的地的安全性，密切关注国家旅游局、外交部、领事服务网发布的通知与公告。

根据中华人民共和国文化和旅游部出行提示信息，目前公民

在境外游之前，应该首先考虑的是当地的气候条件、特定自然灾害发生频率与危险度以及目的地的风俗习惯等。例如，去泰国旅游，建议游客提前购买保险，注意涉水、交通等安全问题；去印尼的游客须注意防范地震海啸灾害，密切关注官方发布的海啸预警，勿在预警期间出海活动或远离近海海岸，保持通信畅通，并做好应急准备。

✧ 地段性风险不能忽视，热门景点可能存在更大的安全风险。

例如在法国，埃菲尔铁塔、巴黎圣母院、凡尔赛宫是受游客喜爱的景点，但它们也是巴黎国家旅游局和中国驻法国大使馆发布的危险地点。在旅游旺季，针对中国游客的盗窃抢劫事件案例也有所增多。在此提醒游客：在确定旅游目的地时，应注意该地段的安全性，谨慎前往香榭丽舍大街及有关城市市中心、商业区等安全性较差的区域，避免发生意外事件。

（五）丢失护照切莫急，及时补救最要紧

首先，确认护照丢失后，应尽快去警察局报案挂失。理想状况下，当天就能拿到证明。此证明是办理旅行证的重要材料之一。其次，及时补办护照或旅行证。

✧ 方法一：在当地重新签发护照，签发时间为自受理申请之日起 15 个工作日（等待时间较长，不推荐）。

✧ 方法二：在当地办理旅行证，正常情况下大使馆办理旅行证需 4 个工作日，加急只需 2 个工作日（各国情形不一）。

空白旅行证必须与护照复印件和所在国警方签发的护照遗失证明一起使用（有些国家需要根据旅行许可证去移民局续签入境签证）。

（六）老年游客出游注意事项

✧ 发生任何突发情况，要第一时间联系导游与领队。

✧ 量力而行，结合自身状况，挑选合适的行程。欧美游行程时间较长，身体的负担较大。

✧ 患慢性病须长期服药的中老年人，出行前须明确所服药物能否携带出境。

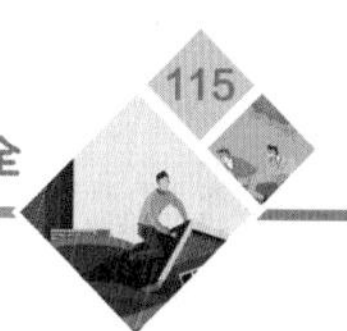

✧ 出行前购买保险。

✧ 应在出国前开通手机通信漫游服务，方便及时联系；还可在手机上安装翻译软件，方便简单沟通。

✧ 建议选择正规的旅行社跟团出行。除非自理能力很强且具有良好的外语基础，否则不建议老年人选择自由行。

（七）境外传染病如何防护

赴境外旅行，重点应注意预防中东呼吸综合征、白喉等呼吸道传染病，霍乱、感染性腹泻等肠道传染病，以及寨卡病毒感染、黄热病等蚊媒传染病。

✧ 白喉：成年人及未接受免疫接种的儿童应尽量避免前往白喉疫情暴发地区。如果必须前往，须加强个人防护，如戴口罩、勤洗手，尽量少去人群聚集的地方；不要与疑似白喉患者接触，包括患者使用过的物品。

✧ 寨卡病毒感染：旅行时，要做好防蚊措施，穿长衣长裤，在皮肤裸露处涂抹驱蚊剂；住宿在有空调的宾馆、酒店，睡觉时使用蚊帐；注意自我健康监测，如果出现发热，伴有咳嗽、呼吸困难、腹泻或皮疹等表现，应立即就医。

✧ 黄热病：可通过接种疫苗预防。前往美洲、非洲等黄热病流行地区前，应按照要求接种黄热病疫苗（一次接种可终生免疫），并携带接种证备查。此外，在旅行过程中须尽量避免蚊虫叮咬。

✧ 埃博拉病毒感染：2014 年 8 月，国家旅游局和中国领事服务网发布警示，提醒中国公民防止感染埃博拉病毒。去几内亚等非洲国家的人员必须了解预防埃博拉病毒的方法，提高预防疾病的意识。在此之前，国家质量监督检验检疫总局、外交部、国家旅游局等部门发布公告提醒前往非洲的人避免与灵长类野生动物接触；如果出现任何不适症状，应马上就医，并在入境时向检验检疫机构报告。

✧ 中东呼吸综合征：到中东地区旅行者要避免接触单峰骆驼，包括不要接近骆驼、骆驼农场，更不要触摸骆驼、喝未煮开的骆驼奶等。必须接触骆驼时，则须注意个人防护并及时洗手。

（八）境外游如何避免抢劫

✧ 穿戴适宜，不向他人炫耀身上携带的现金和贵重物品。

✧ 结伴而行，避免独行和晚归。

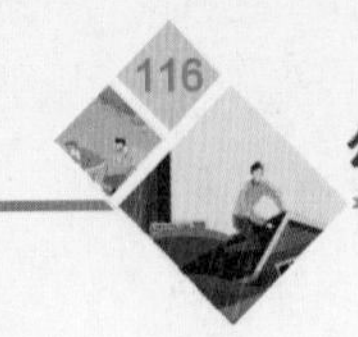

✧ 携带适量现金，遇险时不贪恋财物，弃财保命。

二、游访宗教文化地区注意事项

（一）游访信仰伊斯兰教文化地区注意事项

✧ 与人见面时，衣着规矩，简朴洁净，勿奢华。

✧ 先问安，再交谈。

✧ 男性不应与妇女有任何肢体接触。

✧ 未经妇女许可，不得给其拍照。

✧ 禁食猪肉，禁食自死物及其血液。

✧ 在去清真寺之前，必须保持身体和衣服清洁，勿吃葱蒜。

✧ 忌衣着暴露，忌露大片文身，忌奇装异服，不可穿拖鞋，尤其注意清洁鞋子、袜子和足部。

✧ 听演讲时，保持安静，勿大声喧哗。

（二）游访信仰基督教文化地区注意事项

✧ 勿把教堂当成观光旅游的地方，勿进行拍照或自拍。

✧ 去教会穿着要稍正式，不要穿奇装异服，也不要穿背心、拖鞋等。

✧ 在教会听道的时候，须将手机静音，并看管好随行儿童。

✧ 在教堂中做礼拜时，不随便走动。

✧ 在教堂内不要嬉戏打闹，不得大声喧哗。

（三）游访信仰佛教文化地区注意事项

✧ 与出家人共餐时要食素，不吃"荤腥"。"荤"指有腥臭和异味的蔬菜，如葱、蒜、韭菜；"腥"指肉食。

✧ 不向僧人敬酒、递烟。

✧ 到寺院观光、拜佛，应穿戴整齐，不能穿着背心和拖鞋。

✧ 与僧尼见面问好，行双手"合十"礼。

✧ 对于僧尼可称"大法师""法师"，居士可统称"某某师父"。

✧ 不宜邀请僧人唱歌、跳舞或参加其他不符合佛教清规戒律的娱乐活动。

✧ 男性公民不能进比丘尼（尼姑）的寮房，同比丘尼说话时要有其他人在场，不要主动与比丘尼握手。

第六节 野外安全须知

随着人们生活水平的提高，在学习和工作之余，越来越多的人选择背上背包、约上好友，走出喧嚣的城市，到人迹罕至的野外去体验大自然的魅力。但是在野外旅游会面临着许多突发事件的风险，旅友遇险的新闻时有报道。因此，人们去野外冒险必须具备基本的野外常识和生存技能，才能在享受野外探险经历的同时保护自己，平安返程。

一、安全防护不能少

在准备登山、攀岩、徒步旅行等户外活动时，户外运动爱好者必须做好专业保护准备，遵守有关户外活动的规定，合法合规开展户外活动，确保自身安全。

案例 情侣违规登山遇险

2018年2月3日，三名登山爱好者没有办理入沟和登山手续，违规攀登四姑娘山玄武峰。其中一人因缺乏体力而提早撤离，另外两人继续攀爬，并在海拔5 100m的山上遇险。救援队在接到求助电话后进行施救，成功解救被困男子，但被困女子不幸遇险身亡。

这类悲剧频频发生，引人深思。公众应该严格遵守景区规定，减少此类事件的发生。

二、户外旅行背包必备

户外旅行最重要的是做好临行前的准备。人们在出发前应多了解一些野外探险、生存与求生的知识和技能，并列出装备清单，准备所需物品，使户外之行有安全保障。当然，目的地不同，需要准备的物品也应有所差别。所以人们在出行前要了解目的地的特性，根据不同的地形以及环境选择合适的物品。

推荐物品：刀具、绳索、打火机、生火工具、手电筒、水净化装置、急救

包、求生哨、指南针、地图、小型炊具、卫星电话等。

三、安全地点扎营

✧ 死水塘边、茂密的草地和可能有积水的地方多有蚊虫滋生，不宜扎营。

✧ 不能将营地扎在悬崖下面，因为一旦山上刮大风，有可能将石头等物刮下，造成伤亡事故。

✧ 风会迅速带走人的热量，使人寒冷，导致疾病，所以应选择背风的地方扎营。

✧ 户外活动时要注意保护环境，离开时应将垃圾回收好，不能乱扔垃圾，践行绿色出行理念。

四、户外探险常见险情

1. 暴雨　空气对流强烈时，暴风雨来势迅猛。躲避突如其来的暴雨时有哪些注意事项呢？

✧ 若在行进中遇到暴雨，户外人员应当躲入有防雷设施的建筑物或汽车内。

✧ 如果离营地还很远的话，可以先搭帐篷躲雨，等到雨小点再行路。

✧ 如果身处开放空间无处可逃，应该试着隐藏在低处（如坑）或者立即蹲下，降低身体的高度。

✧ 如果在山区遇到暴雨，应尽快下山，下山时要尽量避开山体容易滑落的地区，千万不要在沟道内避雨，以免遭山洪或泥石流的袭击而造成人身伤害。

✧ 不要在树下、电杆下、塔吊下避雨。

2. 泥石流　当遇到泥石流时，应该跑到山坡垂直于泥石流方向的高地势区域。

3. 沙尘暴

✧ 野外遇到沙尘暴时须着重注意保护眼睛和口鼻。

✧ 扬沙天气中要注意人身安全，应尽可能远离高大的建筑物，不要在广告牌下、树下行走或逗留。

✧ 遇见强沙尘暴天气时，在行驶中的司机不要赶路，应把车停在低洼处，等到狂风过后再行驶。

4. 野兽 在户外安营扎寨时，可在休息地周围搭上篝火，用于驱赶野兽。

五、水源不足时的应对

（一）寻找干净水源的方法

✧ 低洼的地方：根据“水往低处流”的原理，依据地形沿山谷下行，在山谷底部地区寻找到水源的希望相对较大。

✧ 海岸边：在最高水线以上挖坑，很可能有一层厚约 5cm 的尘滤水浮在密度较大的海水层上。

✧ 绝大多数哺乳动物都需要定期饮水，密切跟踪小动物可以找到水源。

（二）饮用水处理的方法

自然水源中有落叶、泥沙等大颗粒杂质，还可能有重金属、农药、寄生虫、细菌、病毒等。对于周围环境中无任何绿色植物生长的池塘或者出现动物残骸的水源要保持警惕，这些水源可能已经被靠近地表的化学物质所污染。因此，对于自然水源，在饮用前最好先做好净化处理。

✧ 煮沸：将水煮沸是最安全的饮用水处理方法，能杀死细菌、微生物和病毒。最好将煮沸后的水装入容器中，等杂质沉淀下来再饮用。

✧ 净水药片：如果没有条件煮沸消毒，可以用化学品（净水药片）消毒。将净水药片放入水容器中摇匀，然后静置几分钟。一般情况下，一片净水片可以消毒 1L 水，如果水较混浊，可以使用两片。

✧ 过滤：如果水源地足够干净，可首先使用便携式小型净水器进行初步净化。将水放入容器中静置一段时间，让碎屑沉淀，然后将其吸入过滤器。

六、不得不知的野外求救信号

✧ 烟、火信号：点火，火苗及烟雾是在野外引人注意的好方式。点燃三堆火焰，每堆之间距离相等，摆成三角形，是国际通行的求救信号。

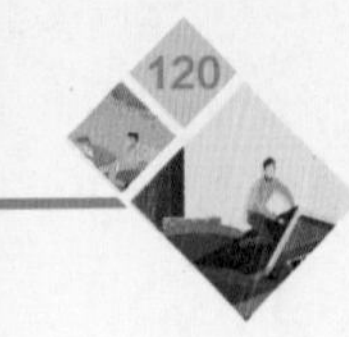

白天可以在火上放置一些苔藓、青树叶、橡胶等以产生浓烟；晚上或在茂密的丛林中，彩色浓烟会十分醒目。黑色烟雾在雪地或沙漠中最为醒目，在火中添加橡胶和汽油，可帮助产生黑色烟雾。

✧ 地对空信号：充分利用周围的物品摆出国际上通用的救援信号“SOS”。

✧ 旗语信号：将旗帜或颜色鲜艳的织物悬挂在木棒上，持棒运动的过程中，保持向左侧长划、右侧短划，加大动作的幅度，使旗帜呈“8”字形运动。

✧ 声音信号：若距离较近，可大声呼喊求救，保持三声短三声长、再三声短的频率，间隔1分钟之后再重复。

将任何动作重复3次几乎都象征着在寻求帮助。根据自己的位置，可以点燃3堆火、制造3股浓烟、发出3声响亮的口哨或制造3次火光闪耀。如果使用声音或灯光信号，在发送3次信号后，间隔1分钟后再重复。

✧ 光信号：选择反射镜或玻璃、金属箔片等任何材质明亮的物品，利用阳光反射出光信号。持续的反射将产生长线和圆点，这也是莫尔斯代码的一种表达形式。

七、野外迷路有妙招

由于野外人迹罕至，缺少指路牌等标志性路牌，探险者较容易迷失方位，因此出行务必携带指南针，因为指南针是可直接辨别方向的工具。若没有工具可以帮助你辨别方向，一定不要惊慌，只要冷静地观察周围环境，你会发现很多迹象可用来确定方向。

1. 若无太阳，可通过以下迹象辨别方向。

✧ 寻找一个树桩，年轮的宽边是南边。

✧ 找一棵树观察，南侧的树枝茂盛、北侧稀疏。

✧ 观察蚂蚁的洞穴，大部分蚂蚁洞口是朝向南方。

✧ 在有许多岩石的地方，找一块引人注目的岩石来观察，岩石上布满青苔的一面是北方，干燥光秃的一面为南方。

2. 若有太阳，可用以下方法辨别方向。

✧ 利用手表辨别方向：用手表的时针对准太阳，时针和表盘上 12 点之间夹角的平分线所指的方向就是南方。

✧ “立竿见影”测方向：在晴朗的白天，用一根标杆垂直插在地上，观察标杆的影子。先在标杆影子的顶端处放置一块石子，约 15 分钟后，再在标杆影子新的顶端处放一块石子，两块石子间连线的指向就是东西方向。在北半球，较早标出石子的指向是西，较晚标出的石子指向是东，与两石子连线垂直的方向则是南北方向。

第三章

公 众 安 全

第一节　人群聚集热闹处，小心踩踏出事故

踩踏事故是指在人员比较集中的场所，由于现场秩序失控，不慎跌倒，出现人员受到后面持续移动人流的挤压、踩踏而窒息致死的事件。近些年，踩踏事故层出不穷，经常发生在节假日期间举办的大型活动中，以及车站、公园、体育场等人群密集的场所。一旦发生踩踏事故，后果将不堪设想。若我们身处类似环境中，应如何避免踩踏事故并保护自己呢？

一、踩踏事件发生原因及易发场所

踩踏事件的发生往往是多种因素共同作用的结果，如人群的波动、恐慌、争抢、混乱状况和不利的环境等。事故多发地常是容纳人数有限而人群密度较大的地方，如球场、商场、狭窄的街道、安全通道或楼梯、电影院、KTV、超载车辆、航行的船舱等场所均存在潜在危险。

踩踏事件易发生的情景：①人群聚集时，前面有人摔倒（或仅仅是蹲下系鞋带的行为），后面的人不知道状况仍向前拥挤而出现事故；②人群由于受到惊吓而慌乱逃窜，极容易发生踩踏事件；③群众因情绪激动（兴奋、紧张、愤怒等）而产生骚乱，导致踩踏发生。

案例　上海外滩踩踏事件

2014年12月31日晚23时35分，上海外滩陈毅广场发生了惨烈的踩踏事故，导致大量人员伤亡。截至事发后第二天上午，共有36人死亡，49人受伤，伤亡人员多数是学生。

事故发生时，楼梯最低处忽然有人被挤倒，附近有人试图拉起他们并大声呼喊："不要再挤了！有人摔倒了！"可惜这些呼救声被楼梯上不断涌下来的人群的嘈杂声所淹没。于是，下面更多的人被层层涌来的人浪压倒，形势逐渐失控，最后酿成惨剧。

踩踏事故原因：

✧ 时间因素：事发时为跨年夜，参加跨年活动的人数较多，增加了发生事故的风险。

✧ 环境因素：外滩是上海著名的景点、重要的公共场所，交通便捷，来此观景的人数较多。事件发生地是陈毅广场通过大阶梯连接的黄浦江观景平台，是外滩风景区最佳观景位置，聚集人员过多。

✧ 地形因素：事件发生在陈毅广场东南角通往黄浦江观景平台的人行通道阶梯处，来往人员密度较大，再加之阶梯形成的高度落差，使得人们在拥挤的情况下难以控制身体平衡、躲避踩踏事故。

二、人员密集场所注意事项

✧ 避开人群密集中心：外出时应远离人群密集的地方，一旦进入，应争取尽快离开，尽量走到自己呼吸不感到压迫的安全区域，保护自身安全。

✧ 具有安全防范意识：到陌生场所，应先找安全出口以及发生危险可以随时逃离的位置。旅游或参加较大规模活动时，尽量穿平底鞋，并靠右侧行走。

✧ 遇突发情况，不好奇、不慌乱：人群在极度兴奋或惊恐时，容易出现慌乱并且无方向地四处跑动的场面。因此，如果看见人群突然向你拥挤过来，切勿好奇观望，更不要慌乱，要冷静处理，避让到安全位置，以免造成不必要的伤害。

三、拥挤发生之后怎么做

✧ 要警惕：一旦所在地点出现混乱，要随时保持警惕状态，注意保护自己和周围人的人身安全。

✧ 停止前行并大声呼救：如果前方有人出现不明原因的摔倒，要立即停止前行，同时大声呼救，告诉后面的人群停下脚步。

✧ 勿逆行，听指挥：如果已经被挤入拥挤的人群中，要和多数人行走的方向保持一致，不可以逆行或超过前方人群，一定要听指挥人员口令。

✧ 防摔倒：在拥挤的人群中要时刻注意行走姿势，预防摔倒。如果钱包等物品掉落，切勿去捡。即使鞋被踩掉，也不要去捡，防止被挤倒。

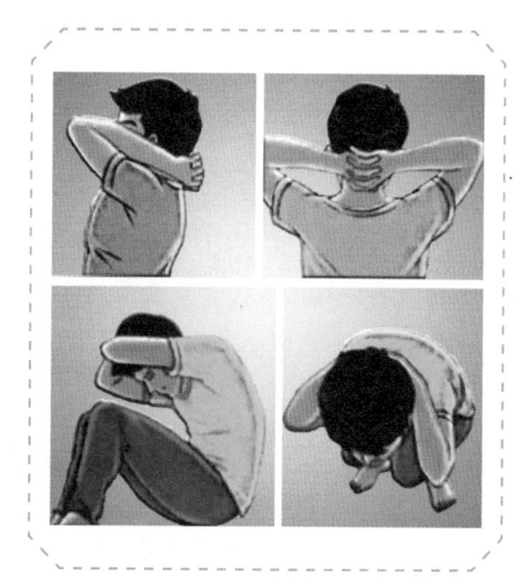

✧ 若摔倒，要自保：如果不小心在拥挤的人群中摔倒，要保护好身体重要部位，尤其应保护后脑部位和心肺所在的肋骨区域。可采取双臂交叉，双手放在肩下部或者双手交叉握住对侧上臂的姿势，保护脑、心肺等重要部位。

✧ 莫围观：如果发生事故，不要拥挤着去前方凑热闹，要立刻拨打报警电话，并远离事发地点，防止再次出现伤害事故。

四、踩踏事故造成人员死亡的原因

✧ 窒息死亡：多数踩踏事故遇难者是由于受挤压后无法活动，难以

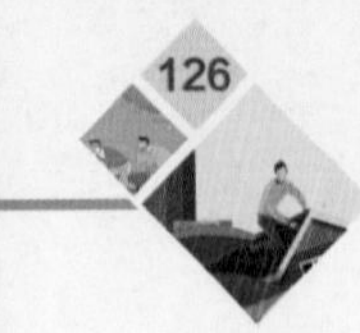

呼吸，最后窒息死亡。死亡者无明显肉眼可见伤口，无骨折和内脏出血的现象。

✧ 机械性损伤：伤者有明显外在伤口、骨折、外出血、腹腔脏器破裂、肋骨骨折致心肺损伤等，情况严重的可在短时间内致命。

✧ 挤压综合征：身体受到长时间挤压，肌肉组织缺血坏死，导致出现肾衰竭、酸中毒、高血压，严重时会造成心脏骤停，突发死亡。

✧ 失血：踩踏致伤者外在出血现象很少见，更多见的是内出血，重者可导致失血性休克，甚至死亡，主要是由于机械性损伤造成二次伤害所致。例如，受踩踏后肺部出血，导致通气换气功能失常，出现心跳呼吸停止。

五、预防踩踏事件注意事项

✧ 切忌采用身体前倾或降低重心的姿势。

✧ 切勿逆人流行走，避免被推倒。

✧ 莫要贸然弯腰系鞋带，以防被人群挤压难以站起。

✧ 环顾周围环境和设施，远离所有对自己有害的物品。

✧ 带孩子的家长应该抱着孩子跑，切莫牵着孩子奔跑，避免孩子因为速度跟不上摔倒在地而被踩在下面。

✧ 切勿采取原地抱头的做法，因为后面人群簇拥前行时会对你造成挤压，使你无法逃离。

✧ 脊椎受伤时最好别动，施救者也不要贸然移动无法活动的伤者，导致伤者脊椎折断，神经受伤而瘫痪。

✧ 若无法确认伤员受伤情况，不要直接拉起伤员手脚进行抢救，粗暴拉动容易导致二次伤害甚至高位截瘫，应该保护好伤员的颈椎和脊椎，平抬上救护车。

第二节　身处火海莫慌张，逃离困境有良方

火是驱动人类进化和社会发展的远古自然力量，时至今日依然是人类生存无法离开的重要助手。然而，火也是一个无情的杀手，给人类带来了无尽的灾难。在人类文明发展的历程中，无数财产因火灾化为灰烬，无数家庭因火灾而支离破碎。应急管理部消防救援局公布的火灾统计

数据显示，2018 年，全国平均每天接报火灾 650 多起，导致直接财产损失 1 000 多万元，6 人伤亡。商场、餐饮场所、网络会所、KTV 等公共场所是火灾发生的主要场所，电气故障、吸烟、玩火、故意纵火、生产作业操作不当等是导致火灾事故发生的主要原因。

公共场所大多具有体量大、建筑面积广、储货量多、人员密度集中等特点。这些特点使得在突发火灾事故中，人员难以及时撤离到安全场所，易造成较大的人员伤亡与财产损失。一条条鲜活生命的逝去时刻提醒着我们：为了不让火灾悲剧在身边发生，我们必须从自身做起，掌握公共场所火灾预防、逃生、避险方法，做到防患于未然。

一、熟悉环境，记清方位

公共场所的安全出口、疏散通道等处都会有明显的标识，同时还会有火灾逃生疏散通道路线图等。当进入公共场所时，首先要观察安全出口和疏散通道的位置，做到心中有数，一旦遇到紧急情况便可以快速找到安全通道，尽快逃离现场。

二、呼叫救援，紧急处置

当发现初起火情，不会对人造成很大威胁时，可以使用灭火器、消火栓等将小火控制、扑灭（关于灭火器正确使用方法参见第六章第三节），不要惊慌失措，置小火于不顾而酿成大祸。一旦发现火灾难以控制，应立即拨打“119”火警电话。

三、明确路线，迅速撤离

面对浓烟和烈火，首先要强令自己保持镇静，迅速确定着火点位置——通常黑烟冒过来的地方或烟气流动过去的方向就是起火地点。确定好危险位置和安全位置后再决定逃生方法。

案例　通道封闭，生命线被堵

2013年6月3日，吉林省一家禽业公司主厂房发生特别重大火灾爆炸事故，共有121人遇难、76人受伤，直接经济损失达1.82亿元。厂房内逃生路线复杂，一些安全出口被锁、逃生通道不畅，是此次火灾导致大量人员伤亡的重要原因之一。

四、听从指挥，莫用电梯

火灾发生后切莫擅做主张逃离，应听从工作人员的引导疏散，注意朝逃生指示标志的方向或空旷地方跑，不要盲目跟风，人多的时候更应小心观察周围环境与情况，别逆人流逃生，避免发生踩踏意外，也千万不要乘坐电梯。

小　知　识

火灾时为什么不能乘坐电梯

第一，火灾可能导致停电继而引发电梯停止运行，将人员困在电梯轿厢中。

第二，电梯井直接连接建筑物的各个楼层，火灾发生后大量烟气涌入，导致电梯中的人员因浓烟毒气熏呛而窒息死亡。

第三，电梯不具有防高温性能。大火产生的高温可能导致电梯轿厢失控甚至卡住。

第四，当消防员使用消防水枪扑灭火灾时，水很容易流入电梯，造成触电危险。

五、湿布捂鼻，理智判断

许多流传很广的“消防知识”里存在误导性内容，例如“穿越浓烟捂住口鼻”。实际上，这种行为是不全面的。首先当处于高温、高毒性的火灾浓烟中，湿毛巾的防护效果有限，不能完全隔绝有毒气体，人穿越浓烟逃生途中极可能晕倒。此外，一手用湿毛巾捂住口鼻，一手匍匐前进的姿势会导致逃生速度慢，极易造成踩踏。正确的逃生方式应该是：当烟气层离逃生者头顶有较大距离时，逃生者可以直立疾走；烟气扩散到头部的高度时，应弯腰行进；烟气扩散到胸部高度时，应匍匐行进；烟气扩散到更低位置时，人们只能留在户门内固守，等待消防队求援。

小　知　识

火灾逃生时为什么要用湿毛巾捂住口鼻

火灾发生后会产生大量烟气，浓烟致死的人数是烧死者的4~5倍。人体吸入高浓度烟气后，大量烟尘微粒会阻塞呼吸道，损伤肺脏组织，导致严重缺氧和窒息。烟雾中毒窒息致死的主要原因是人吸入过量的一氧化碳、二氧化硫、硫化氢等。除此之外，聚氯乙烯、尼龙、羊毛、丝绸等纤维类物品在燃烧时会产生氰化氢、二氧化氮等剧毒气体，这些有毒物质扩散极快，能在短时间内让人失去意识，并可强烈刺激呼吸中枢和肺部，引发中毒性死亡。湿毛巾等物品可以起到黏滞吸附的作用，能隔绝高温炙热的空气，同时也吸附一定数量的有毒气体。实验证明，毛巾折叠层数越多防烟效果越好。毛巾的含水量越多，除烟率也越高，但同时透气阻力也越大，容易导致呼吸困难。所以毛巾含水量不能太高，以不滴水为好。

六、巧用设备，脱离困境

如有必要，可使用周围物体逃生，如利用落水管、房屋内外凸起部分和各种门、窗及建筑物的附属建筑逃生；也可以利用商场中的绳索、布匹、床单、门帘、衣物等做成简易逃生绳(用水打湿)，从窗台或阳台沿绳缓慢滑下逃生。切记，这种逃生方法非常危险，不到万不得已不可盲目行事。

七、烟火封道，关紧门窗

当察觉到房内烟味很浓、房门或门把手很热时，表明大火已经蔓延到门口，一旦开门，大火将扑面而来。此时应当创造紧急避难场所、等待救援。首先应躲开迎火的门窗，打开背火的门窗，利用房间内的窗帘、垫子等物品将门缝塞满，并迅速泼水，淋透冷却房门，阻止烟火涌入。同时向外发出救援信号，白天可晃动鲜艳衣物；夜晚可用手电筒不停向外发出信号并呼救，并固守原地、等待救援。

案例 烟雾过大，堵门自救

2015 年 1 月 14 日凌晨，浙江台州市某小区的一个室外电动车停车棚发生火灾。四楼的杨女士发现火灾便叫醒丈夫，准备和女儿一起下楼逃生。女儿告诉父母楼道已被烟气封锁，应该留在家里避险待援，不能下楼逃生。于是他们把门缝用衣服堵住。父亲几次想跳窗逃生，也被女儿阻止了。他们用手电筒在窗边划圈，引起了消防员的注意并成功获救。就这样，女儿用她在小学里学到的消防知识救了全家人的生命。

八、公共汽车起火的安全逃生

如果在公共汽车上遇到火灾，要立即从车门离开或用消防锤破窗离开，并远离燃烧的汽车。

案例 公交车起火事件

2013 年 6 月，厦门市一辆快速公交车在行驶时起火，造成 47 人死亡，34 人受伤。警方通过调查确认，犯罪嫌疑人陈某某因生活不如意，产生悲观厌世情绪，故意在公交车上放火。火灾发生前，大部分乘客在闻到浓烈汽油味的情况下无动于衷，没有及时采用有效的防范措施；起火后，大部分乘客也未能在第一时间使用车载灭火器灭火和逃生锤砸窗逃生。

九、火灾逃生禁忌

✧ 忌盲目追随：当生命受到威胁时，人们很容易失去理性和判断力，看到别人跑动，往往会盲目追随其后，这很可能导致自己陷入险境。

✧ 火已及身，忌惊跑：身上着火时，最好能及时用水或灭火器扑灭。如果身边没有灭火器具，则应迅速脱掉衣服，就地打滚将火压灭，切忌四处奔跑。因为奔跑时，会形成一股小风，大量新鲜空气都会流进火中，加大火势，随着跑动还会把火烧到其他地方并引发新的火灾。

✧ 忌盲目向下跑：发生火灾时，人们会下意识地选择往下逃生，这是错误的行为。正确做法应当是首先判断着火点位置，如果起火点在楼下，而且火势正旺、温度过高，向下逃生就很难从火海中安全通过。

✧ 忌贪恋财物：身处险境，应尽快撤离，不要把逃生的黄金时间浪费在寻找、搬运贵重物品上。已经逃离险境的人员，切不可重返险地。

✧ 忌冒险跳楼逃生：发生火灾后，人们在面对浓浓大火时很容易失去理智。此时，切不可采取跳楼、跳窗这种冒险行为，应该另寻生路。

✧ 忌盲目朝光亮处跑：在危险情况下，向着亮处逃生是人的本能，但很可能光亮处是大火在燃烧。

第三节　恐袭来临须镇静，沉着应对脱险境

2015年11月13日，法国遭受了史上最严重的一系列恐怖袭击事件。9名凶手在巴黎市区的不同地点发动了6起枪击事件、3起爆炸事件和1起劫持人质事件，共造成130人死亡、350人受伤。其中，3名身穿炸弹背心的男子闯入巴塔克兰剧院音乐会现场，造成90人死亡。

恐怖活动是指通过暴力、破坏、恐吓等方式制造恐慌，危害公共安全或胁迫国家机关或国际组织的行为，也包括煽动、资助或其他协助实施此类活动的行为。虽然恐怖活动看似离我们很遥远，但恐怖袭击事件在生活中时有发生，因此我们有必要了解恐怖袭击方式以及恐怖袭击发生时的自救措施。

一、常见恐怖袭击手段

恐怖袭击手段分为两大类，一类是恐怖分子经常使用的常规手段，另一类是危害更大但少见的非常规手段。

（一）常规手段

✧ 袭击：持刀斧砍杀，驾车冲撞碾压，使用汽油、乙醇（酒精）等易燃物品纵火，使用炸弹爆炸、枪击等。

✧ 劫持：劫持人质、车辆、船、飞机等。

✧ 破坏：纵火损坏及摧毁电力、运输、通信、供气、供水设备等。

（二）非常规手段

✧ 核与辐射恐怖袭击：使用核爆炸或放射性物质扩散造成环境污染或人员危害。

✧ 生物恐怖袭击：利用炭疽杆菌、肉毒毒素等有害生物或生物制品对人、农作物、家畜等造成危害。

✧ 化学恐怖袭击：使用沙林毒气、氯气、氰化物等有毒有害化学品入侵城市的基础设施、食物和饮用水。

✧ 网络恐怖袭击：利用互联网散布恐怖主义信息、组织恐怖活动、

攻击计算机程序和信息系统等。

二、识别恐怖袭击嫌疑人

✧ 神色恐慌、支支吾吾、环顾四周。
✧ 冒充熟人，假装献殷勤。
✧ 着装异于普通人，如身着很大的外套或与季节不协调。
✧ 携带管制刀具、斧头和疑似爆炸物等危险物品。
✧ 频繁出现在购物中心、医院、车站以及党政机关办公室附近。
✧ 长相疑似被通缉的嫌疑人。

发现可疑人怎么办

✧ 不要引起对方警觉。
✧ 及时向警方反映可疑情况。
✧ 尽可能记住嫌疑人及其交往人员体貌特征。
✧ 保护自身安全，避免被可疑人发觉。

三、遇到刀斧砍杀怎么办

✧ 保持冷静，紧急判断自身位置和逃生方向，快速逃离事发现场，不要随大规模人群前进，也不要逆着人流行动，防止被挤倒、踩踏。保命为主，切忌贪恋财物，紧急时可以把随身物品丢弃。

✧ 当无法找到安全的逃生通道时，利用周围建筑物、围栏、树木、车身等物体阻拦、躲避歹徒。

✧ 当无法逃避时，不要逞能单打独斗，可与他人联合，并利用随身携带物品或找到周围能够拿到的物品来对抗袭击。

✧ 拨打“110”报警，向警察报告事发时间、地点、歹徒人数、歹徒的基本体貌特征等。

✧ 到达安全地带后，及时检查自身是否受伤，并就近寻找医护人员帮助，或采取紧急自救措施。

✧ 积极向警方提供现场信息，配合警方调查，并提供解决案件的线索。

四、遇到驾驶机动车冲撞碾轧怎么办

✧ 提高警惕:当看到有车辆高速驶来时,要提高警惕,迅速观察周边路面异常情况。

✧ 迅速躲避:看到可疑车辆冲过来时,应该迅速向两侧跑开,以避免与车辆发生碰撞。

✧ 及时报警:到达安全地点后拨打“110”报警,报告时间、地点、可疑车辆情况。

✧ 自救互救:到达安全区后及时检查自身及周围人是否受伤,如有受伤,应及时实施自救或互救。

✧ 积极协助警察:向警方提供现场情况,并协助调查。

如何识别可疑车辆

✧ 状态异常:旧车没有车牌或车牌被遮挡,车门锁有撬压痕迹、车身异常损坏、车辆长时间处于起动熄灯状态。

✧ 停留异常:停靠在重要设施附近,或繁华路口、十字路,或转弯处。

✧ 人员异常:车上人员较多,神色异常、左顾右盼,见到有人故意躲避。

✧ 行驶异常:在非机动车道区域快速行驶,左右摇摆、时快时慢等。

✧ 物品异常:车里有大量易燃易爆、易挥发、有腐蚀性的危险品,或者有大量管制刀具等。

五、在人员密集场所发生爆炸怎么办

✧ 迅速趴下:迅速卧倒或就近隐蔽,保护上体和头部远离爆炸物方向。护住身体的重要部位,免受二次爆炸伤害。

✧ 寻找出口:判断周围情况,在确认安全后,寻找安全出口,迅速离开。

✧ 谨慎行动:避免进入存有易燃易爆物品的危险地点,谨慎使用打火机照明,防止导致二次爆炸或火灾。

✧ 躲避踩踏:如果有大量人员慌乱撤离,尽量靠墙行走,切勿拥挤推搡,以防踩伤(具体防护方法请参见本章第一节)。

✧ 有序撤离:遵守工作人员的指令,有秩序地撤离现场。

✧ 自救互救:到达安全区后及时检查自身或周围人是否受伤,如有受伤,及时实施自救和互救。

✧ 积极协助警察:向警方提供现场情况,并协助调查。

如何在不触碰的情况下识别可疑爆炸物

视:仔细观察可疑物,判断有无隐藏爆炸装置。

听:在安静环境中仔细聆听该物体是否有异常声音。

闻:许多爆炸物含有异常气味,如硫黄会散发臭鸡蛋气味(硫化氢);硫酸铵分解出明显的氨气味等。

发现可疑爆炸物怎么办

✧ 不要触动。

✧ 阻止其他人员靠近。

✧ 及时报警。

✧ 迅速撤离。

✧ 协助调查。

六、被恐怖分子劫持怎么办

✧ 保持镇静:听从对方要求,不盯着对方,不交流,趴在地上,动作轻缓。

✧ 服从命令:不要做无谓抵抗,避免造成不必要的伤亡。

✧ 隐藏求救:尽可能隐藏通信工具,将手机调为静音,向警方发送消息。

✧ 牢记情况:注意观察恐怖分子人数,以便事后向警方提供线索。

✧ 配合解救:在警察发起突袭的瞬间,趴在地上,在警察掩护下离开。

七、遇到枪击怎么办

✧ 快速掩蔽:要快速蹲下或卧倒,降低身体高度之后观察周围环境,寻找遮蔽物。

✧ 及时报警:及时拨打“110”报警。

✧ 快速撤离:判明情况,确认安全后,快速撤离。

✧ 检查伤情:及时自救、互救。

✧ 积极协助警察:向警方提供现场情况,并协助调查。

如何选择遮蔽物

✧ 遮蔽物体最好在自己与恐怖分子之间。

✧ 选择不易被穿透的物体,如墙体、立柱、粗壮的树干等。

✧ 选择能够挡住自己,易隐藏身体的物体,切不可选择小树干、消防栓、路灯杆等不足以挡住身体的物体。

✧ 假山、观赏石等物体形状不规则,掩蔽在其中容易被跳弹伤及。

✧ 不可选择玻璃门窗附近(以防被碎玻璃伤及)和油桶、油箱附近(被击中后可能会爆炸)进行遮蔽。

八、遇到化学恐怖袭击怎么办

✧ 冷静判断:化学恐怖袭击多采用空气传播,伴随异常气味、烟雾等现象。遭遇到化学恐怖袭击后,首先要镇静,不可盲目奔跑。盲目奔跑只会加速空气流动,导致吸入更多的化学毒物,贻误逃生时机。

✧ 保护自身:利用周围环境设施或携带的物品遮住身体和口鼻,可用湿口罩、湿毛巾、防毒面具等保护呼吸道;用雨衣、手套、床单、雨鞋、防毒衣等保护皮肤;用防毒眼镜、潜水镜、开口塑料袋等保护眼睛。如果没有条件则扎紧领口、袖口、裤脚管、眯上双眼、捂住口鼻以避免或减少毒物的侵袭和吸入,并迅速撤离现场。

✧ 寻找出口:远离污染源,尽可能快地沿垂直于风向的方向撤离,逃离时不要把身体放得太低,更不要进入低洼地带,因为毒气往往比空气质量重而会沉积在低洼处。

✧ 报警求救:可拨打“110”“119”“120”或向相关应急救援机构报告求救。

✧ 及时处理:离开危险区域后,应脱去污染衣物,及时消毒。一旦染毒,应及时用清水、肥皂水冲洗染毒部位,如误服有毒物质,可采取催吐、洗胃等措施加速有毒物质的排出,并及时送医对症处理。

✧ 听从指挥:听从相关人员的指挥,配合相关部门做好后续工作。

什么情况下可能是发生了化学恐怖袭击

✧ 气味异常:如闻到大蒜、辛辣、胡椒味、苦杏仁味等。

✧ 现象异常:发现有气团、烟或烟雾吹来,烟雾颜色异常,出现大量昆虫死亡、植物异常变化、水面有浮膜及大量死鱼虾。

✧ 感觉异常:当暴露于化学毒物中时,会出现不同程度的不适感,造成眼睛、呼吸系统或皮肤不舒适甚至刺痛感,同时引发恶心、胸闷、头晕、头痛、心慌气短、抽搐、皮疹等。

✧ 物品异常:发现遗弃的防毒面具、桶、罐或充满液体的塑料袋等。

九、遇到核与辐射恐怖袭击怎么办

✧ 不要惊慌,判明情况。

✧ 及时防护:利用随身携带的物品遮住口鼻,以防吸入放射性灰尘。

✧ 有序撤离:听从指挥,有序地撤离到相对安全的地方。

✧ 报警求救:拨打“110”“119”“120”报警请求救助。

✧ 配合协助:听从指挥,配合做好后续工作。

十、什么情况下可能发生了生物恐怖袭击

✧ 发现不明粉末、液体、被遗弃的容器和面具，或大量昆虫尸体。

✧ 短时间内出现大规模人员伤亡。

✧ 出现地区性少见的传染病或大量人、畜患同类疾病。

✧ 在原本无流行病发生的区域发生了异常流行病。

✧ 顺风向出现大量动物死亡现象等。

十一、遇到生物恐怖袭击怎么办

✧ 判明情况。

✧ 及时进行自身防护，利用随身携带的物品遮掩口鼻，以防病原体侵袭和吸入。

✧ 远离污染源。

✧ 报警求救。

✧ 服从专业人员安排，不要回家或到人多的地方，以免扩大传染范围。

✧ 积极配合有关部门做好后续工作。

第四节 孤身暗处须警惕，防范性侵要留意

中国少年儿童文化艺术基金会女童保护专项基金项目的研究数据显示，2017 年共公开报道 378 起 14 岁以下儿童性侵案件，平均每天 1.04 起。其中女童受害者占比超 90%，男童受害者占比略有升高。同时，成年人遭遇性侵的案件也时有发生。

受几千年传统思想影响，中国人对“性”一直采取隐晦态度，常忽略对于性知识的教育。正规性教育的缺位，导致自我防范意识不足，性侵类犯罪时有发生。许多人在面对性侵害时往往不知所措，羞于表达自己的情绪，无法立即用言语反击或行为抵抗。最高人民法院信息中心提供的大数据报告显示，性侵类犯罪作案人的特征有相当大的共性，了解性侵类犯罪及犯罪人员特点有助于人们防患于未然。其中，性侵类犯罪作案人年龄主要分布在 18~35 岁，多为初中及以下学历（占 84.7%），52.5% 的作案人为农民，30.2% 为无职业人员。据统计，每年性侵案件高发月份

为8月，高发时间段为晚7时至次日早晨6时。

一、作案常见情境

数据显示，性侵类犯罪作案人在犯罪前多有饮酒行为（占比66%）。因为酒精刺激中枢神经系统，使人心情混乱，易做出一系列超出情理的事情。因此女性单独与人会面时，应尽量避免与对方饮酒。

二、常见作案地点

性侵类案件常见作案地点有酒店房间、路边、树林或草坪、车内、KTV包房等。其中酒店宾馆内实施性侵的案件最多，占61.3%。

三、作案人与受害人常见关系

作案人与受害人的关系主要有网友、同事、同学、同乡或朋友以及曾经恋爱关系，其中最多见的是网友关系，因此女性在约见网友时一定要谨慎，最好有朋友陪同或在公共场所见面。

案例 女孩约见网友被侵犯

小雨在网络上认识了一位男网友，相处一段时间后网友约她看电影，并特别交代让她一个人前去，但小雨还是带着朋友去了，男网友很生气。几天后，网友又约小雨，这次小雨独自前往见面。男网友去买饮料，递给小雨时吸管已经插好。小雨未经考虑就喝了，没多久就忍不住打瞌睡，男网友趁机将小雨带去住处。第二天早上，小雨发现自己被侵犯，于是报警求救。法院以抢劫和强奸两罪并罚，最终判处该男子有期徒刑12年，并处罚金1万元。

四、如何预防被性侵

✧ 应尽量避免独处：不管是居住还是外出，最好有同伴陪同。虽然目前我国女性独居现象还不普遍，但也呈逐渐增长态势。很多不法分子正是摸清了某些女性独居的情况，才找各种理由接近独居女性并下手的。女性独居时应锁好门窗，不要轻易让人进屋，即使是对熟人也要保

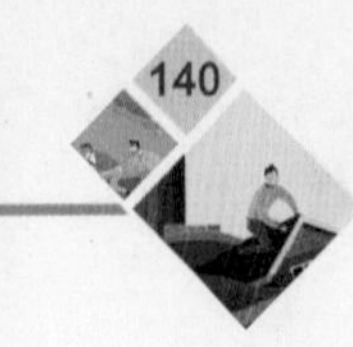

持警惕。很多不法分子会专门找夜晚单独出行的女性下手，因为一个人更好控制，且没有同伴在周围，减少了报警的可能性。因此，女性在夜间应该尽量减少单独出行或前往偏僻地点，最好有人陪同。出门时间不宜过早或过晚。

✧ 不要长时间与异性共处一室：人在面对自己熟悉、信任的人时会放松警惕。在和异性单独相处时，特别是熟悉的异性，最好将相处的时间控制在 30 分钟以内。

✧ 不要喝陌生人提供的饮品：女性单独与人见面，或去酒吧、夜店等地方时，切记不要饮用他人递给的酒水，如果中途离开一段时间，返回时也不要饮用之前的饮品，以防被人下药迷晕。

案例　饮用不知名饮料惨失身

杨某是一家 KTV 服务员。某天，一名客人独自在包房唱歌，杨某在给他送啤酒后半天没回来。同事出于担心便去包间找她，发现她已经神志不清、衣衫不整地躺在沙发上，于是报警。警方在房间内找到了药瓶，该男子对所犯罪行供认不讳，交代说他将“迷幻药”放入酒里让杨某喝下。

✧ 衣着得体，举止稳重：女性外出时最好着装得体、大方，过于暴露的着装会给作案人带来感官上的刺激，容易被其选为加害对象。女性在与男性相处时要举止稳重，在日常交往或聚会中的一些过分亲密、轻佻、暧昧的举动容易刺激作案人，使其误解女性是在对其暗示，从而实施侵害行为。

五、遇到骚扰时该怎么做

美国著名心理学家乔伊斯·布拉洋将性骚扰归纳为：挑逗、暗示性的两性言论、肮脏下流的笑话、淫秽的语言；有意触摸妇女的身体，违反妇女意愿的抚摸；通过威胁发生性关系等。发生性骚扰的场所以单位居多，还有一部分发生在公共交通工具上。

✧ 女性在单位如何防止性骚扰?

单位是常见的性骚扰发生场所之一，性骚扰事件多发生于上下级、同事之间。识破性骚扰行为并不难,难在女性能否破除“忍一时风平浪静”的思想,在面对试探性骚扰时敢于说“不”,并与对方尽量在公共场合接触,增加交往的透明度和公开性。

✧ 公共交通工具上如何防止性骚扰?

公共汽车、地铁等交通工具很容易发生拥挤,这给不法之徒提供了可乘之机。有些女性因胆小怕事、好面子、羞于启齿,在遇到性骚扰时不敢声张,这反而加剧了作案人的气焰。所以,如果女性遇到骚扰行为,首先要用眼神明确制止;如果对方并无收敛,可直接用话语提出警告,当众戳穿其行径,引起其他乘客注意;如果受害人不愿声张,也可以通过其他方法对付作案人,如用鞋跟狠踩对方的脚,用胳膊用力撞对方胸口,用膝盖顶对方下腹部等,令其“有苦难言”;若对方仍旧一意孤行,可报警求助。

✧ 学生如何防止性骚扰?

学生发现自己遭到性骚扰,应及时向家长、老师报告,依靠亲友及老师的力量来保护自己,及时制止性骚扰。

六、在被侵害时如何逃脱

✧ 冷静:女性被侵害时,首先应当保持清醒,不要慌乱,冷静下来寻找时机,通过聊天等方式与其周旋、拖延时间,伺机逃脱。切忌方寸大乱、大喊大叫,不但对自身无益,反而会刺激作案人。

✧ 有反抗意识:大声呼救是早期退敌的有效防范。女性在公共场所遇到骚扰要大声呼救,引起周围人的关注,同时也能震慑作案人。忍气吞声会助长对方气焰,令其得寸进尺。

✧ 反击:寻找身边的东西保护自己,朝作案人的面部、小腹等脆弱部位进行攻击;也可以用拇指抠其眼睛,用拳击打其两眉之间的印堂穴或头部两侧太阳穴。如果作案人在侵害过程中有亲吻行为,可以猛咬作案人的嘴唇、舌头,使其丧失进攻的能力,并为日后破案提供有力证据。此外,小腹部是男性身体中最薄弱的部位,生殖器是神经末梢最丰富的地方,对外界的反应特别敏感。用力地用脚踢、用膝盖顶撞、用手抓等,都可以使其产生剧烈疼痛。猛捏和挤压男性的睾丸即能使其剧痛难忍、四肢无力甚至昏迷,可迅速解除其性侵害的能力。

✧ 主动报案:许多女性在被侵害后因为害怕报案会损害名誉,而不

愿报案，这只会助长侵害人的嚣张气焰，导致其肆无忌惮地对其他女性实施侵害。所以，建议受到侵害的女性能够主动报案，这样不仅能避免自己再次受到侵害，还能保护其他女性免于受害。如果被害已经发生，受害者应记清歹徒的相貌、生理特征、衣着打扮、口音、携带物品、受伤情况及车辆特征，尽可能保留歹徒的毛发、指纹和随身物品等，甚至皮屑，为公安机关提供有力的证据和线索。另外，受害人应在经法医检查鉴定后，再进行清洗，以免失去一些重要的证据。

✧ 心理治疗：对于遭受到侵害的女性来说，性侵是一个噩梦。女性在被性侵之后通常会出现创伤性心理障碍，对心灵上的危害十分严重，表现为恐惧、抑郁、药物滥用，甚至抑郁症、自闭症等。这往往比身体上的伤害更加难以治愈，且会维持数年或终生。因此，受害女性必须接受心理干预，以接纳自己，走出阴霾。此外，被害人在无助情况下轻生的案例屡见不鲜。社会对于被侵害的女性应当给予保护，受害者的亲朋好友、邻居、同事不应该对被害者产生厌恶情绪，更不应该指责、侮辱、诽谤。一些言语上的抚慰、行动上的照顾都会使被害者感到温暖，帮助其振作起来，走出被害阴影。

七、遇到以下情况该怎么做

1. 夜间出门有人跟踪

✧ 随身携带防身用品，如防狼喷雾、辣椒水等。

✧ 马上进入附近便利店、商场等人员密集场所。

✧ 致电家人、朋友，让他们来接自己。

✧ 拍打路边的车以触响警报器。

2. 遇到有人装熟人强拽

✧ 保持冷静。

✧ 大声呼救。

✧ 请求特定一两个人帮助能增加被帮助的可能性。

✧ 破坏公共物品、推翻商贩货摊、抢或砸路人手机等物品，以引起路人注意，增加被解救的可能性。

3. 独自赴宴

✧ 不喝离开视线的饮品。

✧ 不轻易相信朋友的朋友。

✧ 事前把行程告诉父母或信得过的朋友。

✧ 含酒精的饮品一定要适量饮用。

4. 独自打车

✧ 乘坐正规出租车,不搭乘“黑车”。

✧ 上车后把车牌号、司机姓名发给亲友。

✧ 尽可能用电话与他人保持联系并提供实时位置。

5. 独自在家

✧ 陌生人敲门时最好不要开门,不要让对方知道你独自在家。

✧ 有人自称物业人员入户时,应查看证件。

✧ 网购时最好选择快递到公司或代收点,不要直接邮寄到家中。

✧ 维修家电设备时要找物业或官方维修人员。

八、常见女性防狼工具

注意:如果没有经过很好的训练并适应防御物品的话,不要轻易携带。

✧ 防狼喷雾:防狼喷雾含有辣椒精纯提取素、芥末提取物等天然强刺激物质,对人体无器质性毒副损伤,被喷到的人双目泪流不止、喷嚏咳嗽不停,能够立刻制止对方的所有动作。

✧ 小型报警器:遇到危险时将拉环拉开,能够产生警报声,吸引周围人员注意,恐吓敌人,阻止其行为。

✧ 迷你电击器:可以瞬间产生高强度电压,短暂麻痹对方,为逃生争取更多时间。

✧ 强光灯:用强光灯对着歹徒的眼睛直射,让歹徒有短暂失明,争取逃跑时间。

第五节　文明观赛有素质,预防骚乱要深知

2016 年 6 月 12 日,德国队与乌克兰队足球比赛开始前,50 多名德国球迷在火车站附近袭击乌克兰球迷,之后双方陷入混战,酒瓶和椅子横飞,混乱造成多人受伤。而同一天,在巴黎,一批法国球迷与克罗地亚球迷发生冲突,双方互投烟火,直到警方赶来才平息事态。

在观看足球、篮球、排球等大型比赛时,由于观赛人员复杂,加之管

理不足，很容易发生球迷骚乱，严重时可导致群死群伤的恶性事件，给社会带来不良影响。当我们身处骚乱中时，应该如何自救？

一、防患于未然

✧ 牢记：进入场馆时应注意观察现场情况和警示标志，明确安全通道和进出口位置，防止意外发生后措手不及。

✧ 守序：文明观赛，遵守秩序。不起哄、不闹事，不盲目跟从别人。

✧ 规避：切勿拥堵安全出口，避免发生踩踏事故。

二、骚乱发生时这么做

✧ 服从指挥：服从工作人员指挥，不要惊慌失措，更不能逆着人流走。

✧ 冷静：如果有人起哄、煽动人群闹事时，不要盲目跟从。

✧ 寻找安全地点：当发生混乱时，应首先选择留在安全地点，远离人群中心，以免被挤伤、踩伤。

✧ 不乱跑：不要在看台上来回跑动，应快速、有序地向离自己最近的安全出口疏散。

✧ 远离栏杆：发生骚乱时不要挤向、翻越栏杆，以免栏杆被挤折或因翻越而摔伤。

✧ 注意礼让：在撤离时，应注意保护老年人、儿童和妇女等弱势群体。

第六节　突遭绑架陷困境，从容应对脱险境

一、什么是绑架

绑架是指使用暴力、胁迫或麻醉来劫持或控制他人，以勒索财产或满足其他非法要求的行为。

虽然绑架劫持事件看起来离我们很远，然而，这类突发事件在生活中还是时有发生。万一我们遭遇了劫持绑架，应该如何机智逃生？

二、被绑架了这样做

✧ 冷静、顺从：劫持者往往会用威胁或暴力恐吓人质。此时，劫持

者的情绪也处于紧张和敏感状态，自我控制能力下降，容易产生冲动行为。因此，在事态不明的初期阶段，不要顶撞犯罪分子，必须保持镇静和清醒，不要惊慌，尽量听从劫持者的要求，不要轻举妄动，防止事态激化，给自己造成不必要伤害。要保护好自己，减少精神、肉体上的消耗，做好与劫持者长时间周旋的准备。

✧ 理智面对，稳定情绪，防止冲动或精神崩溃：观察周围环境，尽可能了解自己所处的位置，如果双眼被蒙住，可通过计数的方式，估算汽车的行车时间和路途远近，判断事件轻重，见机行事。若有多人被绑架，应劝说其他被劫持者保持理智，避免激怒劫持者。如果绑匪情绪稳定下来，可以适当与绑匪进行沟通，在确保自身不会受到更大伤害情况下，尽可能与犯罪嫌疑人巧妙周旋。

✧ 巧妙传递信息：观察劫持者和场地的情况，以便在机会来临时将信息传递给救援人员。可利用犯罪嫌疑人准许与亲属通话的时机，巧妙地将自己所处的位置、状况、犯罪嫌疑人情况等告诉亲属。

✧ 伺机逃生、机智应对：根据观察所得信息，在充分考虑自身安全的情况下伺机逃离。可以借上厕所等趁机逃离现场。在逃生时尽量往人多的地方去。到达安全地带后，及时报警，把所知情况告知警方，方便警方组织营救和侦破。若无法逃脱，可以通过警方的谈判和平解决，或使用武力来拯救人质。采取武力解救时，人质要保持冷静，根据当时的情境，配合警方行动。

✧ 心理康复：被劫持的经历会给人造成巨大的心理创伤。获救的受害者可以和亲朋好友坐在一起，告诉他们有关事件的经过，从而缓解不良情绪。如果创伤过于严重，不能自己缓解，应尽快寻求专业精神科医生的帮助，以减少劫持对工作和生活的影响。

宝马女遭绑架，“五招”脱险

2014 年 1 月 19 日，两名曾经的狱友，为了“赚钱”回家过年，与另一名男子合伙劫持并绑架了独自驾宝马车的女司机范某。范某在紧急情况下稳定情绪，机智应对，最终顺利被释放。范某是如何从绑匪手中逃脱的？我们能从范某的脱险中获得哪些启示呢？

✧ 劝说绑匪：范某被绑架后，绑匪驾驶面包车将其带入一所

出租屋内。一路上,她一直劝说绑匪,承诺只要能放过她,愿意把自己所有钱交给他们。

✧ 冷静套近乎:被带到出租屋后,她的手和脚被绑在一起,当时她非常紧张,但很快就稳住了自己的情绪。两名绑匪有事出去,留下一名年轻男子看守。于是,她开始和他聊天套近乎。

✧ 打"亲情牌":在聊天过程中范某打出"亲情牌"博得绑匪同情,她说:"我33岁,如果你把我杀了,我的小孩怎么办?"说到小孩,这个男子答话了,说他也有小孩。两人互相聊了一些家里的情况。

✧ 配合绑匪给钱:范某发现有了转机,便祈求男子不要杀她。接着范某把包里的银行卡和密码通通告诉该男子。后来,另外两名绑匪回来,其中一名前去取钱。那名年轻绑匪获得一部分钱后就离开了。

✧ 威胁利诱脱险:当其中一名绑匪再次出去取钱时,范又开始劝说另一名绑匪,说他们之间没大矛盾,如果她长时间不回家,家人肯定会担心而报警,对他们不利,如果放她回家,她保证自己到家后不报警。男子考虑一番后,拿刀割断范手脚上的胶带,送她到涂料厂门口便驾车离开。至此,范某安全回到家中。

三、如何预防绑架事件

✧ 财不外露。

✧ 减少独自外出。

✧ 一人在家时,不要轻易给来访者开门。

✧ 单独外出,应选择安全的时间和场所,尽量不搭乘陌生车辆。

✧ 平时交友时要注意,不要轻信网友,更不能轻易赴约。

✧ 平时多学习应对突发事件的知识和防身技巧,学会观察和识别可疑人员。

✧ 出门常备便携式催泪喷枪等必要防身工具。

✧ 与家人制订突发事件的沟通密语,以备意外情况下使用。

第七节 校园欺凌危健康，保护“花朵”有良方

校园欺凌是一个热门的话题，每年都有骇人听闻的校园欺凌事件发生。特别是在网络信息发达的今天，校园欺凌事件在网上被广泛传播，引起社会各界普遍关注，使公众对校园安全充满了担忧。如何在当前的环境下预防和整治校园欺凌，保护学生身心健康，亟待社会各部门的共同努力。

校园欺凌是发生在校园内(包括高、中、小学校和中职院校)、学生之间，一方(个体或群体)单次或多次蓄意通过肢体、语言及网络等媒介进行欺负、辱骂、殴打等，造成另一方(个体或群体)身体或心理受到伤害、财产出现损失等的事件。

一、校园欺凌带来的伤害

✧ 校园欺凌给被欺凌者的学习带来影响。
✧ 校园欺凌给被欺凌者带来身体伤害。
✧ 校园欺凌给欺凌双方带来心理伤害。
✧ 校园欺凌给其他学生带来恶性影响及不良示范。
✧ 校园欺凌易引发恶性事件，破坏社会秩序。

二、如何预防校园欺凌

(一) 致家长

✧ 给孩子创造一个和谐的家庭环境。
✧ 给予孩子更多的关爱，并矫正孩子的不良行为习惯。
✧ 家长应提高识别校园欺凌的能力，关注孩子的心理行为变化。

(二) 致学校

✧ 发现学生有不良行为习惯时，学校应与家长沟通帮助学生改掉

不良行为。

✧ 发现学生携带管制刀具等危险物时，应及时没收并批评。

✧ 定期与家长沟通，了解学生身体、学习、心理和行为等情况。

✧ 掌握学校内学生之间关系情况，及时处理学生之间的矛盾。

✧ 关爱每一位学生，避免标签化。

✧ 法制教育与德育工作并重。

（三）致社会

✧ 社会应重点帮扶经济困难的学生，防止其出现极端心理或行为。

✧ 禁止向未成年人出售暴力、淫秽的图书和电子出版物等。

✧ 借助专业力量，多部门（如公检法机关、专业心理咨询部门）人员联合行动。

三、家长须特别注意的情况

✧ 孩子身上出现不明原因的淤伤和抓伤的人为伤害痕迹。

✧ 孩子衣服、首饰、文具等物件频繁丢失或被损坏。

✧ 孩子如厕习惯变化，例如必须回家才上厕所。

✧ 孩子回到家常带着悲伤情绪，很大程度上是因为在学校受到言语攻击等伤害。

✧ 孩子出现任何形式的自我伤害或自杀行为。

✧ 孩子不想上学，甚至出现逃学、佯装生病请假等行为。

✧ 孩子偷窃财物，进行财物替换。

✧ 孩子拒绝谈论学校里的事情或含糊其辞。

✧ 孩子携带或试图携带“保护”工具（棍子、刀具等）去学校，并且出现拒绝和他人眼神交流、耸肩弓身等一系列反常行为。

✧ 孩子出现失眠、噩梦，甚至尿床等。

四、校园欺凌的应对策略

（一）学生应该如何应对

✧ 保持镇静。

✧ 向路人或同学求救。

✧ 尝试通过警示语言击退对方，但不要激怒对方。

✧ 不主动与别人发生冲突，一旦发生冲突要立即告诉老师。

✧ 要告知父母，不要自己承受身体或心理创伤。

（二）施暴儿童家长如何应对

✧ 告知孩子不容许欺凌行为的出现。

✧ 增加对孩子日常活动的掌控，并为他制定行为规范。

✧ 与校园老师经常沟通，合作矫正孩子的攻击行为。

✧ 避免让孩子收看暴力动画片、电影或游戏。

✧ 经上述措施，如果孩子的攻击行为没有改善，可以向心理咨询师求助。

（三）被欺凌儿童家长如何应对

✧ 鼓励孩子与家长进行交流，并表明其随时可以得到家长的帮助。

✧ 确认学校对欺凌事件的处置以及对孩子的管教是否适当。

✧ 如果校园欺凌发生在上下学的路上，应亲自接送孩子直到问题解决。

✧ 安排和孩子参加兴趣相投的社交活动，增强孩子社交技巧和自信心，减少欺凌带来的创伤。

✧ 如果孩子出现异常的行为，可以寻求心理咨询师的帮助。

（四）学校或教师应该如何应对

✧ 赶赴现场，立即制止欺凌行为。

✧ 实施紧急救治并保护被欺凌者。

✧ 对欺凌现场进行疏散引导。

✧ 联系家长并及时向教育主管部门报告。

✧ 客观、妥善处理舆情。

✧ 提高学生参与度，不轻易扩大处理。

✧ 以及时、妥善为目标，力争有效治理。

第八节 辐射放射在身边，科学防范护健康

辐射指的是能量以电磁波或粒子（如 α 粒子、β 粒子等）形式向外扩散。放射是指元素从不稳定的原子核自发地放出射线（如 α 射线、β 射

线、γ射线等）而衰变形成稳定的元素。不管是辐射还是放射，均会对人体造成伤害。在生活中很多场所存在辐射和放射的风险，因此如何规避辐射和放射的风险显得尤为重要。

一、辐射与放射的区别

辐射有一个重要的特点——它是“对等的”。不论物体（气体）温度高低都向外辐射，例如A物体可以向B物体辐射，同时B物体也可向A物体辐射。生活中辐射随处可见，如太阳紫外线、手机、电脑等都是辐射源。

放射是指不稳定的原子核自发地放出射线（如α射线、β射线、γ射线等），涉及物质变化。原子序数在83（铋）或以上的元素都具有放射性，某些原子序数在8以下的元素（如锝）也具有放射性。放射在临床多有应用，如X线检查、癌症治疗，其他还有工业上的核能发电、探测焊接点和金属铸件的裂缝等。

二、生活中常见的辐射与放射

日常生活中常见的辐射有太阳辐射、电磁辐射和热辐射三种。在本节中，重点介绍常见而容易忽略的电磁辐射。

（一）电磁辐射分类

✧ 天然电磁辐射源：如雷电、太阳黑子活动、太阳风暴等。

✧ 人造电磁辐射源：①电脑、电视、音响、微波炉、电冰箱等日常生活中常见的家用电器；②手机、传真机、通信站、复印机等物品；③高压电线以及电动机、电机设备等；④飞机、电气铁路等；⑤广播、电视发射台、手机发射基站、雷达系统等传播信号系统；⑥电力产业的机房、卫星地面工作站、调度指挥中心等工作场所；⑦应用微波和X射线等的医疗设备等。

（二）放射源

放射源在我们的生活中无处不

在，比如某些飞机场、火车站的安检通道会对人员进行放射扫描检查，乘坐飞机旅行时也可能受到超量的射线照射，装修房屋的材料中含有的铀、镭、钍及其子体放射核素等。以下为生活中常见放射源：

✧ CT 和 X 线检查是利用 X 射线穿透人体的原理进行检查的。大量照射 X 线可能诱发癌症，X 射线照的越多，致癌的危险性越大。

✧ 家庭装修时，常用的花岗岩及其他建筑材料中可能含有一定量的放射性物质，特别是当通风不良时，可造成居室内放射性污染加重。

✧ 燃煤中常含有少量的放射性物质。

✧ 一般来说，除纯金（24K）首饰之外，其他的首饰在制作过程中都要掺入少量钢、铬、镍等材质，特别是异常光彩夺目的劣质玛瑙等首饰，对人体的皮肤造成伤害的可能性更大。

三、辐射与放射的危害

（一）电磁辐射危害

✧ 容易诱发癌症：电磁辐射很可能是儿童白血病的诱因之一。

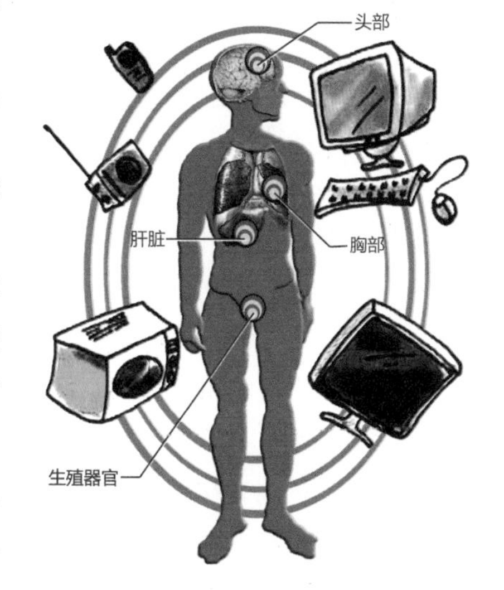

✧ 严重影响人类的内分泌系统功能和生殖系统功能。

✧ 电磁辐射较大时可能会影响儿童智力，导致儿童智力缺陷。

✧ 影响人的心血管系统，主要表现为心悸、心律不齐等，装有心脏起搏器的患者会影响起搏器正常工作。

✧ 对人们的视觉系统有不良影响。高辐射极易导致视力低下、白内障等相关疾病。

（二）放射危害

✧ 人体晶状体一次受到 2Gy 以上（指射线与物体发生相互作用时，单位质量物体所吸收的能量度量）的 α 射线、β 射线照射，在 3 周以后就可能出现晶状体混浊，形成白内障。

✧ 人体皮肤受到不同剂量的放射线照射，可出现脱毛、红斑、水疱

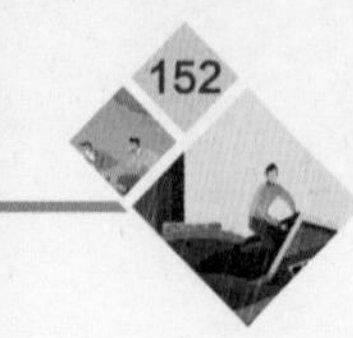

及溃疡坏死等损害。

✧ 可能引起贫血、免疫功能降低、寿命缩短以及内分泌和生殖功能失调等。

四、辐射与放射的防护

(一) 日常生活中的电磁辐射防护

✧ 各种家用电器、办公设备、移动电话等都应尽量避免长时间使用。

✧ 电器不用时最好关机,因为可能存在微弱的磁场,时间久会导致辐射增多变强。

✧ 在使用家用电器时,注意要保持距离。

✧ 在高压线附近、雷达站、电视台、电磁波发射塔等环境工作和居住的人,尤其是孕妇、儿童、老年人等,如有需要,可以配备隔离辐射的防护服。

✧ 如果电器有屏幕,可以安装防辐射保护屏,使用者还可佩戴防辐射眼镜,使用后应洗脸。

✧ 手机刚接通的瞬间产生的辐射是最大的,最好等手机接通几秒后再接打电话。

✧ 多吃富含维生素 A、维生素 C 和蛋白质的食物,如西红柿、海带等蔬菜或肉类,还可以补充硒类物质,抵抗辐射的影响。

孕妇防辐射注意事项

✧ 使用家用电器,保持 1m 以上的距离为宜。

✧ 可以在工作的地方穿防辐射服。

✧ 勤换衣物。

✧ 可使用电脑、电视防辐射屏等减少辐射。

✧ 尽量远离使用中的微波炉、电磁炉。

✧ 尽量不在床头安装电器或插头。

✧ 在使用复印机时,尽量距离其 30cm 以上。

(二) 日常生活中的放射防护

✧ 非必须情况下,尽量减少 CT 与 X 线检查,去医院就诊时不要在放射区域歇息,可绕行以减少辐射影响。

✧ 经常打开居室窗户,促进空气流通,尤其是刚装修之后的新房。

✧ 常戴的首饰应经过放射性检测。

第九节　危化物品伤害大,正确处置有章法

危险化学品简称“危化品”,是指具有毒害性、腐蚀性、爆炸性、燃烧性或助燃性,可对人体及环境造成危害的剧毒化学品和其他化学品。

一、危化品分类

✧ 爆炸品:是指在外界作用下(如受热、摩擦、撞击等)产生剧烈的化学反应,瞬间产生大量的气体和热量发生爆炸,对周围环境、设施、人员造成损害的物品,如硝化甘油、TNT 炸药等。

✧ 腐蚀品:指能灼伤人体皮肤或组织并可以对金属造成破坏的固体或液体,如硫酸等。

✧ 易燃液体:常温下易挥发,其蒸气与空气混合后形成爆炸性混合物,如汽油、乙醇等。

✧ 放射性物品:如金属钍和铀等,属于危险化学品,但不属于《危险化学品安全管理条例》的管理范围,国家有专门的管理条例。

✧ 氧化剂和有机过氧化物:具有强氧化性,易引起燃烧、爆炸,如苯甲酰、氧化甲乙酮等。

✧ 有毒物品:指进入人(动物)机体后,可以造成短时间或长久的病理反应,甚至危及生命的物品,如各种氰化物、砷化物、化学农药等。

✧ 易燃固体、自燃物品和遇湿易燃物品:极易引发火灾,如固体红磷、硫黄。

✧ 压缩气体和液化气体:指压缩的、液化的气体,当受热、撞击或强烈震动时,由于容器内压力增大,致使容器炸裂、爆炸等,如甲烷。

二、危化品对人体的危害

✧ 急性毒性:是指在单剂量或在 24 小时内多剂量口服或吸入接触 4 天之后出现的一系列有害身体健康的反应。

✧ 皮肤腐蚀、刺激:可出现溃疡、出血、有血的结痂,14 天后皮肤和

结痂处出现褪色情况，可以通过病理检验来确定病症。其中，皮肤刺激是指施用物品 4 小时后的反应。

✧ 严重眼损伤、刺激：眼损伤是在使用该物质后视力严重减退；眼刺激是使用该物质后，21 天内产生可逆的变化。

✧ 其他损伤：如呼吸系统或皮肤过敏、生殖细胞突变、癌症等。

三、危化品使用注意事项

✧ “知”：使用危化品前务必认真阅读说明书及使用注意事项。

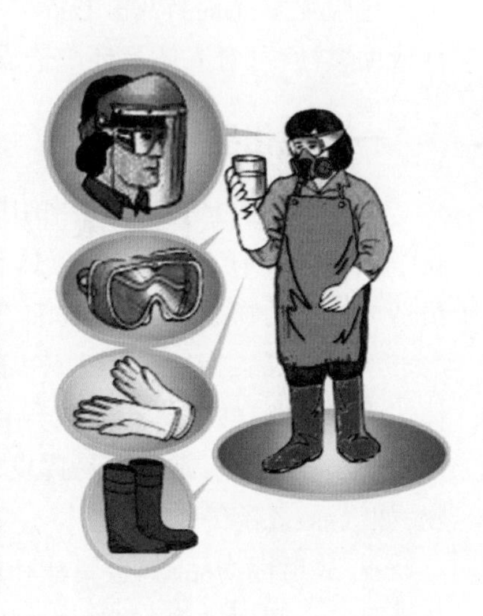

✧ “戴”：做好个人防护，必要时穿戴防护装备，包括戴手套、防护镜、防毒面具等。

✧ “用”：操作过程中应严格遵守操作规则、流程和注意事项。使用易燃易爆危化品时要做到防火、防静电、轻拿轻放。

✧ “处”：化学残液及未用完危化品、危化品包装（如桶、瓶等）不可随意处置。

四、危化品泄漏事故应急处理要点

✧ 疏散与撤离：一旦发生化学品泄漏，应疏散和撤离无关人员。如果是易燃易爆化学品发生大量泄漏，切记要拨打“119”。

✧ 切断火源：如果易燃物泄漏，必须立即清除泄漏污染区域内的各种火源。

✧ 个人防护：可用湿手帕、毛巾等捂住嘴巴和鼻子保护呼吸系统，同时注意保护眼睛、手等身体部位。

✧ 止泄通风：气体（如燃气）泄漏时，应立即止住泄漏，并开窗通风。

✧ 吸附收集：少量液体泄漏时，可用不燃吸附剂吸附收集于容器内后再进行处理。

✧ 清洗：泄漏物是固体时，应选用适当工具收集，并用水冲洗污染地面。

加油安全小贴士

✧ 加油站内切勿吸烟或有其他使用明火行为。

✧ 禁止拨打手机。

✧ 加油时务必停车熄火。

✧ 禁止使用塑料容器装油料。

✧ 不要在加油站内修车。

✧ 防止静电产生，如尽量不穿脱或拍打化纤、针织、尼龙类衣物。

✧ 油箱加油不要过满，加油机自动跳枪就不要再强行加油。

✧ 使用非专用自助加油机时，务必由加油站工作人员操作。

第十节　财产安全不能少，如何保护要知晓

私人财产是维持个人和家庭生存和发展的基石。财产安全是每一个公民的美好期望。然而事与愿违，社会上存在的诸如盗窃、诈骗等不良事件导致公民财产受损。如何保护财产不受损失，不仅是政府责任，更是每一个公民自己应尽的义务和责任。本节将介绍入室盗窃和电信诈骗这两种常见的使家庭财产损失的形式及其应对。

一、入室盗窃

盗窃是指以非法占有为目的，窃取公私财物的违法犯罪行为。盗窃分为入室盗窃、扒窃、公共场所盗窃等。扒窗和撬门是入室盗窃的主要途径。入室盗窃易发时间为凌晨2—5时，夜深人静，人们熟睡或者家中无人时。

（一）入室盗窃防范

✧ 关好：睡前或出门前，务必关好门窗。

✧ 安装：安装防盗门、窗户防护栏。有条件的住户可在门口、阳台安装入侵探测器。

✧ 修补：若门窗出现破损，要及时修补；若钥匙丢失，要更换门锁。

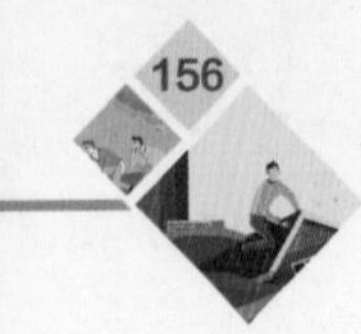

✧ 存储:家中不要留存过多现金,贵重物品、大量现金最好存在银行。如有必要,家中可购置保险柜。

✧ 警惕:定期检查门窗,对门口、窗户出现的异样(如小广告等)及时清理。

如何挑选防盗门

✧ 根据门的尺寸及开向选择防盗门:用户可根据门洞的大小和开门的方向、安全程度等实际要求,选择合适的防盗安全门。

✧ 注重防盗门的质量和安全性:钢质防盗门的门框使用的钢板厚度不应小于 2mm,门扇的前后面板一般用的钢板厚度在 0.8~1mm,门体厚度一般在 20mm 以上。购买时应检查门体重量,一般应在 40kg 以上。

✧ 注重防盗门五金件的安全性:检查锁具是否采用了经公安部门检测合格的防盗专用锁,在锁具安装处是否有加强钢板进行保护并查看钥匙和锁具的性能报告。防盗门锁芯级别有 A 级、B 级和 C 级,安全系数从高到低依次是 C 级锁、B 级锁、A 级锁。

✧ 查看防盗门结构和工艺:检查门体内部结构,门内应该有数根加强钢筋,最好有石棉等具有防火、保温、隔音功能的材料作为填充物。检查产品的工艺质量,是否有焊接缺陷,门扇与门框的配合是否密实等。

✧ 选专业品牌防盗门产品　购买时应该注意是否有防盗安全门代号“FAM”标志、企业名称、执行标准等内容。定做或者购买防盗门时,应该从已获得公安部门颁发的《生产许可登记证》的厂家购买合格产品。

(二) 发生盗窃怎么办

✧ 如果你在熟睡中感觉到房间有异样,千万不要轻举妄动。若发现小偷在客厅偷盗，而你的卧室是反锁的，家里其他房间又没有人，可以偷偷打电话报警，或者向窗外大喊呼救。

✧ 若发现小偷在自己房间翻东西，一定要克制住惊叫，更不要直接起来反抗，小偷都是拿着武器的，应先保证自己及家人的安全。

✧ 如果你是单身女性，一定要保持冷静，可装成毫无觉察的样子。单身女子遇到入室盗窃的唯一原则，就是保护自己的生命安全。

✧ 发现家中被盗，应立即报警，做好现场保护工作，向警方提供线索，积极配合办案人员调查取证工作。

二、电信诈骗

21 世纪以来，随着经济和通信设备的迅速发展，电信诈骗等现象在我国发生比例不断增加，给人民群众造成了很大的经济损失。

电信诈骗是指通过电话、网络和短信等方式，编造不实信息、设置骗局，对受害人实行远程、非接触式的诈骗，诱使受害人给犯罪分子打款或转账的行为。

电信诈骗常见骗术

✧ 假冒公检法诈骗：通过假扮警官、检察官、法官等角色，谎称受害人涉嫌洗钱、贩毒等犯罪，诱导受害人将资金转入“安全账户”。此类诈骗导致损失金额巨大。

防骗提醒：警方只有在现场才会出示逮捕证，做笔录。逮捕证不会通过传真发放，更不会在网上查到。

✧ 冒充熟人诈骗：犯罪分子通过不良渠道，获得受害人亲友的手机号码等，获取受骗对象的信任，进而编造资金周转不开、发生意外急需用钱等理由，诱使受害人转账。

防骗提醒：凡是亲友间涉及借款、汇款等问题，一定要经过视频聊天或拨打其常用号码确认后再进行转账。

案例

高某遇到一个陌生男子小A。小A问他认不认识严某某，自称是其朋友，还知道他的名字和地址。高某想严某某是自己的亲戚，于是放松警惕与小A闲聊起来，过程中又过来一陌生男子称要出售金条急需用钱。

两名男子一唱一和，让高某帮助没带现金的小A购买金条。在"恳求"和利益诱惑下，严某帮小A付了钱。小A表示感谢，然后让严某原地等待他取钱来还，但一去不回。严某这才发现上当，赶紧报警，但为时已晚。

✧ 利用伪基站实施诈骗：犯罪分子使用伪基站（一种利用手机发送短信诈骗方式），冒用银行、运营商等客服电话号码发送短信给受害人，以兑换奖品为由诱使其点击木马链接。一旦受害人点击链接，骗子即可获取其银行账户及密码，将其银行存款转走。

防骗提醒：如果出现中奖或积分兑换的短信并带有链接，一定拨打银行电话进行确认，不可贸然转账。

✧ 兼职诈骗：犯罪分子对受害人许诺，在某网络平台消费后，将凭消费记录收回本金并获得相应佣金。受害人完成前几单任务后都会很快收到回报，而当做了更多任务时，骗子就会切断与受害人的联系，就此消失。

防骗提醒：不要轻信网络上"高酬劳""先垫付"等兼职，不要相信没有固定电话或地址的商家。

✧ 考试诈骗：犯罪分子通过非法渠道获取考生的信息后，以"提供考题""办假证"为由，让考生汇款。

防骗提醒："提供考题""办假证"行为本身就是非法的，切忌上当受骗。

✧ 校园贷诈骗：指用“免抵押、低利息”为诱饵，诱导学生通过贷款进行日常消费或支付学费。

防骗提醒：学生申请分期贷款时，一定要衡量自己是否具备还款能力，不要轻信非正规贷款和泄露个人信息。

案例 校园贷款引发的“血案”

北京某知名外语高校一大学三年级学生暑期放假返回吉林家中，在给家人留下遗书后失踪，随后其家人不断收到追债的短信和电话。8 月 16 日，失踪大学生被确认死亡，家人发现其曾经在多个网络借贷平台贷款，同时还收到多条威胁、恐吓追债的信息及视频。

✧ 投资返利诈骗：犯罪分子谎称具有海外背景，承诺投资者可以获得高额回报。在投资初期，犯罪分子会按时给投资者返利，在投资者加大投资金额后，犯罪分子就会携款潜逃，导致受害人遭受巨大经济损失。

防骗提醒：投资理财前，应做到深思熟虑，谨慎对待。特别要警惕网络上各类标榜“低投入、高收益、无风险”的投资理财项目，加强防范意识，谨防被骗。

✧ 保健品购物诈骗：犯罪团伙伴装医疗机构的顾问、专家、教授等，通过虚假问诊夸大客户病情，诱骗客户购买各类“保健品”。这种“保健品”的质量是没有保证的。

防骗提醒：经常给家中老人说一些老人被诈骗的例子，增强其防范意识，一旦被骗立即报警。

✧ 引诱“裸聊”敲诈勒索：犯罪分子在非法获得被害人信息后，通过社交软件与受害人建立联系，步步引诱受害人进行“裸聊”，从而获取受害人不雅照片、视频并对其进行敲诈。

防骗提醒：应远离网络不良行为，不可以向陌生人泄露个人身份和家庭信息，切不可和陌生人进行“裸聊”。

三、牢记“六不、三问、七个好习惯”

（一）“六不”

✧ 不轻信。

✧ 不轻易汇款。

✧ 不透漏密码。

✧ 不随意扫码。

✧ 不点击不明链接。

✧ 不接听转接电话。

（二）遇到不明情况要“三问”

✧ 主动问当事人。

✧ 主动问银行。

✧ 主动问当地警察。

（三）养成“七个好习惯”

✧ 保护好个人身份证和银行卡信息，包括复印件。

✧ 设置相对复杂、独立的密码，避免密码过于简单。

✧ 开通银行账户短信提醒功能。

✧ 登录网银时，最好手动输入银行官方网址。

✧ 输入密码时，观察周围是否有人并用手遮挡。

✧ 不随意使用公共无线网络“Wi-Fi”登录网上银行，进行支付、转账等账户操作。

第四章

公 共 卫 生

第一节　咳嗽喷嚏要注意，空气飞沫传疫病

日常生活中有一类通过患者咳嗽、打喷嚏并借助空气飞沫、尘埃、气溶胶等传播的疾病——呼吸道传染病，它是由于病原体从人体的鼻腔、咽喉、气管和支气管等呼吸道侵入并感染而引发的。呼吸道传染病在冬春季比较高发，在天气骤变的情况下也易发病，各个年龄段的人群都可能发病。呼吸道传染病有哪些典型症状？如何预防这类疾病？下面将一一为大家解答。

一、流感

根据世界卫生组织所报告的数据，在全世界范围内，流感每年可引发 300 万 ~500 万重症病例，死亡人数达 29.1 万 ~64.6 万例。

(一) 认识流感

流行性感冒（简称流感）是由流感病毒引起的急性发热性呼吸道传染病，传播速度快、传染性强。

流感病毒可分为甲（A）、乙（B）、丙（C）和丁（D）4 种类型。甲（A）型病毒最易发生变异，加之其传染性强，因此流感流行多数是由甲（A）型病毒，如 H1N1、H3N2、H7N9 等引起的。

温带地区的流感流行高峰时间为冬、春季，热带地区（尤其在亚洲）流感流行的季节性呈高度多样化，既有半年或全年周期性流行，也有全年循环流行。

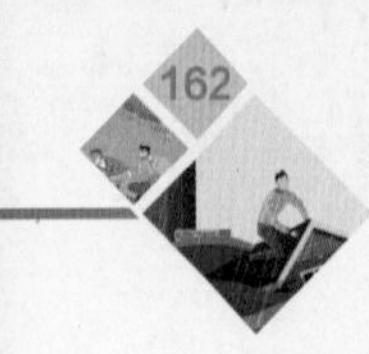

人群对流感具有普遍易感性，慢性病患者、老年人、孕妇、儿童、医务人员在患流感后具有高并发症风险。

季节性流感的主要传染源是流感患者和隐性感染者，主要通过其呼吸道分泌物的飞沫传播，也可以通过口腔、鼻腔、眼睛等的黏膜直接或间接接触传播。流感的潜伏期一般为 1~7 天，多为 2~4 天。

（二）流感、禽流感、普通感冒的区别

流感、禽流感、普通感冒在起病初期都表现为上呼吸道感染症状，三者的主要区别在于感染的病原体不同。

流感的病原体通常是流感病毒，其中导致人流感发生最多的是甲型和乙型流感病毒。甲型流感病毒最容易发生变异，因而常引起大流行，且引发的病情较重。甲型流感病毒的亚型中有一类是由禽流感病毒发生基因变异后形成能够感染人类的禽流感病毒亚型，如 H1N1、H3N2、H7N9 等。

禽流感病毒原本是在禽类之间传播，通常不容易感染人类。然而当禽流感病毒发生变异，能够跨越人 - 禽间的种系免疫屏障时，就会使得原本只在禽类中传播的流感病毒具备感染人的能力，从而导致人感染禽流感现象的发生。人感染禽流感病毒后，症状通常较重，病死率较高。因此，禽流感引发的严重健康危害和经济影响尤为引人关注。

一般情况下，禽流感病毒在感染人类后，很难造成人际间的传播。然而，在复杂的内外环境条件和因素影响下，若同一细胞同时感染人类流感病毒和禽类流感病毒，两类病毒有可能发生变异和基因重配，进而产生能够在人间传播的新流感病毒。

普通感冒多由常见的呼吸道病毒感染引起的，少部分由细菌感染引起。往往是由于过度疲劳、受凉、淋雨、天气突变等诱因导致人体抵抗力降低，使得原本存在于上呼吸道或从外界侵入的病毒或细菌迅速繁殖，从而引发吸道疾病。

普通感冒发病一般没有明显的季节性，四季都可发生，主要表现为上呼吸道症状，如打喷嚏、流涕、鼻塞以及咽痛、咳嗽、急性咽结膜炎、急性咽扁桃体炎、头痛、发热等，全身症状往往较轻，大多数患者在 5~7 天内可以自行好转。

而流感一般具有明显的季节性，例如我国北方流感多发于 11 月至次年 3 月。与普通感冒相比，流感传染性强，起病较急，症状较重，往往

伴随明显的全身症状并可能造成多器官、系统的损害和影响。

三类疾病的早期临床症状相似，但是病情轻重不一样。在早期无法确定诊断时，要通过流行病学病史和初步的实验室检查进行筛查。最有效的确诊办法是进行病原学检查，即对病原体的核酸进行检测和（或）对流感病毒的特异性抗原进行检测。

（三）流感和禽流感的特点与症状

流感的传染期一般为 5~7 天，并且发病初期传染性最强。典型临床表现主要为起病急、进展快，往往伴随畏寒、高热、头晕、头痛、全身酸痛、乏力、食欲减退及相应的消化道症状，也可以表现为肺炎，甚至呼吸衰

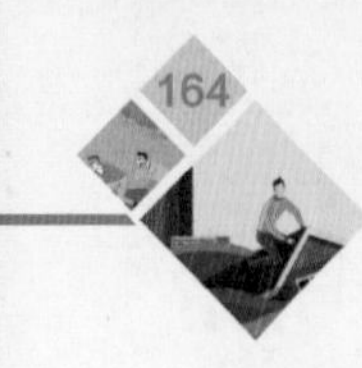

竭、循环衰竭等多器官、系统损害症状。因此,当流感患者出现高热、胸闷及其他明显全身症状时,应立即到医院进行相关检查,尽早服用抗流感病毒药物并采取针对性临床干预措施,切不可掉以轻心,而贻误最佳治疗时机,带来不可挽回的后果。

禽流感的传播途径主要是人接触染病的禽类及其排泄物。大多数人对禽流感病毒缺乏抵抗力,接触传染源后容易发生感染。疾病初期患者的主要症状为肌肉酸痛、咽喉疼痛、流鼻涕等。禽流感病情的进展往往非常迅速,很多会发展为重症肺炎,并出现呼吸窘迫、呼吸困难,甚至呼吸衰竭,危及生命。

由上可见,禽流感和流感的早期症状很难区分,二者都可表现为发热、咳嗽、头痛、全身酸痛、不适等症状,而且部分患者都可能出现病情进展迅速,发生胸闷和呼吸困难、重症肺炎,甚至呼吸衰竭、脓毒症、感染性休克等症状。

二者的区分主要依赖流行病学接触史,患者所在地区是否发生禽流感疫情,发病前期是否接触了活的或死的禽类等线索。通过病毒核酸检测或病毒分离等手段明确感染的病原体,是区分二者的最有效手段。然而目前很多医院还没有这样的条件,而且此类检查价格相对较为昂贵。

关于禽流感,你可能不知道的事情

中国于2013年首次发现H7N9禽流感病例,此后经历了5次禽流感的疫情流行,截至2017年8月26日,中国内地共报告人感染禽流感病例1 530例。禽流感疫情波及范围广。据统计,疫情已经波及27个省(直辖市、自治区),其中中南部地区发病率较高。目前的研究结果显示,禽流感的主要感染源是禽类,尚未发现禽流感病毒能在人与人之间实现传播的证据。

(四)流感的预防

✧ 增强免疫力:易患感冒的人群平时应注重营养、锻炼,增强自身免疫力,避免过度劳累、受凉等不利因素影响。特别是老年人和儿童,要注意根据天气变化及时增减衣物等。

✧ 接种流感疫苗:是预防流感最有效的方法之一。

✧ 保持生活、工作场所清洁、消毒和通风：定期对生活、工作场所进行大扫除，及时清理垃圾，保持周围环境清洁；养成开窗通风的习惯；必要时可对居家或工作场所进行消毒。

✧ 培养个人良好健康行为：坚持锻炼，保证合理饮食；生活作息有规律，保证睡眠充足，保持好情绪；勤洗手，外出戴口罩，注意防寒和保暖。

✧ 在流感暴发季节，应该避免去人群密集场所，尤其是老年人和慢性病患者；一旦出现流感相关症状，必须及时就医，并尽量减少与他人接触，宜居家休息。

✧ 减少暴露于禽流感病毒的机会：禽流感的感染源主要是发生流感的禽类。因此，在禽流感高发季节，应注意避免接触活禽或避开活禽养殖、运输、交易和宰杀场所，不食病死禽类等。

流感疫苗接种知多少

1. 接种流感疫苗有必要吗？

世界公认的预防流感的最有效方法为接种流感疫苗。在流感高发季节，对于抵抗力低下的易感人群，如儿童、老年人或慢性病患者，接种流感疫苗对于预防流感尤其有益。

2. 接种流感疫苗有哪些好处？

接种流感疫苗可抵抗流感病毒侵入机体，减缓流感症状；保护接种者及其密切接触者，防止流感进一步传播；保护易感人群，避免引发各种并发症，降低因流感而住院甚至死亡的风险。

3. 哪类人群更应该接种流感疫苗？

✧ 6~23 月龄的婴幼儿。

✧ 2~5 岁儿童。

✧ 60 岁及以上的老年人。

✧ 6 月龄以下婴儿的家庭成员和看护人员。

✧ 孕妇或准备在流感季节怀孕的女性。

✧ 特定慢性病患者。

✧ 医务人员。

4. 哪类人群不应接种流感疫苗?

✧ 6月龄以下的婴儿。

✧ 对流感疫苗成分过敏者。

✧ 有格林-巴利综合征病史者。

✧ 正在发热或2周之内出现过发热的人。

✧ 医生认为不适宜接种者。

5. 流感疫苗什么时候接种好?

流感疫苗在整个流行季节都可接种,但最好在每年的10月底前完成免疫接种。孕妇在孕期的任一阶段均可接种流感疫苗,建议尽早接种。

6. 接种流感疫苗会不会产生不良反应?

✧ 局部反应:主要表现为接种者在接种疫苗后24小时内感觉到注射部位疼痛和触痛,一般较轻,持续时间较短,2~3天会自动消失。

✧ 全身反应:首次接种疫苗者在6~12小时内可能出现发热、肌肉疼痛和全身不适等轻度全身反应,一般会持续1~2天。

7. 接种流感疫苗后有哪些注意事项?

✧ 在接种地点观察半小时后再离开。

✧ 在接种后的24小时内尽量不要沐浴,保持接种部位干燥和清洁。

✧ 若接种部位发红、疼痛并出现低热等情况,均属于正常现象,一般一天后会自行消失。

✧ 如果出现持续发热等症状,应立即就医,并告知接种单位。

8. 流感病毒经常变异,接种针对某一病毒的疫苗能有效预防流感吗?

流感疫苗虽然具有较好的免疫保护效果,但由于流感病毒的变异性,人们接种一次流感疫苗,无法获得持久的免疫力,需要定期接种季节性流感疫苗。

(五)流感的治疗

✧ 对于临床诊断病例和已经确诊的流感病例,应尽快隔离治疗。

✧ 妊娠中晚期女性和基础疾病(如慢性阻塞性肺疾病、糖尿病、肾功能不全、肝硬化等)明显加重者应住院治疗。

✧ 对症治疗:对高热者给予降温治疗,咳嗽、咳痰严重者可服用止咳祛痰药物,缺氧者可采用鼻导管等方式进行氧疗。

✧ 抗病毒治疗:发病两天内使用抗流感病毒药物可以显著降低流感重症和死亡的发生率。药物治疗不能代替预防接种,只能作为未进行预防接种和接种后未获得免疫力的重症流感高危人群的紧急预防措施。

(六)禽流感的预防

✧ 学习禽流感的相关知识,在日常生活中,加强对禽流感的防控,不吃没有煮熟的鸡蛋及禽类的肉。保存食物时注意避免生熟混放。

✧ 锻炼身体,提高自身免疫力,保持充足的睡眠和正常的作息,劳逸结合,均衡饮食,养成良好的生活习惯。

✧ 禽流感流行期间,注意室内通风,勤洗手,出门戴口罩,避免或者减少到空气不流通或人群密集的场所。

✧ 禽流感流行期间,减少与病禽、死禽的接触,尽量避免去活禽市场,要购买、食用有检疫证明的禽类及其产品。

二、肺结核

关于肺结核

中国是全球结核病高发国家之一。原国家卫生计生委发布的《2017 年全国法定传染病疫情概况》显示,2017 年法定传染病报告系统所报告的肺结核患者为 83.5 万例,报告发病数在所有甲乙类传染病中居第二位。结核病聚集性病例在学校时有发生。2017 年 8 月,某中学发现肺结核疫情,至 11 月 17 日,已发现肺结核确诊病例 29 例、疑似病例 5 例,预防性服药 38 例。11 月 20 日下午,此地卫生计生委又通报了另一起肺结核疫情:截至 2017 年 11 月 19 日,此地的另一中学共发现 8 例肺结核确诊病例。这两次疫情的暴发引起了社会各界的高度重视。

（一）认识肺结核

肺结核，旧称“肺痨”，是一种慢性传染病，好发于青年，潜伏期在4~8周，病程多呈慢性过程。绝大多数结核病发生在肺部，也可继续感染其他部位（脑膜、腹膜、皮肤、颈淋巴）。肺结核患者是本病的传染源。主要传播方式为人与人之间通过呼吸道传播。肺结核患者在咳嗽、打喷嚏或大声讲话时释放出大量带菌的细小飞沫，经呼吸道感染他人。肺结核患者的痰中有大量结核杆菌，很容易感染他人。此外，被结核杆菌污染的食物也可能传播肺结核。肺结核的发病率会随着环境恶化而升高。

（二）肺结核有哪些症状

肺结核的主要症状是咳嗽、咳痰、咯血或痰中带血丝，其他常见症状还有胸痛、胸闷、全身无力、午后低热、夜间盗汗、食欲减退、体重减轻、呼吸困难等。如果咳嗽、咳痰持续2周以上，应高度怀疑得了肺结核，须及时到医院就诊。

（三）肺结核的治疗

✧ 一旦患者被确诊为肺结核，必须向所在学校或单位报告，不得隐瞒病情，并告知曾与自己密切接触者尽早检查，同时应在医师指导下进行抗结核化学药物治疗。

✧ 治疗原则是早期、联合、适量、规律和全程用药。一般，第一次治疗的肺结核患者经6~8个月正规治疗就能得到治愈。如果不遵守医嘱，就有可能转变为耐药结核病。

✧ 在疾病治疗期间，患者应少去人群密集的场所，减少与他人接触的机会，如果必须与他人接触，须戴口罩等。

✧ 患者要树立治愈的信心，规范地完成全部疗程。大多数肺结核患者可以通过正规治疗痊愈，且治愈后就不再有传染性。

✧ 患者在治疗期间要注意休息和加强营养，在饮食方面应以高热量、高蛋白食物为主，多吃品种多样的蔬菜、水果、粗粮等，维持营养均衡。

(四) 肺结核的预防

✧ 注意勤洗手,培养良好的卫生习惯。

✧ 不随地吐痰,咳嗽、打喷嚏时须掩住口鼻。

✧ 勤开窗通风,保持室内空气流通。

✧ 保证睡眠充足,合理饮食。

✧ 接种疫苗(卡介苗),定期进行体育锻炼,提高身体免疫力。

三、腮腺炎

(一) 认识腮腺炎

在第一次世界大战时,由腮腺炎病毒引起的流行性腮腺炎造成美军的大规模伤亡。一些没有进行疫苗接种的国家,流行性腮腺炎的发病率始终居高不下。

流行性腮腺炎是腮腺炎病毒引起的急性呼吸道传染病,俗称“痄腮”。易感人群为5~14岁的儿童和青少年。受侵害的对象往往有以下特征:①以往未患过流行性腮腺炎;②未经历过隐性感染;③未接种腮腺炎疫苗。

本病四季均有流行,温带地区以冬、春季最多。潜伏期为14~25天。传染源主要为早期患者和隐性感染者。患者自发病前6天到发病后9天内均有传染性。飞沫吸入是主要传播途径,也可通过密切接触传播,一般接触患者后2~3周发病。由于本病传染性强,常有集体发病的表现。流行性腮腺炎发病后,患者可获得持久性免疫力,再次发病者极少见。但化脓性腮腺炎不是终身免疫的,患者以后还可能再次得病。

(二) 腮腺炎的主要症状

腮腺炎的典型症状为两侧腮腺先后肿大、疼痛,张嘴或吃干硬食物时疼痛加剧。重症者腮腺水肿,使面部变形,甚至可出现吞咽困难。腮腺肿大的症状一般会持续5天左右,之后症状逐渐减轻,病程持续7~12天。对于一些症状比较严重的患者,腮腺炎病毒累及颌下腺、舌下腺及颈部的淋巴结,甚至可引起脑膜炎、卵巢炎、睾丸炎等并发症。

(三) 腮腺炎的预防

✧ 控制传染源:对于腮腺肿大的患者及可疑患病者应及时进行隔离治疗,直至腮腺肿大完全消退为止。

✧ 切断传播途径:发生流行性腮腺炎的学校教室、办公区等人群

密集场所应注意通风，保证气流畅通。学校放学或单位下班后可用0.2%过氧乙酸溶液进行消毒。腮腺炎流行期间，应避免前往人群密集的场所。

✧ 保护易感人群：在婴儿出生后14个月常规接种腮腺炎疫苗或麻疹、腮腺炎和风疹三联疫苗，免疫效果好。少数人接种疫苗后会出现局部红肿(2天内消退)、疼痛(半小时内消失)，在6~10天内可出现低热(2天内自行缓解)。但须注意，对于一般人群，接种疫苗具有良好的保护作用，但是个别免疫力低下者仍可发生感染，而且随着时间推移，疫苗的保护效果会减弱。除接种疫苗外，培养良好的个人卫生习惯，加强体育锻炼，增强体质也是预防腮腺炎的重要措施。

(四) 腮腺炎的治疗

✧ 对症处理：退热、止痛。

✧ 卧床休息：病情减轻或退热后可进行适度活动。

✧ 合理安排饮食：多吃易消化、有营养的半流食，避免食用辛辣、刺激、坚硬的食物，以防刺激唾液腺，加重腮腺肿痛；多饮水，保证每天液体摄入量。

✧ 保持口腔卫生：定期用温盐水漱口，防止细菌感染。

✧ 由腮腺炎引发睾丸炎的患者需要卧床休息，用睾丸托带将睾丸位置抬高，并给予局部冷敷。

四、水痘

(一) 认识水痘

水痘是由水痘-带状疱疹病毒初次感染引起的，以皮疹为特征的急性传染病，传染性极强，在世界范围内均有流行，在我国感染率也很高，发病率位居儿童传染病前列。本病全人群均易感，尤其是2~10岁的儿童。2016年1—2月北京市累计报告水痘病例1 740例，报告发病率8.09/10万。报告病例中发病年龄以15岁以下为主，约占全部病例的1/2。因此，一些集体机构，如幼儿园、小学等，尤其需要加强对水痘的预防。

水痘全年都可发病，冬春季发病率较高。患者是唯一的传染源。水痘患者具有传染性的时间为发病前1~2天至皮疹完全结痂。主要通过直接接触和呼吸道飞沫传播，也可通过接触水痘患者接触过的物品间接传播。

（二）水痘的临床表现

水痘发病的前驱症状为发热、头痛、咽痛、恶心、呕吐等，与感冒极为相似。上述症状持续1~2天后，患者出现皮疹，主要在躯干和头面部，继而扩展到四肢（末端稀少），可同时出现多种状态的皮疹。

水痘形态起初为粉红色小斑疹，在1~2天变为米粒大至豌豆大的圆形透亮水疱，周围有明显红晕，中央呈脐窝状，一段时间后结痂，脱痂持续1~6天，结痂后不留瘢痕。红色斑丘疹、水疱疹、结痂、脱痂这些症状可同时存在。

水痘治疗后一般不会引起并发症，只有少数人会继发皮肤感染、肺炎、脑炎等。

（三）水痘的预防

1. 儿童

✧ 避免去人群密集的场所。

✧ 注意室内卫生及个人卫生，勤通风，勤晒衣被，勤洗手。

✧ 避免接触水痘及带状疱疹患者。

✧ 接种水痘疫苗。

2. 成年人

✧ 注意隔离：水痘患者应立即隔离治疗；在水痘高发时期，应注意减少去人群密集的场所。

✧ 维持良好的个人及环境卫生：要注意室内通风，经常换洗衣服，在太阳下暴晒被褥进行消毒。

✧ 做好自身防护：经常洗手，纸巾、毛巾等不与别人交换使用，出门戴口罩。

✧ 口服一些抗病毒的药物。

✧ 接种水痘疫苗：这是目前最简便有效的方法。

（四）水痘的护理

✧ 注意皮肤清洁：在出水痘期间，要定期洗澡，消除皮肤表面的细菌，洗澡后需要及时擦干，不能泡澡。

✧ 注意止痒：在医生指导下使用止痒药。给年龄较小的儿童佩戴棉质手套，防止其抓破疹子，发生感染。

✧ 注意用药：如有发热，应该在医生指导下使用退热药，切记不能

使用阿司匹林退热，以免引发其他并发症。

注意隔离：水痘的传染性很强，一旦确诊，患者必须马上隔离，在家休养直至康复。康复的判断标准为疹子完全结痂并且脱落。注意：水痘的传染性并不会因为患者症状轻而减弱。

✧ 防止留疤：水痘皮疹主要发生在皮肤的表皮层，虽然症状严重，但在不抓破皮疹、未引起细菌感染的情况下，痊愈后可不留瘢痕。

水痘防治误区

✧ 误区一：打了疫苗就不会再出水痘。

解读：接种了疫苗也并非有了“金钟罩”。任何疫苗都不能保证百分之百不发病。首先，人接种疫苗后，约 2 周才会产生抗体；其次，疫苗有一定的保护期限，一般超过 5 年，效果就会慢慢减弱。因此世界卫生组织建议，儿童在 1~1.5 岁接种疫苗后，间隔 3~5 年（即在 4~6 岁）再接种一次，以提高疫苗的免疫保护效果。

✧ 误区二：出过水痘就可以高枕无忧了。

解读：“出一次水痘终身安全”的说法不科学。儿童患水痘后通常会获得终身免疫，不易再得水痘，但当水痘痊愈后，部分病毒仍可长期潜伏在其身体的神经节内，当身体免疫力低下时，这些病毒会沿着神经走行复制，形成带状疱疹反复感染。

✧ 误区三：只有孩子才会出水痘。

解读：水痘并非儿童“专利”，成年人也可发病。身体免疫力下降、月经期、年老、患肿瘤、患艾滋病等都可以成为水痘的诱因。有关资料显示，多数成年水痘患者都有熬夜、过度疲劳、精神紧张、压力大等经历。

五、麻疹

麻疹又来袭，你准备好了吗

曾经致死率很高的麻疹随着疫苗的出现，以及人们对预防接种的重视，发病率曾急剧下降，并得到有效控制。但是，近期全球频发的麻疹疫情，再度引起了全社会的关注。2014 年底，美国麻疹疫情蔓延至 7 个州，并波及邻国墨西哥，形势十分严峻；2015 年初，我国北京东城区某大厦发生麻疹疫情……频发的麻疹疫情使人们意识到，麻疹病毒一直存在并且潜藏在我们身边。

（一）认识麻疹

麻疹是一种急性强传染性疾病，主要由麻疹病毒引起，冬春季高发。其易感人群主要为 6 月龄至 5 岁的儿童。麻疹患者是唯一的传染源，主要通过喷嚏、咳嗽和说话等飞沫传播。麻疹患者具有传染性的时间为发疹前 2 天至出疹后 5 天。

（二）麻疹的临床表现

麻疹的潜伏期为 6~21 天，平均 10 天。初期症状为发热、咳嗽、流涕、眼结膜充血、畏光等，口腔黏膜可见柯氏斑；在发热后 4~5 天开始出疹，自耳后逐渐波及全身；出疹几天后渐消退，皮肤有麦糠样脱屑及浅褐色色素（斑点）沉着。病情严重者，可引起肺炎、脑炎、视神经萎缩等，完全康复存在一定的困难。若出现脑炎等神经系统病变，严重者可出现智力低下、癫痫、瘫痪等后遗症。

（三）麻疹的预防

✧ 控制传染源，坚持“四早原则”，即早发现、早诊断、早隔离、早治疗。

✧ 保持良好的个人习惯，勤开窗通风、晾晒被褥，注意保暖，并注意均衡饮食，增强免疫力。

✧ 加强体育锻炼，增强体质。

✧ 避免到人群拥挤、空气流通比较差的公共场所。

✧ 目前疫苗接种是预防麻疹最有效的措施。

（四）麻疹的治疗

目前，治疗麻疹没有特效药。在孩子被确诊为麻疹后应及时就医，防止并发症的发生。单纯麻疹的治疗重点在护理。对患儿的护理应该注意以下几个方面：

✧ 卧床休息：在皮疹消退、体温恢复正常之前，应卧床休息，室内宜安静、温暖。

✧ 室内保持空气新鲜，并保持一定的湿度。

✧ 隔离：禁止患儿与其他儿童接触。一般在出疹5天后患儿即无传染性，不须继续隔离，但若有肺炎并发症出现，则应该延长隔离期。

✧ 皮肤护理：保持患儿皮肤干爽，忌捂汗，出汗后须及时擦干，并更换衣服被褥。修剪患儿指甲，防止指甲抓破皮疹引起继发感染。

✧ 饮食护理：以易消化、富有营养的饮食为主，少食多餐；多喝热水，以利于出汗和排尿，促进排毒、退热、透疹。

（五）水痘与麻疹的区别

✧ 水痘的高发季为冬春季，临床表现为发热、食欲不振、全身不适，1~2 天后会出现皮疹，出疹的顺序一般是躯干→头部→四肢。周身皮肤和黏膜成批出现红色斑丘疹、疱疹、痂疹，呈向心性分布，主要发生在胸、腹、背，四肢很少。

✧ 麻疹高发季为每年的 3—6 月，患者初期会出现高热和明显的上呼吸道症状，发热 3~4 天后会出现红色皮疹，始见于耳后、颈部、颜面并逐渐波及躯干及四肢，出疹 3~5 天后进入恢复期，皮疹开始消退，消退顺序与出疹相同，疹退后皮肤留有糠麸状脱屑及棕色色素沉着。

六、风疹

消灭风疹之路任重而道远

我国风疹疫苗于 1995 年成功研制，1998 年获得国家正式文号。近些年，风疹虽然没有较大规模暴发，但是发病率一直得不到很好的控制。目前大众尚缺乏对风疹的认识，消灭风疹之路任重而道远。

（一）什么是风疹

风疹是一种由风疹病毒引起的急性呼吸道传染病，主要包括先天性感染和后天获得性感染两种类型。本病一般病情较轻，病程短，预后良好，但极易引起暴发传染。风疹一年四季均可发病，以冬春季发病为多，多见于 1~5 岁儿童。孕妇早期感染风疹病毒后，虽然临床症状轻微，但可导致婴儿先天性风疹综合征，出现先天性胎儿畸形、死胎、早产等。因此，风疹的早期诊断及预防极为重要。

（二）风疹的临床表现

1. 获得性风疹

（1）显性感染

✧ 潜伏期：10~23 天，无症状。

✧ 前驱期：1~2 天，表现为低热、食欲减退、咳嗽、打喷嚏、咽痛、结

膜充血等轻微上呼吸道症状，偶尔有鼻出血、齿龈肿胀、呕吐、腹泻等症状。

✧ 出疹期：一般为发热后的1~2天，出疹顺序为面颈部、躯干四肢，在1天内布满全身，但手掌、足底一般不会出现皮疹。皮疹持续2~5天即可迅速消退。大多数患者预后较好。

(2) 隐性感染：临床表现为发热、淋巴结肿痛等，但不会出现皮疹。隐性感染者须通过临床检查方可确诊。

2. 先天性风疹综合征　胎儿被感染后，会出现发育迟缓并累及全身各系统，导致胎儿畸形。风疹是胎儿先天性畸形的主要原因。被感染的胎儿症状严重者可能导致死胎、流产、早产。

(三) 风疹的传播

✧ 获得性传播：通过人与人之间的密切接触及呼吸道传播。人们在照顾患者时，可通过接触患者的物品而感染。

✧ 先天母婴传播：胎儿在体内被感染后可引起流产、死产、早产或罹患多种先天畸形的先天性风疹。

(四) 风疹的预防

✧ 控制传染源：获得性风疹患者在出疹前的3~5天至出疹后的1周应进行隔离；对于疑似或已确诊的先天性风疹患儿应隔离至1岁，或隔离至3月龄后连续2次鼻咽部及尿液病毒分离结果均为阴性。

✧ 尽量减少或不接触风疹患者，必须接触时应做好个体防护措施，如戴口罩等。

✧ 在疾病流行期间少去人多且密集的场合，尤其是孕妇和未患过风疹的儿童。

✧ 接种疫苗，保护易感人群。

(五) 风疹的治疗

✧ 获得性风疹：一般症状轻微，主要采用对症和支持疗法。急性期患者应注意休息，多饮水；给予维生素及富有营养、易消化的食物；防止搔破皮肤及继发感染。

✧ 先天性风疹：治疗的关键在于良好的护理及教育，并密切观察患儿的生长发育状况，进行畸形矫治。

第二节 肠道传染闹疾病，病急症重要防控

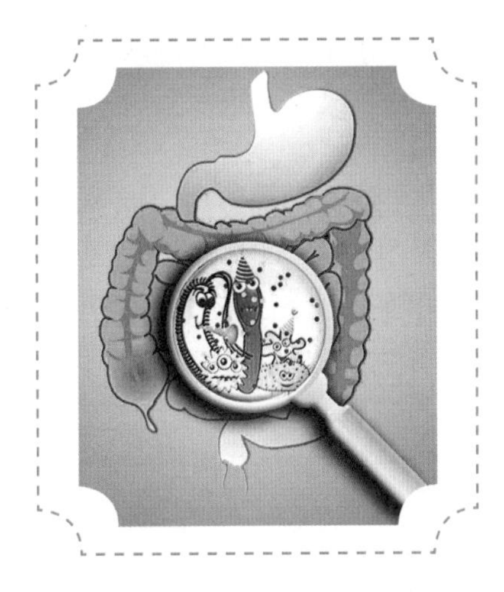

你知道吗？有时候频繁上厕所或发热、呕吐可能不是肠胃感冒，而是患了传染性疾病。夏秋季节病菌易繁殖生长导致食物腐败，同时炎热的天气又使得大家偏爱生冷食物。小小的病菌极易通过污染的食物、饮用水等进入我们的体内，引起疾病。那么，常见的通过消化系统传染的疾病有哪些呢？让我们一起来了解一下吧。

一、甲型肝炎

案例 上海甲型肝炎大流行

1998年1月，上海多家医院接诊了许多上吐下泻的患者，他们大多有发热、皮肤发黄等典型症状，被确诊为急性病毒性甲型肝炎(俗称甲肝)。随后的30天内，市区有30余万人被确诊感染该病。经调查得知，本次发病的甲肝患者中85%曾食用过毛蚶。调查组赶赴江苏启东——上海市民大量食用的毛蚶的原产地。经过检测，他们在毛蚶体内找到了甲肝病毒，证实了毛蚶就是这次甲肝大流行的罪魁祸首。由于启东水域环境受到污染，吸附力极强的毛蚶将甲肝病毒聚集在体内。而农民用没有经过消毒清洗处理的农船运载毛蚶，导致毛蚶携带甲肝病毒的可能性增大。毛蚶体内的甲肝病毒在蒸煮45分钟时仍难以彻底杀灭，导致病毒轻而易举地进入食用者的消化道，引发了严重的甲肝大流行。

(一) 认识甲型肝炎

甲型肝炎是一种由甲型肝炎病毒感染人体所导致的传染病，在冬春季节高发，任何年龄均可患病，儿童和青少年多发。成年人甲型肝炎的症状常比儿童更严重。本病主要通过消化系统传播：①食用被甲肝病毒

污染的食物和水，比如易被污染又不易蒸煮至完全杀死病毒的水生贝类（如毛蚶）；②密切接触甲肝患者，如共用餐具、牙具等。甲型肝炎可以治愈，感染多为自限性，但严重时也会导致死亡。

（二）甲型肝炎的症状

在感染甲型肝炎后，成年人多表现为显性感染，儿童与老年人多表现为隐性感染。

典型病例在发病初期常有乏力、厌食、恶心、呕吐等症状，随后出现黄疸，小便深黄，大便灰白，皮肤、巩膜黄染，肝脾大，体温升高，还可出现腹泻、肌肉疼痛、咽炎等。

（三）甲型肝炎的预防

✧ 日常生活中要注意饮食卫生，勤洗手，勤用沸水消毒日常餐具，避免食用可能已被污染的水、新鲜水果、蔬菜以及贝类，少吃生食。

✧ 严格分开生食和熟食接触的用具（如切菜板、刀具和贮藏容器），避免交叉污染。

✧ 须消毒处理甲型肝炎患者吃剩的食物、衣物、床单、针头、便器及其排泄物。

✧ 已患过甲型肝炎或感染过甲肝病毒的人可以获得终生免疫力，未感染的人应尽早接种甲肝疫苗。甲肝疫苗已纳入国家免疫规划，对18月龄儿童给予免费接种。甲肝疫苗分甲肝减毒活疫苗和甲肝灭活疫苗2种。甲肝减毒活疫苗只须在儿童18月龄时接种一次，甲肝灭活疫苗则需要儿童在18月龄及24月龄各接种1剂，两剂要间隔半年以上的时间。

（四）患了甲肝怎么办

绝大多数甲肝病例是急性病毒性肝炎，经过及时规范治疗，多数患者可在半年内痊愈。但少数重症患者有发展为肝衰竭危险，应予以重视。同时，所有病毒性肝炎患者都应避免酗酒、吸烟、不合理用药等加重肝脏损害和负担的行为。

（五）甲肝的兄弟——乙肝

乙型肝炎（简称乙肝）是对人类危害最为严重的病毒性肝炎，容易演变为慢性肝炎、肝硬化，甚至导致原发性肝癌。

乙肝病毒通过血液、母婴和性接触传播。多数人在感染乙肝病毒后没有明显症状，主要是隐性感染。有些人会有疲惫乏力、食欲不振等临

床症状。如果有不明原因的明显乏力和消化道症状超过 1 周，应该去医院检查。

乙型肝炎疫苗接种是预防乙型肝炎的最有效措施，新生儿、婴幼儿、青少年和成年高危人群是接种疫苗的优先人群。我国对新生儿实施免费接种乙肝疫苗，全程免疫需要接种3次，分别在0、1、6月龄各接种1次，应在出生后 24 小时内尽早进行第 1 次接种。

小 贴 士

1. 乙肝会通过蚊虫传播吗?

目前研究尚未发现乙肝病毒可以经吸血昆虫(蚊和臭虫等)传播。

2. 和乙肝患者同桌吃饭会被传染吗?

感染概率极小！乙肝病毒一般不会通过受污染的食品或水传播，日常生活中无血液暴露的接触，如握手、拥抱、同一餐厅用餐、共用卫生间等行为一般不会传染乙肝。

3. 感染了乙肝病毒，需要治疗吗?

乙肝容易转为慢性，目前尚无特效药物可彻底清除乙肝病毒，但规范的抗病毒治疗可最大限度地抑制病毒复制，从而延缓和减少病毒对肝脏的损害，阻止肝硬化、肝癌及其并发症的发生。因此，乙肝患者要积极配合治疗，坚持定期检查，确保治疗效果。

二、手足口病

案例 与明媚春天一同到来的恐慌

2008 年的春天，安徽省某市的医院来了很多小患者。小孩子们哭闹不止。医院里到处都是焦急的家长和生病的孩子。这些孩子都出现了手、足、口 3 个部位有疱疹的典型症状，医生确诊为手足口病。当天，610 名儿童被确诊感染手足口病，随后几天感染儿童人数迅速增加，整个地区陷入恐慌状态。

手足口病是全球性传染病，在我国属于丙类传染病。患手足口病的儿童应在家休养并及时就医，不可去公共场所。

(一) 认识手足口病

手足口病是由肠道病毒引起的传染病，主要病原体有肠道病毒71型和柯萨奇病毒A16型，还有其他多种病毒也可导致该病发生。4—6月是我国手足口病的高发季节，有些地区在秋冬季也会高发。5岁以下的幼童，尤其1~2岁婴幼儿是本病的易感人群。手足口病多发生在婴幼儿集聚的场所，主要通过胃肠道(饮食)、呼吸道(咳嗽、飞沫等)和接触患者口腔和鼻腔分泌物、疱疹液、粪便、被病毒污染的玩具与餐饮具等传播。目前尚无针对该病的特效抗病毒药物，对于该病主要采取支持疗法，多数患者可自愈。同一儿童可被不同型肠道病毒感染，多次发生手足口病。

(二) 手足口病的症状

手足口病可引起发热、口腔溃疡和手、足、口腔等部位的疱疹。患儿初期症状多为低热、食欲差、精神不振、咽喉痛，1~2天后出现口腔黏膜溃疡和皮疹，口腔溃疡是由水疱(初期为细小红点)溃破形成的。皮疹不痒，由斑丘疹转为疱疹。疱疹为米粒大小，周围有红晕，里面的疱液少。四肢疱疹不易破裂，口腔及肛周的疱疹易破溃形成溃疡。口腔内的疱疹疼痛明显。部分患者不发热，只表现出皮疹或口腔溃疡。

多数患儿可在一周内痊愈，预后良好。仅有少数患者可引起心肌炎、肺水肿和无菌性脑膜脑炎等并发症，严重者死亡。如果能够早发现、早治疗，患者一般会痊愈。

(三) 手足口病的预防

✧ 勤洗手、勤消毒：饭前、便后和外出后都要洗手，预防病从口入；家长、保姆等照顾者在接触孩子前，尤其是喂孩子吃饭前更要洗手；为幼儿换洗尿布、处理粪便后都要洗手，并妥善处理污物；被污染的日用品和器具应及时消毒，防止儿童塞入口中。

✧ 吃熟食、喝开水：不要让孩子喝生水、吃冷食，做好食品卫生和个人卫生，避免接触已经生病的孩子。

✧ 勤通风、晒太阳：在疾病流行期间，尽量少将儿童带到拥挤的公共场所。被患儿的粪便或排泄物污染的物品须用热水煮沸3分钟或用消毒液擦洗。要注意保持居家环境清洁，保持房间通风，勤晒衣被。

(四) 手足口病患儿的护理

✧ 严重的手足口病可引起心肌炎、无菌性脑膜炎等疾病，因此需要特别注意，当出现持续高热、反复呕吐、嗜睡、容易受到惊吓或容易感到烦躁、手足不断抖动、四肢突然无力、呼吸困难或呼吸急促等症状时，请及时去医院就诊。

✧ 患病后不去公共场合，要在家自行隔离。患儿在全部症状消失后的7天内，不要去学校或参加聚会，以避免传播疾病。

✧ 多饮水和休息：患者需要补充足够的水并确保充分休息，可采取对症治疗，如退热、镇痛等。

✧ 进食前后注意事项：应用生理盐水或温开水冲洗口腔，以减少食物对口腔带来的刺激。

✧ 疱疹的处置：注意保持皮肤清洁，不要挠抓皮肤疱疹，防止感染。若疱疹已破溃感染，可在医生指导下用药，帮助痊愈。

✧ 饮食宜忌：生病期间，饮食宜清淡，宜服用梨汁、苹果汁、西瓜汁等，忌食辛辣刺激食物和发物（如羊肉、鱼肉等）。

三、细菌性痢疾

案例 “吃进去”的腹泻

2013年4月3日晚，四川省某小学的80多名学生突然集体出现腹泻、呕吐、发热等症状，到4月6日确定有292名学生出现同样症状。经调查证实，这原来是细菌性痢疾在作怪。

细菌性痢疾是一种常见的传染性疾病，近几年在学校、食堂、餐馆等公共场所时有发生，主要是食用或饮用被痢疾杆菌污染的食物或水所致。细菌性痢疾的致病菌属于志贺菌属，估计全世界每年有1.65亿人次感染志贺菌。

（一）认识细菌性痢疾

细菌性痢疾（简称菌痢）是由痢疾杆菌引起的肠道炎症，可分急性菌痢、慢性菌痢。细菌性痢疾常年散发，夏秋季高发，人群普遍易受感染，儿童和青壮年高发。

痢疾杆菌随患者或携带者的粪便排出体外，直接污染食品、水、手和生活用品，或通过苍蝇、蟑螂等间接传播，最终都经口进入消化道。

（二）细菌性痢疾的症状

1. 急性细菌性痢疾　多数急性菌痢患者愈后良好，仅少数病例转变为慢性细菌性痢疾。

✧ 普通型（典型）：一般病程为 10~14 天。患者起病急，主要症状包括腹泻、脓血便或黏液便、腹痛、里急后重（直肠肛门部位有拉不完的下坠感），可伴随发热（体温可达 38~40℃）、恶心和呕吐等。排便先为稀水样便，1~2 天后转成脓血便，每天排便次数显著增加，但每次量少。患者失水不显著，常伴肠鸣音亢进和左下腹压痛。

✧ 轻型：患者全身症状轻，可无发热，或有低热或中度热，腹痛、腹泻均不重，通常一天排便次数不超 10 次。粪便多为稀便，也可带有黏液，里急后重的症状轻。患者可在一周内自愈，少数可转为慢性。

✧ 重型：多见于年老体弱或营养不良者。患者起病急，可出现高热、剧烈腹痛、左下腹压痛及恶心、呕吐、明显里急后重、便次频繁的脓血便，甚至失禁；病情进展快，可很快出现明显失水、四肢发冷、极度衰竭，易发生休克。

✧ 中毒型：患者以 2~7 岁儿童居多，多数起病急、症状重，发病初期便出现高热（体温可达 40℃以上）、嗜睡、呼吸弱、惊厥、精神不好或烦躁，甚至昏迷等症状，如不及时抢救会危及生命。

2. 慢性细菌性痢疾　细菌性痢疾病程超过 2 个月即可称为慢性菌痢，可反复发作或迁延不愈达 2 个月以上。形成慢性菌痢的原因可能与下面几个方面有关：①急性菌痢延误治疗；②全身健康状况差，如患慢性病、营养不良等；③局部抵抗力差，如患有肠道寄生虫病、慢性胆囊炎等。

✧ 慢性隐匿型：患者有急性菌痢病史，但没有临床症状，做乙状结肠镜检查可见黏膜炎症或溃疡等菌痢表现。

✧ 慢性迁延型：患者有急性菌痢病史，长期迁延不愈，表现为腹胀或长期腹泻，排黏液脓血便，长时间间歇排菌。此类患者是重要的传染源。

✧ 急性发作型：患者有慢性菌痢病史，一定时间后有出现急性菌痢的症状，但发热等症状不明显。

（三）细菌性痢疾预防要点

✧ 忌食不卫生的食物，不吃变质、腐烂的食物，食用存放久的熟食前应该再次加热。

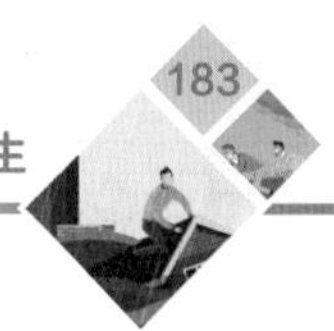

✧ 生食和熟食要分开存放，生吃的食品要清洗干净再吃。

✧ 喝煮沸过的水或者安全、卫生的桶装水与矿泉水等。

✧ 保持个人卫生，勤剪指甲，经常换洗衣物。

✧ 饭前便后要使用肥皂和流动水洗手，纠正吮吸手指的不良习惯。

✧ 保持家中清洁，吃剩的食物和垃圾要及时清理以免招引苍蝇，餐具要做好防蝇、防尘措施。

四、诺如病毒感染性腹泻

案例　让“宝贝”肚子痛的元凶

2018 年 5 月 31 日，上海市 ×× 幼儿园里的幼儿陆续出现呕吐和腹泻症状，2 小时中有 103 名幼儿陆续前往医院就诊，这些幼儿均无发热，病情稳定，无住院和重症的病例。根据患儿们的临床表现，该区相关卫生部门初步分析，不排除诺如病毒感染、食物中毒的可能，随后依法对该校食堂采取查封控制的措施。经该区疾病预防控制中心确认，截至 6 月 1 日 16:40，这些就诊幼儿中已确诊 62 例诺如病毒感染性腹泻，病毒检测显示 7 个样本确认感染诺如病毒。

（一）认识诺如病毒感染性腹泻

诺如病毒感染性腹泻是由诺如病毒引起的肠道传染病，秋冬季节高发。本病具有极高传染性，常在学校、餐馆、医院、幼儿园等场所引起集体暴发。老年人、儿童和免疫缺陷者易感染。诺如病毒感染性腹泻属于自限性疾病，可以自愈，不须服用抗生素，应及时补充水分以防止脱水。

诺如病毒感染性腹泻的传播途径有：①食用或饮用被诺如病毒污染的食物或水；②与诺如病毒感染患者密切接触，如照顾患者、和患者分享食物或共用餐具；③和患者共处一个密闭不通风的房间，也会因为吸入被病毒污染的空气而感染。

诺如病毒极易变异，尚没有针对诺如病毒的疫苗，因此预防极为重要。

（二）诺如病毒感染性腹泻的症状

感染诺如病毒可导致患者发生急性胃肠炎，常见症状有发热、恶心、

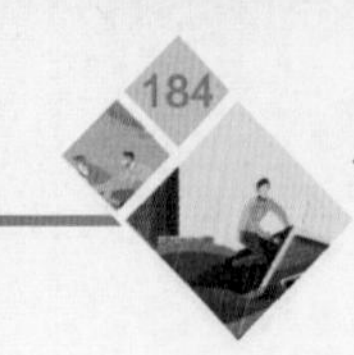

呕吐、腹痛和腹泻，有时还会伴有头痛、寒战、肌肉酸痛等症状，常持续2~3天。

多数儿童患者会出现呕吐，成年患者则多见腹泻。24小时内腹泻4~8次，为稀水便或水样便，无黏液和脓血。多数患者发病后2~3天痊愈，但婴幼儿、老年人及有基础疾病的人发生严重并发症风险较高，要特别关注。

（三）诺如病毒感染性腹泻的预防

若发生诺如病毒感染暴发，在处理患者呕吐物和粪便时要带好口罩和手套，并且对可能被病毒污染的生活物品加强清洗消毒。被感染的人须隔离治疗，不可为他人准备食物和照料他人。

在日常生活中要注意：保持良好卫生习惯，饭前便后洗手，不徒手直接接触即食食物；食物充分加热、煮熟，不生食海产品；处理生、熟食的菜板、刀具等器具要分开；选用卫生合格的饮用水，水要烧开饮用。

（四）诺如病毒感染性腹泻的治疗

诺如病毒感染性腹泻的传染性较强，但属于自限性疾病，多数患者可自愈，预后良好，通常无须特殊治疗，目前也没有特效药物。但是，频繁呕吐或腹泻可导致患者脱水，严重情况下会有生命危险。所以，对于诺如病毒感染性腹泻，主要采取及时补液、纠正脱水和电解质紊乱以及休息等对症治疗。婴幼儿、老年人和有基础疾病的人患诺如病毒感染性腹泻容易发生严重并发症（严重脱水或电解质紊乱所导致），需要特别关注。

五、伤寒

关于伤寒的记忆

伤寒具有高度传染性，在中国被列为乙类传染病。19世纪50年代的克里米亚战争中，死于伤寒的士兵数量是死于战伤的10倍。1898年，科学家赖特研制了伤寒疫苗，并在第一次世界大战中使用。2016年11月在巴基斯坦海得拉巴暴发了耐药性伤寒疫情，随后开始蔓延。我国也是伤寒高发地区，病例以散发为主，但在部分地区也有暴发，因此千万不可小视。

（一）认识伤寒

伤寒又称肠热症，是由伤寒杆菌引起的急性消化道传染病。伤寒发病呈地区不均衡性（发病数量在前五位的地区为贵州、新疆、云南、广西和浙江）。该病四季均可发病，但以夏秋季为高峰（8—10月），人群普遍易感染，高发年龄段为20~40岁。食用被病菌污染的食物或水、日常接触都可能感染疾病，苍蝇是其中一种传播媒介。

伤寒与副伤寒的症状相似、难以鉴别，需要依靠细菌培养等专业检查确诊。

（二）伤寒的症状

伤寒的潜伏期为1~2周，起病缓慢且症状类似感冒，患者会出现持续性高热、咽痛、咳嗽、无力、皮疹、食欲不振等症状。典型症状是在病程第7~14天，胸、腹及肩部分批出现玫瑰疹，直径多为2~4mm，略高于皮肤，按压后会褪色，数量在10个以下。当症状开始缓解时（病程第2~3周），患者仍有发生肠出血或肠穿孔的危险。多数患者会在病程第5周进入恢复期，但体弱或原有慢性疾病者的病程会延长。

（三）伤寒的预防

✧ 在伤寒流行区要及早接种伤寒疫苗。须注意，接种伤寒疫苗不能终身免疫。

✧ 在伤寒高发季节，需要在医生指导下预防性服药，若疑似感染伤寒（如出现不明原因持续发热），应及时就诊。

✧ 注意个人和家庭卫生，消灭苍蝇，饭前、便后洗手，不接近被污染的水源，更不能用其洗漱或在里面游泳。

✧ 注意食品卫生，喝开水、吃熟食，不吃非全熟的海产品和不熟的蔬菜。不在卫生条件差的摊点和餐馆吃饭。

（四）伤寒患者照护注意事项

✧ 伤寒患者在发热期间须卧床休息，退热后2~3天可在床上稍坐起，退热1周后可逐渐恢复正常活动量。

✧ 卧床休息时，定时更换体位，预防压疮和肺部感染。

✧ 如若患者发生便秘，切记不可使用泻药，可应用开塞露或生理盐水低压灌肠。

✧ 要多摄取水分，进食高能量、高蛋白、高碳水化合物、易消化、少渣、细软的饮食。发热期间宜食用米汤、豆浆等流质食物，并且少食多餐。

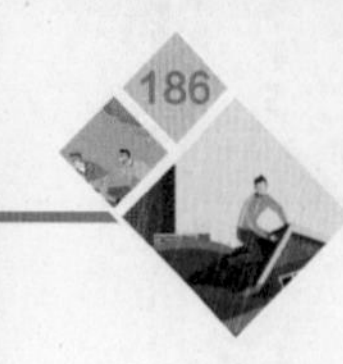

退热后，患者食欲会增加，这时可以逐渐食用软饭或稀饭，禁止食用粗纤维及刺激肠道蠕动、肠胀气的食物，避免引起肠出血和肠穿孔。一般可在退热后 2 周恢复正常饮食。

六、霍乱

(一) 认识霍乱

霍乱是由霍乱弧菌感染人体引起的一种烈性肠道传染病。霍乱在我国属于甲类传染病，感染性极强，须实行强制管理。人一旦出现疑似霍乱的临床表现，必须立即就医并接受隔离。霍乱在我国的流行时间为3—11 月，其中 6—9 月是流行高峰。人群对该病普遍易感，特别胃酸不足的人。霍乱的传播途径有：①食用被病菌污染而又未消毒处理的水或食物；②接触到被患者或带菌者的排泄物所污染的手和物品。

(二) 霍乱的症状

霍乱潜伏期为数小时至 5 天，通常 2~3 天。在大多数情况下，感染霍乱弧菌仅会引起轻度腹泻或无症状，并且通常没有明显的腹痛，仅少数患者表现出典型霍乱症状。大部分感染霍乱弧菌者成为带菌者或轻症患者，其粪便会传播疾病。

典型霍乱症状多为先腹泻(起初呈稀便后转变为水样便)，无腹痛，后呕吐(没有恶心先兆的喷射性呕吐)，一般不发热。轻症病例仅有次数不多的腹泻，无呕吐。严重者一日内腹泻十几次，会因为大量流失水分而出现全身皮肤干瘪无弹性、手指皮肤皱缩、眼窝深陷等脱水表现。如果不及时补充水分，患者脱水后两日便可能死亡。如果治疗及时，患者可以很快恢复健康。疑似霍乱患者可饮用大量淡盐水，并马上送医院治疗。

(三) 霍乱的预防

✧ 在霍乱流行区及可能发生霍乱的地区，接种霍乱疫苗是可供选择的预防措施之一。

✧ 不要食用生冷、不洁、变质的食物和水，吃隔夜的食物要彻底加热；饭前、便后要洗手；保证厨房卫生，生熟要分开，煮沸消毒饮食用具。

✧ 不要在没有卫生许可证的街边摊贩处购买食物。夏季冷盘最好在家加工，熟食买回家后最好在加热后食用。

✧ 不随地大小便，不乱扔垃圾，维护家庭和环境卫生；发现疑似患

者时要尽早诊治，并对其呕吐物、排泄物及可能被污染的衣物、用品进行消毒处理。

（四）霍乱的治疗

霍乱具有高度传染性，如果发现感染霍乱，无论是轻型还是携带者，都应立即给予隔离治疗。感染者应在医护人员陪同下，被送往指定的隔离病房。确诊患者与疑似病例应该分开隔离。患者和携带者应配合疾病预防控制中心工作人员做好调查、采样、消毒等工作。

治疗霍乱并不困难，及早发现，及时补充水分与电解质溶液，在医师指导下合理使用抗生素，可以取得较好的预后。

七、脊髓灰质炎

“脊灰”还在虎视眈眈

脊髓灰质炎是一种古老的疾病，公元前3700年的医书中即有其最早的记录。1952年在美国暴发了迄今为止最严重的一次脊髓灰质炎疫情，57 628人染病。多数染病儿童出现下肢肌肉萎缩、畸形，导致终身残疾。我国病毒学家顾方舟等人研制的减毒活疫苗糖丸为我国消灭脊髓灰质炎做出了巨大贡献。目前，全球仍有脊髓灰质炎流行的两个国家——巴基斯坦和阿富汗，与我国相邻。世界卫生组织警告说：来自上述国家的野生株脊髓灰质炎病毒仍存在向相邻国家和地区扩散的风险。此外，口服减毒活疫苗后病毒变异也可能引发新的脊灰病毒感染。因此，为防止野生脊髓灰质炎病毒重新输入与脊髓灰质炎疫苗衍生病毒可能攻击的风险，每个人和家庭仍须高度重视并加强脊髓灰质炎疫苗的接种。

（一）认识脊髓灰质炎

脊髓灰质炎（简称脊灰）也称小儿麻痹症，是由脊髓灰质炎病毒引起的一种急性传染病。5岁以下儿童易感。该病传播的主要途径是肠道传染，可通过被病毒污染的食物和水传播。病毒经口进入体内并最终在肠道内繁殖。获得某一类型脊灰病毒长期免疫力者面对其他类型脊灰病毒时仍可感染发病。

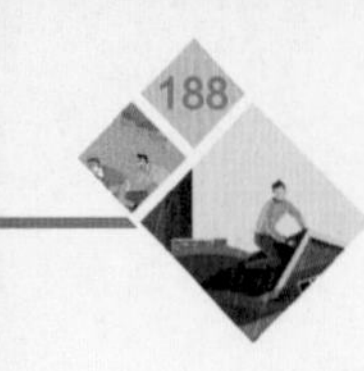

超过 90% 的脊灰感染者没有任何症状，但其排泄的粪便携带病毒，通过污染食物或水而传染给他人。极少数感染者会因为病毒侵袭神经系统造成不可逆的瘫痪。在瘫痪病例中，5%~10% 的患者死于呼吸肌麻痹。

（二）脊髓灰质炎的症状

脊髓灰质炎的潜伏期为 3~35 天，一般为 5~14 天。

感染脊灰病毒者可有下列表现：

✧ 无症状性感染：大多数脊髓灰质炎患者有轻度疲乏或没有任何症状。

✧ 顿挫型：表现为轻度发热、乏力、嗜睡，可伴有头痛、咽痛、便秘及恶心、呕吐等一般症状。

✧ 无瘫痪型：初始症状与顿挫型相似，继之或好转数日后出现背痛、颈部强直等脑膜刺激症状。

✧ 瘫痪型：仅极少数患者发展为瘫痪型脊髓灰质炎，主要是由于下运动神经元受损害而出现肌肉松弛性瘫痪，表现为单侧或双侧上肢或下肢肌肉无力、瘫痪，肢体温度低于正常温度。肌肉瘫痪在初期发展迅速，之后便停留在这一水平，恢复缓慢，需要 6 个月或更长的时间。多数患者留有跛行的后遗症。

（三）脊髓灰质炎的预防和治疗

接种疫苗是预防脊灰的主要措施，全程接种脊灰疫苗可以产生持久的免疫力。预防脊髓灰质炎的疫苗现有两种类型——口服脊灰减毒活疫苗（oral poliomyelitis attenuated live vaccine，OPV）和注射脊灰病毒灭活疫苗（inactivated poliovirus vaccine，IPV）。OPV 分固体（糖丸）和液体两种。2016 年 5 月 1 日起，我国开始实施脊灰疫苗免疫新策略，实行“1 剂 IPV+3 剂 OPV”的免疫程序，即为适龄（2 月龄、3 月龄、4 月龄和 4 岁）儿童免费接种 1 剂次 IPV 后，再接种 3 剂次 OPV。

发现疑似感染脊灰者，应立即就医并接受隔离。脊灰患者须配合治疗，减轻恐慌、预防及处理并发症。目前没有药物可以控制瘫痪的发生。

第三节　破损密接要留心，小伤大病要人命

在日常生活中，我们经常会与人保持亲密接触、碰触宠物猫狗或家畜、受到看似不严重的外伤，一些致命性疾病就是通过这些接触和小伤

得以传播的。让我们一起来了解和认识这些由于亲密接触和小伤导致的疾病吧。

一、艾滋病

根据中国疾病控制中心性病艾滋病预防控制中心提供的数据，15~24岁青年学生人类免疫缺陷病毒（human immunodeficiency virus，HIV）感染者年均增长率在迅速提高。其中，由男性同性恋者以及高校青年学生之间通过性传播而感染艾滋病病例显著增加，引起社会的高度关注，亟待采取有效的防控措施。截至2017年12月31日，我国报告现存活艾滋病病毒感染者758 610例，死亡239 289例。

（一）认识艾滋病

艾滋病是由HIV引起的传染性、危害性极大的传染病。艾滋病病毒攻击人体免疫系统中的淋巴细胞，使人体丧失免疫功能，增加感染各种疾病的可能性。人在感染HIV后，平均要经过8~9年才会发病。

（二）艾滋病的症状

✧ 前期特征：与普通感冒类似，感染者会出现全身疲劳无力、食欲减退、发热等，随着病情加重，皮肤会起疱和斑。

✧ 后期特征：不明原因的持续性发热会持续3~4个月，还可出现咳嗽、呼吸困难、腹泻（一天10次，呈水样）、大便带血、体重下降（超过10%），甚至有患恶性肿瘤的可能。

（三）艾滋病的传播途径

✧ 性传播：艾滋病病毒存在于感染者的精液或阴道分泌物中。在性生活过程中生殖器黏膜极易破损，此时，病毒会通过破损的黏膜进入未感染者的血液。需要注意的是，肛门性交比阴道性交感染艾滋病的风险更大，原因是直肠的肠壁比阴道壁更易破损。

✧ 血液传播：①输入被HIV污染的血液或血液制品；②使用受HIV污染、未经消毒的针头及注射器；③与艾滋病患者共用医疗器械及生活用具，如剃刀、牙刷等（通过破损皮肤、黏膜感染）。

✧ 母婴传播：又称围生期传播，即感染了HIV的母亲在产前、产程中及产后将HIV传染给胎儿或婴儿。

（四）艾滋病的预防

✧ 洁身自爱，避免危险性行为，不卖淫、不嫖娼等。

✧ 拒绝毒品，不与他人共用注射器。

✧ 避免不必要的注射、输血和使用血制品。

✧ 不与他人共用牙刷、刮脸刀、剃须刀等个人用品。

✧ 在性活动中使用安全套是最有效的防护措施。

✧ 避免接触艾滋病病毒感染者的血液、精液、乳汁和尿液等体液。

✧ 如果怀疑感染艾滋病病毒，应尽快到指定医疗卫生机构进行检测。

（五）艾滋病的检测途径

✧ 可去各地县级以上医院或疾病预防控制中心抽静脉血化验。

✧ 各地疾病预防控制中心自愿咨询检测门诊可提供免费咨询和检测服务。

✧ 开展艾滋病预防的社会组织可提供检测咨询和转介服务。

✧ 可从公共场所设置的贩卖机购买 HIV 尿液检测包，自行采样送检。

✧ 各地妇幼保健机构和大部分基层医疗机构也可提供检测服务。

（六）艾滋病的治疗要点

✧ 支持性治疗：艾滋病无须隔离治疗。应根据患者病情，给予高热量、多维生素饮食，并嘱咐其注意休息。对于不能自主进食的患者，可静脉输液补充营养。

✧ 抗病毒治疗：艾滋病治疗的关键在于抗病毒治疗。“鸡尾酒疗法”（即联合使用 3 种或 3 种以上抗病毒药物治疗艾滋病）应用以来，HIV 携带者和艾滋病患者的预期寿命明显延长，死亡率也大幅度降低。

艾滋病 6 大误区

✧ 误区一：日常接触会感染艾滋病。

相关研究表明，与艾滋病感染者共用一个饮水器饮水，与 HIV 携带者拥抱、握手或礼节性接吻、共用餐具等行为均不会感染艾滋病。

✧ 误区二：感染艾滋病病毒会马上发病。

从感染艾滋病病毒到发病一般需要 7~10 年（这段时间称为潜伏期）。部分感染者病情发展迅速，潜伏期仅为 2~3 年；而发展缓慢者的潜伏期可长达 12 年以上。

✧ 误区三:蚊虫叮咬会传播 HIV。

目前尚未有证据显示蚊虫叮咬会传播艾滋病。HIV 在昆虫体内只能存活很短的时间。所以大家不必担心。

✧ 误区四:艾滋病不能根治,检测没用。

目前我国艾滋病防治遇到的最大问题是不能及时发现 HIV 感染者,大部分感染者在进入艾滋病发病期后才被确诊,错失了最佳治疗时机。如果及早开展抗病毒治疗,患者寿命可延长 30 年以上。因此,怀疑感染 HIV 者应及时检测。

✧ 误区五:外表健康就没感染艾滋病病毒。

处于潜伏期的 HIV 携带者外表与常人并无明显差异,且艾滋病的早期症状类似感冒,因此仅凭外部特征无法判断是否感染 HIV。

✧ 误区六:进行艾滋病检测会泄露隐私。

我国规定任何艾滋病检测机构必须对检测者的个人信息进行严格保密。检查结果只通知接受检测者本人。

二、狂犬病

据统计,全世界每年有 120 万~1 700 万人被犬等动物咬伤,其中 6 万余人死于狂犬病。在我国 37 种法定报告传染病中,狂犬病病死人数始终高居前列,严重损害人们的身心健康。2017 年我国共报告 516 例狂犬病病例,波及 362 个县区。2018 年 1—6 月我国狂犬病发病数为 202 例,死亡人数为 197 人。

(一) 认识狂犬病

狂犬病是由狂犬病病毒导致的人畜共患急性传染病,主要影响中枢神经系统。其临床表现为恐水、咽肌痉挛、怕风等。目前尚没有有效的临床治疗方法,人一旦发病,几乎 100% 死亡。

(二) 狂犬病的症状

✧ 侵袭期:狂犬病典型的前期表现为伤口及其附近出现感觉异常,如麻、痒、痛及蚁走感,这种症状会持续 2~4 天。随后,大多数患者会出现类似“感冒”的症状,主要为低热、食欲不振、恶心、头痛、倦怠等。

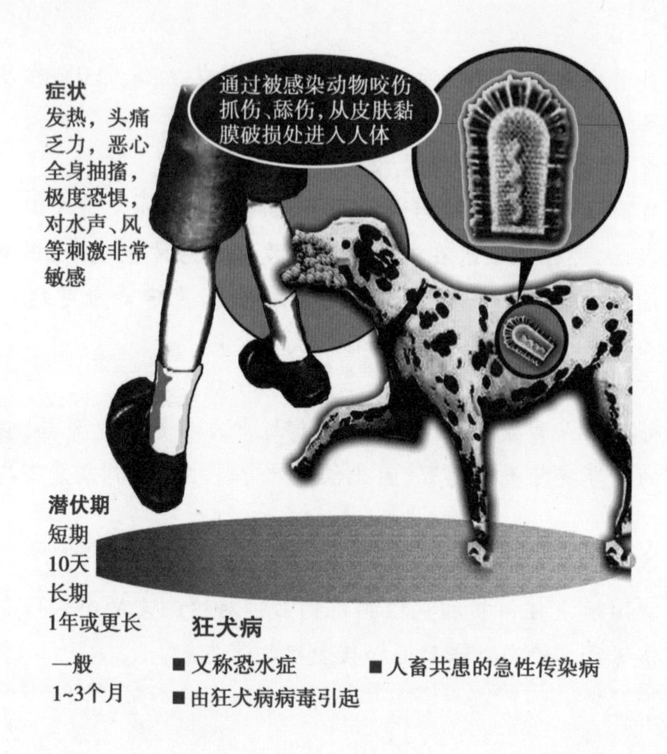

✧ 兴奋期：患者逐渐进入高度兴奋状态，突出表现为极度恐水（见水、饮水、听流水声甚至仅提及饮水，均可引起严重咽肌痉挛）、怕风、呼吸困难、排尿或排便困难、多汗、流口水等。兴奋期一般持续 1~3 天。

✧ 麻痹期：痉挛现象消失，患者会逐渐安静，但出现弛缓性瘫痪，最常见的为肢体软瘫。眼肌、颜面肌肉及咀嚼肌也可受到影响，表现为斜视、眼球运动失调、下颌下坠等。麻痹期持续 6~18 小时。

（三）狂犬病的传播途径

✧ 咬伤性传染：狂犬是主要传染源，其他动物如猫、狼、狐和蝙蝠等也能携带狂犬病病毒。狂犬病病毒存在于患者或病畜的神经组织和唾液中，通过咬伤处进入人体，沿周围传入神经到达中枢神经系统。因此，头、颈部、上肢等处和创口面积大而深的咬伤发病概率大。

✧ 非咬伤性传染：携带狂犬病病毒的动物舔了人的黏膜及破损皮肤可能导致狂犬病病毒的传播。人与人之间的一般接触（包括用具的间接接触）不会传染狂犬病。但通过口腔、眼、肛门、外生殖器黏膜直接接

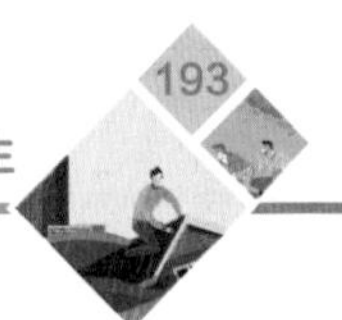

触或者接受患者角膜或器官移植可以传染。

（四）狂犬病的预防

1. 接种狂犬病疫苗　方法为肌内注射5针，即被咬伤的第0、3、7、14、30天各注射2mL。如果咬伤程度严重或伤处靠近中枢神经，可加倍量注射疫苗。此外，可用抗狂犬病免疫血清给伤口周围做浸润性封闭，并视咬伤严重程度注射抗狂犬病免疫血清。但要注意，在使用狂犬病病毒免疫血清时要格外注意防止可能的超敏反应。

2. 管理传染源　个人应给家庭饲养动物进行免疫接种；政府机构主动管理流浪动物。

3. 正确处理伤口

✧ 一类伤口：与已接种疫苗的动物没有明确接触史或皮肤完整且只被轻微舔到，无须治疗。

✧ 二类伤口：皮肤有轻度咬伤，无出血但留下轻度抓痕或擦伤。应立即前往狂犬病免疫预防门诊接受专业处置。

✧ 三类伤口：皮肤被咬伤出血。应立即前往狂犬病免疫预防门诊接受专业处置。

✧ 伤口紧急处理：立即用有一定压力的流动清水和肥皂水交替清洗伤口至少15分钟。伤口尽量不要缝合，冲洗完成后，再使用稀聚维酮碘（碘伏）或其他具有病毒灭活效力的皮肤黏膜消毒剂消毒。

✧ 主动免疫：注射狂犬病疫苗后，在7~10天内进行抗体检测。

✧ 被动免疫：由于注射疫苗后7天内尚不能产生抗体，必须注射抗狂犬病免疫球蛋白提供及时有效的被动保护。

（五）狂犬病的治疗

目前没有治愈狂犬病的有效方法，只能针对并发症做相应的缓解治疗。

✧ 单室严格隔离，专人护理：为防止一切音、光、风等刺激，患者须安静卧床休息；大静脉插管，进行高营养疗法；医护人员必须做好防护措施，戴口罩及手套、穿隔离衣；对患者的分泌物、排泄物及其污染物进行严格消毒。

✧ 在医生指导下积极治疗，防治各种并发症。

三、破伤风

案例

2018年10月王师傅骑自行车外出，脚趾不慎被锈迹斑斑的铁中轴划伤，便到卫生院做了简单止血处理。几天之后，他感到心情烦躁、头痛、头晕，干活很费劲，嚼东西都没有力气，被家人送往医院后，突然全身冒汗，手脚不停抽搐，牙关紧闭，紧接着便昏迷过去了。接诊医师结合他的受伤经历及典型症状，怀疑为破伤风。

（一）认识破伤风

破伤风是一种由破伤风梭菌引起的特异性感染。破伤风梭菌经破损的皮肤或黏膜伤口进入人体后，在缺氧环境下生长繁殖，产生毒素并引发肌痉挛。

破伤风一般在感染后7~8天发病。人群对该病普遍易感，但只有少数人（占感染者的1%~2%）会发病，且患病后不产生持久免疫力，患者可再次感染。破伤风一旦发病，死亡率高达20%~30%。

破伤风最常见的感染途径为创伤感染，一般不会通过人与人的接触传播。新生儿主要的感染途径是脐带感染。

（二）破伤风的症状

✧ 潜伏期症状：破伤风的潜伏期一般为1周左右。患者在发病前期的主要临床症状为全身乏力、咀嚼无力、头痛、头晕等。

✧ 肌强直和肌痉挛：患者会出现面部瘫痪、吞咽困难、呼吸困难等症状，多数患者的死亡原因为窒息、肺部并发症或心力衰竭。病程一般为3~4周。

✧ 自主神经症状：患者会出现心率增快伴心律不齐、血压波动明显、大汗、周围血管收缩等表现。

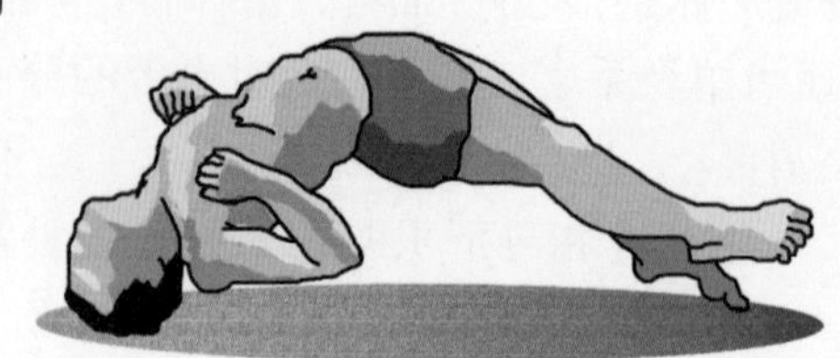

（三）破伤风的预防

✧ 注射破伤风疫苗为预防破伤风的最佳手段。

✧ 受伤后尽快注射破伤风针(破伤风抗毒素),抗毒素过敏者可注射破伤风人免疫球蛋白。

✧ 注意自我保护,远离高危场所,避免高危行为。

✧ 若不小心受伤,先判断伤口大小。若只是蹭破表皮,伤口不深,做简单消毒处理即可。如果伤口较深,且没有接受全程破伤风疫苗接种或接种时间超过 10 年,应在 24 小时内打破伤风针。打破伤风针前应进行皮试,检测是否对试剂过敏。

疫苗小知识

世界卫生组织对破伤风疫苗接种做出了明确的规定,儿童时期破伤风疫苗须注射 3 针,青少年时期须再注射 3 针(不在免费范围内),预防效果可持续 20~30 年及以上。我国目前只免费提供针对儿童时期的 3 针基础免疫疫苗,即百白破疫苗。

(四) 破伤风的治疗

✧ 必须在抗毒素治疗后,在麻醉、控制痉挛的情况下进行伤口处理,彻底清创、充分引流,清创后伤口不必缝合包扎,仔细检查伤口下是否有无效腔。

✧ 凡已接受过破伤风类毒素免疫注射者,应在受伤后再注射 1 针类毒素加强免疫,不必注射抗毒素;未接受过类毒素免疫或免疫史不详者,须注射抗毒素预防,应同时开始类毒素预防注射,以获得持久免疫。

✧ 饮食安排:安排高热量、高蛋白的食物,给予足够的营养支持。

四、埃博拉出血热

2014 年春天,几内亚、利比里亚、塞拉利昂等西非国家暴发了震惊世界的埃博拉疫情,数以万计的生命惨遭吞噬。未知的恐惧感在全世界民众中蔓延。什么是"埃博拉"?在野外活动或旅游时应该如何自我保护呢?

(一) 认识埃博拉出血热

埃博拉出血热(Ebola hemorrhagic fever,EBHF)是由一种丝状病毒感染导致的急性出血性、动物源性传染病。1976 年,非洲扎伊尔北部的埃博拉地区暴发疫情,病死率高达 50%~90%。因该病始发于埃博拉地区,

故将其病原体命名为埃博拉病毒。

(二) 埃博拉出血热的症状

埃博拉出血热的潜伏期为 2~21 天。患者一般在感染病毒后 8~9 天会出现严重的症状,先为全身中毒症状,如高热、头痛、喉咙痛、关节痛等,继之出现严重呕吐、腹泻和凝血功能障碍所致鼻腔或口腔出血,伴随皮肤出血性水疱。在 3~5 天内,患者会相继出现肾衰竭、多器官衰竭,伴随明显的体液流失。

(三) 埃博拉出血热的传播途径

✧ 动物与人之间的传播:①被携带病毒的动物咬伤;②直接接触携带病毒动物的体液或尸体;③接触被病畜污染的物品(如被咬过的水果等)。动物中猴子、猩猩、蝙蝠等传播病毒的能力较强,应多加小心。

✧ 人与人之间的传播:①接触被感染者使用过的物品;②接触患者的唾液、血液、汗液、分泌物、排泄物等(最主要的传播途径);③接触埃博拉出血热患者的尸体。

(四) 埃博拉出血热的预防

✧ 尽量避免与可能携带病毒的动物接触,不食用果蝠、羚羊的肉,不随便吃野果。发现病猴或可疑病畜,应立即捕杀并焚烧。

✧ 尽量减少与感染者接触,与患者接触后迅速用肥皂水洗手。

✧ 做好病逝尸体的处理工作,及时焚烧。

✧ 由于埃博拉病毒传染性极高,在疫区的人如果出现被感染的症状,必须主动上报,进行隔离治疗。

✧ 埃博拉病毒感染者在染病期间应尽量减少与他人接触,以降低病毒传播的可能性,并在治疗期间积极配合医生的治疗。

(五) 埃博拉出血热的治疗

✧ 一般支持对症治疗:首先需要隔离患者。在饮食方面,患者应多食易于消化的半流质食物,同时注意卧床休息。

✧ 出血的治疗:及时对患者进行止血和输血。

✧ 控制感染:及时发现继发感染,应用抗生素进行感染控制。

✧ 肝、肾衰竭的治疗:及时行血液透析等治疗。

五、布鲁菌病

近几年,常有“某某地暴发布鲁菌病”“某某肉致命”的消息传出,

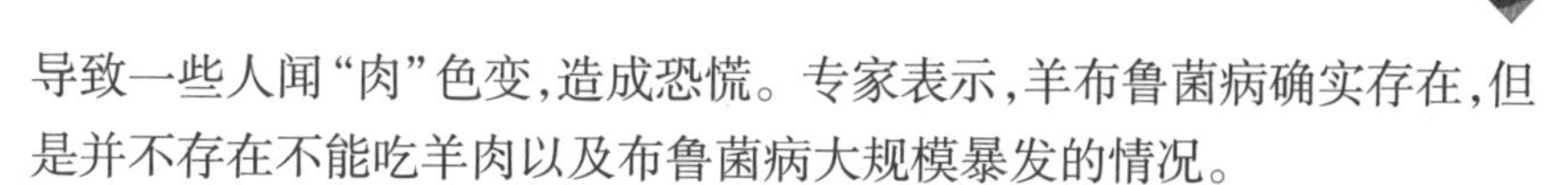

导致一些人闻“肉”色变，造成恐慌。专家表示，羊布鲁菌病确实存在，但是并不存在不能吃羊肉以及布鲁菌病大规模暴发的情况。

（一）认识布鲁菌病

布鲁菌病俗称羊杆菌病、懒汉病、蔫吧病、爬床病、千日热，是由布鲁菌引起的人畜共患的接触性传染病，潜伏期平均为半个月。

（二）布鲁菌病的症状

布鲁菌病临床表现为长时间的发热、多汗、关节肌肉疼痛、乏力等，并出现淋巴结、睾丸、肝脾等部位肿大或关节畸形等，严重者甚至会导致终身残疾或者死亡。

（三）布鲁菌病的传播途径

布鲁菌病的主要传播途径是直接接触。大部分患者在对动物进行接生、饲养、屠宰或皮毛加工时接触病畜的阴道分泌物、胎盘、尿液、尸体、皮毛或被污染肉类等，经破损皮肤或黏膜感染。

✧ 消化道传播：主要是误食病畜的生奶及奶制品，或食用没熟的病畜肉而感染。

✧ 呼吸道传播：吸入被布鲁菌污染的空气而导致感染，常发生于畜圈、屠宰场、牧场、皮毛车间、布鲁菌病实验室等处。

（四）布鲁菌病的预防

✧ 饭前、便后，尤其与牲畜接触后要洗手、消毒。

✧ 不喝生奶，不吃生的肉和内脏。

✧ 在疾病流行区，提倡对牲畜进行减毒活疫苗接种。对牧民、兽医、实验室工作人员等人群，也建议进行预防接种。由于布鲁菌病疫苗的不良反应较大，仅推荐疫区人群在产羔季节前2~4个月接种。此外，养殖户还应重视牲畜的科学饲养，做到人畜分居，对病畜实施严格的隔离和处理，对家畜粪便进行无害化处理，以防污染水源。

✧ 做好高危人群的个人防护工作，特别是接触病畜时，应穿戴防护装备，包括工作服、帽子、口罩、乳胶或线手套、围裙和胶鞋等。接触病畜后应注意清洁，勤洗手、洗澡等。

✧ 改变疫区或高危人群不良的生产、生活方式，提高他们的自我防范意识。

✧ 有牛、羊等动物及其制品接触史者一旦出现不明原因的发热、乏力、多汗、关节酸疼等类似布鲁菌病的症状，应及时去正规医院诊断治疗。

（五）布鲁菌病的治疗

✧ 抗菌治疗：适用于急性期或慢性活动期患者。

✧ 特异性脱敏疗法：反应较大，适用于慢性期过敏症状较强者。

✧ 辅助疗法：如理化治疗、激素治疗、免疫调节剂治疗及外科治疗等。

布鲁菌病四大误区

✧ 误区一：接触布鲁菌病患者会被感染。

人感染布鲁菌后，很少排出细菌，因此，布鲁菌病在人与人之间的传染率极低。

✧ 误区二：布鲁菌病很严重，得了会死人。

布鲁菌病是一种病死率很低的疾病，尽管病程比较长，但是在医生的指导下正规治疗，疗效显著。

✧ 误区三：喝牛羊奶、吃牛羊肉会患布鲁菌病。

常喝现挤牛奶，追求鲜嫩口感吃半生的牛羊肉，烧烤时牛羊肉未烤熟烤透就吃，会增加患布鲁菌病的风险。食用灭菌的牛奶和煮熟的肉并不会患布鲁菌病。

✧ 误区四：注射疫苗就没事了。

为更好地预防和控制布鲁菌病，可给易感人群和动物接种布鲁菌疫苗。针对动物的疫苗主要有S19、S2、M5等，针对人最常用的疫苗有104M菌苗及19-BA菌苗。然而，近年来人们对接种人用菌苗免疫有争议，主要是由于此疫苗存在维持时间短、每年均须接种的弊端，且有高度皮肤过敏反应及病理性改变等不良反应。因此，除非在布鲁菌病暴发期，一般不建议大范围使用人用疫苗。

第四节　有害生物传疾病，预防措施要熟记

在自然界中存在着许多可以传播疾病的有害生物，如苍蝇、蚊虫、鼠类等，它们携带的病原体若侵入人体会引发各类传染性疾病。这些有害生物会带来哪些疾病？有什么症状？在日常生活中如何预防呢？让我们来了解一下吧。

一、流行性出血热

20世纪30年代，在日本军队中出现了一种以发热、出血和肾脏损害为主要临床表现的疾病，病死率高达30%，被命名为流行性出血热。1978年，韩国学者在老鼠体内发现了流行性出血热的病毒，并根据发现地将其命名为汉坦病毒（Hantaan virus，HTNV）。这个并不年轻的疾病至今还在我国处于常年散发的状态，偶有群体性暴发。

（一）认识流行性出血热

流行性出血热又称肾综合征出血热，是由流行性出血热病毒（又名

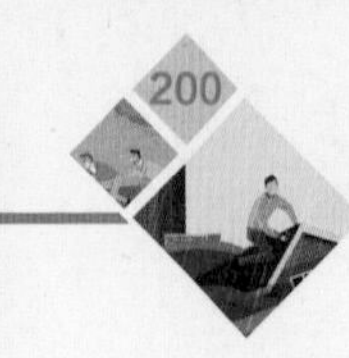

汉坦病毒）引起的自然疫源性疾病，鼠类为主要传染源。该病全年均有发病，呈现春季和秋冬季两个高峰，秋冬季发病率远高于春季。人群对该病普遍易感，青壮年发病率高，病后可获得持久免疫力。患者病死率高达20%~90%。体内病毒量高、肝肾等主要脏器功能受损严重者的预后差。

（二）流行性出血热的症状

流行性出血热的典型症状是发热、出血和肾脏损害。

该病潜伏期通常为7~14天，起病急，患者可出现发冷、发热，身体酸痛、疲惫，头、眼眶、腰部三处疼痛，面部、颈部、上胸部三处充血发红，像醉酒状，结膜、皮肤和黏膜下有点状、线状或片状出血，有肾脏损害表现，束臂试验阳性。典型病例会经过发热期、低血压休克期、少尿期、多尿期和恢复期5期的病程。轻型或治疗及时的患者，通常5期过程出现分界不明显或有越期现象；重症患者则病情危重，病期可相互重叠，预后较差。

（三）流行性出血热的传播途径

流行性出血热以动物源性传播为主，主要形式如下：

✧ 呼吸道传播：可通过吸入携带病毒鼠类排泄物和分泌物的气溶胶传播。

✧ 接触传播：携带病毒的鼠类排泄物、分泌物由破损皮肤或黏膜侵入人体。

✧ 消化道传播：被病毒污染的水和食物经口腔或消化道黏膜侵入人体。

（四）流行性出血热的治疗

本病的治疗原则为“三早二就”，即早发现、早休息、早治疗与就近治疗、就地治疗。早期多采用抗病毒治疗，中、晚期主要是针对病理生理情况的对症治疗。在治疗中，应注重防治休克、肾衰竭和出血等状况。

（五）流行性出血热的预防

✧ 整治家和工作场所的卫生状况，确保家中无鼠，防止野鼠入内。

✧ 清理脏乱物品和废弃物品（如稻草、秸秆等）时，佩戴口罩和手套等防护用具。

✧ 清扫可能存在鼠类的仓库等建筑时，应先通风30分钟，戴好口罩、手套等防护用具，再使用消毒剂清扫，清扫完毕后对用具和衣物进行清洗、消毒处理。

✧ 避免接触鼠类及其排泄物(如尿液、粪便)或分泌物(如唾液),谨防病毒通过皮肤破损处感染人体。

✧ 不要饮食生冷食物,特别是被鼠类动物污染过的食物或水。

✧ 必要时注射出血热疫苗。对于疫区的青壮年,特别是高危人群(10 岁以上),应在流行性出血热流行前的 1 个月内完成疫苗接种,第二年再加强注射一针。

二、鼠疫

鼠疫早在 2 000 年前即有记载。全球曾暴发过 3 次鼠疫大流行。第一次是在公元 6 世纪,疫情从地中海地区传到欧洲,近 1 亿人死亡;第二次发生在 14 世纪,欧洲、亚洲、非洲都受到疫情影响,据传该病在 7 年间造成欧洲 1/3 人口死亡;第三次是在 18 世纪,疫情波及 32 个国家。根据历史资料,中国鼠疫流行区涵盖 21 个省区的 638 个县(旗、市),主要分布在东北、西北、华北、东南沿海、青藏高原及滇南等地区。

(一) 认识鼠疫

鼠疫(黑死病)是由鼠疫杆菌引起的一种急性、烈性传染病,起病急、病程短、传染性强、传播快速、死亡率高。鼠疫不仅是我国传染病防治法中规定的甲类传染病,还属于国际检疫传染病。

该病的传播方式主要有:①跳蚤叮咬携带病菌的鼠后再叮咬人(腺鼠疫传播的主要方式);②健康人与患者共处一室可通过呼吸传播病菌;③直接接触患病动物的皮肉、患者的脓血或痰液,经由皮肤伤口而感染;④食用被病菌污染的食物。

(二) 鼠疫的症状

鼠疫的潜伏期较短,一般为 1~6 天,多为 2~3 天,发病急。患者多表现为严重的全身中毒症状,出现寒战、高热、剧烈头痛,有时还会伴随呼吸急促、头晕、呕吐的症状,随即陷入极度虚弱状态,出现心动过速、血压下降,血常规检测显示白细胞计数增高。重症患者表现出狂躁不安、昏睡、意识模糊、谵语,颜面潮红或苍白,皮肤黏膜出血,有重病感和恐惧不安的精神状态,结膜呈现充血状态,即出现“鼠疫颜貌”。

临床上,鼠疫主要有轻型、腺型、肺型及败血症型等类型,其中肺鼠疫和败血症型鼠疫病死率几乎为 100%。肺鼠疫患者的典型症状是胸痛、

咳嗽及咳血痰；腺鼠疫的典型表现为腹股沟、腋下、颈部及颌下淋巴结肿大；败血症型鼠疫患者可出现出皮肤黏膜出血、便血、血尿和鼻出血等症状。

（三）鼠疫的预防

✧ 如果发现疑似或确诊鼠疫患者，应立即拨打紧急电话并网络报告疾病情况。鼠疫病毒可借助飞沫形成人-人传播，可能导致人间鼠疫大流行。因此，应严密隔离患者，禁止探视和患者间往来；彻底消毒患者用过、接触过的物品及房间；死亡的患者应该火葬或深埋；对与患者密切接触的人进行医学隔离观察。

✧ 对患者的身体、衣物以及猫、狗、家畜等喷洒杀虫剂灭蚤。

✧ 开展疫区灭鼠工作。

✧ 在鼠疫流行期，避免被跳蚤叮咬，并使用适当的杀虫剂灭蚤。

✧ 预防接种：目前，我国常用鼠疫疫苗为EV76鼠疫冻干活菌苗，需要在鼠疫流行期前1~2个月以皮上划痕法进行预防接种，免疫有效期为6个月，有感染危险者应每年接种1或2次。疫区及其周围的居民需要普遍接种，需要进入疫区的工作人员应提前2个月完成疫苗接种。

（四）鼠疫疫情的控制

鼠疫可防可控可治。阻止鼠疫传播、蔓延的关键措施是早期发现疫情，及时准确地处置疫区事宜。应充分动员群众、乡村医生和各级卫生组织，建立健全疫情报告网络，认真落实并履行“三不三报”制度，切实有效地加以控制。

✧ “三不”制度：不要私自捕捉疫源动物；不剥皮或煮食疫源动物；不私自携带疫源动物及其产品出疫区。

✧ “三报”制度：发现生病或死亡的旱獭和其他患病或死亡动物要报告；发现患有鼠疫或疑似鼠疫的患者，应立即报告；应立即报告不明原因高热患者和急性死亡的患者。

（五）鼠疫的治疗

各型鼠疫患者如不及时治疗都会死亡。因此，如果发现疑似感染鼠疫者，应即刻就地进行隔离治疗，可使用抗生素和支持性疗法。

患者应在独立建筑物内隔离；病房区域内要做到无鼠、无蚤；收治的患者必须经过仔细灭蚤、淋浴；定期对病房区域、室内进行消毒，并用漂白粉或来苏尔消毒液彻底消毒患者的排泄物和分泌物。

三、疟疾

电视剧《亮剑》的主人公李云龙在指挥战斗中曾患过“打摆子”，那时的他忽冷忽热，走路不稳，甚至晕倒。“打摆子”到底是何种病症？

“打摆子”的学名为疟疾。据世界卫生组织统计，2016 年全球约有 2.16 亿新发疟疾病例和 445 000 死亡病例。疟疾流行地区主要分布在非洲、南美洲、东南亚和太平洋等地区。《柳叶刀·传染病》杂志的一篇刊文中称：“超级疟疾”使主流治疗方法失去疗效，它正在柬埔寨、缅甸等多个东南亚国家蔓延。

（一）认识疟疾

疟疾是由疟原虫所引起的虫媒传染病，主要通过蚊虫叮咬、输入带疟原虫的血液和母婴传染等方式传播。我国以间日疟原虫和恶性疟原虫为主。该病一般在夏季与秋季高发，在热带及亚热带地区全年均可能发病并造成流行。我国疟疾流行地区主要集中在云南、海南、贵州等南部地区和安徽、江苏、河北、湖北等中部地区。

目前，我国疟疾疫情已得到了很好的控制，近年来收治的患者多是境外输入性疟疾病例，通常为恶性疟与间日疟。

（二）疟疾的症状

一般来说，人从感染疟原虫到发病的潜伏期为 9~14 天。典型症状为周期性地规律发作，表现为间歇性寒热，每日或隔日或隔两日发作一次，发作时依次出现发冷、发热、出汗等症状，之后体温正常。具体表现为：明显的寒战（持续 10 分钟 ~2 小时不等）、全身发抖、面色发白、口唇发绀；随后出现高热，持续 2~6 小时，体温迅速上升至 40℃或更高的温度；面色潮红、烦躁不安、皮肤干热，全身大汗后体温恢复正常。间歇期过后，又会重复出现上述症状。长期多次发作后，可引起贫血和脾大。患有严重疟疾的儿童往往会出现严重的贫血与呼吸窘迫等一种或多种病症，因此一定要尽早、尽快地诊断与治疗。

（三）疟疾的预防

✧ 晚上在室内采取喷洒杀虫剂，使用蚊帐、点蚊香等灭蚊措施。

✧ 把家中容器内的积水清空，以避免蚊虫滋生。

✧ 户外活动应尽量避开早晨或黄昏蚊子活动期，并且穿着浅色长袖上衣、长裤和帽子，减少皮肤外露。

(四) 疟疾的治疗

曾在疟疾流行的区域住宿、驻足停留或最近2周内有输血经历的发热患者,应考虑患疟疾的可能性。患过疟疾者,若出现不明原因的发热,应考虑再次感染或疟疾复发的可能。如有上述情况发生,应及时到正规医院就医,同时主动告知医生情况,以便正确诊断;如果当地医院没有疟疾诊治条件,可直接联系当地疾病预防控制中心寻求帮助。如果确诊为疟疾,应按医嘱全程、规范服用抗疟药。目前,疟疾最佳的治疗方法是以青蒿素为基础的联合疗法。

特别提示:疟疾患者一定要按照医嘱按疗程服药,否则疟原虫残存在体内,存在日后复发的风险。疟疾极易复发,需要在治愈后定期接受抗复发治疗。

四、流行性乙型脑炎

流行性乙型脑炎(简称乙脑)在儿童中的发病率、病死率和致残率较高。一场乙脑来袭极有可能导致一个幸福家庭的破碎。1934年,此病的病原体在日本被发现,因此又称日本乙型脑炎。我国1939年也分离到了乙脑病毒。我国是乙脑的高流行区之一。在20世纪60年代和70年代初期时,全国曾暴发过多次乙脑疫情。随着疫苗的普及接种,目前乙脑的发病率逐年下降,只在小范围、小区域内流行,但由于其病死率较高,仍应引起人们的高度重视。

(一) 认识流行性乙型脑炎

流行性乙型脑炎是由乙型脑炎病毒引起的以脑实质炎症为主要病变的中枢神经系统急性传染病,夏季和秋季高发,人群普遍容易感染,10岁以下的儿童是高发人群。该病主要通过蚊虫叮咬传播,因此流行区域与蚊虫分布相关,我国主要在川渝、云贵等地区流行。

(二) 流行性乙型脑炎的症状

乙脑的潜伏期为4~21天,一般在10天左右,发病时以高热、惊厥、昏迷为主要症状,病程一般可分为3个阶段:

✧ 初期:起病急,主要表现为全身不适、剧烈头痛、发热(体温38~39℃),常伴有寒战、恶心、喷射状呕吐、神志不清或轻度嗜睡。此期持续时间一般为1~6天。

✧ 急性脑炎期:最突出的症状是持续高热,体温高达39℃以上,数

日后中枢神经感染加重，出现意识障碍，如神志恍惚、昏睡和昏迷、惊厥或抽搐，颈项强直，受影响肢体则出现麻痹，有的出现呼吸衰竭而死亡。神经系统检查巴宾斯基征阳性，跟腱反射阳性。

✧ 恢复期：神经系统症状逐渐缓解，体温和脉搏等逐渐恢复正常。5%~20% 的重症乙脑患者留有失语、肢体瘫痪、意识障碍及痴呆等后遗症（如果予以积极治疗可有不同程度的恢复）。有昏迷后遗症的患者因长期卧床，易并发肺炎、褥疮、尿路感染。部分患者的癫痫后遗症会持续终生。因此，疑似患有乙脑者应尽快去医院诊治。

（三）流行性乙型脑炎的预防

✧ 免疫接种：预防乙脑最有效的方法是接种乙脑疫苗。所有适龄健康儿童都要按照国家免疫规划实施方案的要求及时接种乙脑疫苗。我国目前有乙脑减毒活疫苗和乙脑灭活疫苗两种乙脑疫苗。乙脑减毒活疫苗属于一类疫苗，儿童可在 8 月龄和 2 周岁各免费接种一次。

但须注意以下人群不能接种乙脑减毒活疫苗：①对疫苗成分（包括辅料）及抗生素过敏者；②8 月龄以下的婴幼儿及孕妇；③患急性疾病、严重慢性疾病、慢性病急性发作期和发热者；④体质虚弱，患脑病、癫痫或其他神经系统疾病者；⑤先天性免疫缺陷者及免疫功能低下者；⑥近期或正在接受免疫抑制治疗的人群。

✧ 灭蚊防蚊，加强个人防护：对于不满足免疫年龄要求的儿童及无条件注射疫苗免疫的成年人来说，预防蚊虫叮咬是最主要的预防和控制措施。保持环境卫生，消除积水、消灭蚊虫生存场所、疏通下水道，同时清理卫生死角；在室内使用纱窗、蚊帐、蚊香等措施驱蚊防蚊；在野外工作、进行户外活动的人员可在身体暴露的部位涂抹驱蚊剂，以防止蚊虫叮咬染病，不建议野外露宿。

（四）流行性乙型脑炎的治疗

乙脑病死率极高，患者需要尽早住院治疗。目前尚无针对乙脑的特效抗病毒药物，临床主要采取对症支持治疗，防止并发症及后遗症。

五、寨卡病毒病

2015 年，寨卡疫情在巴西暴发，迅速扩散到南美洲、中美洲和北美洲，随后蔓延到全球 80 多个国家和地区。2016 年 2 月，我国台湾地区报道了首例输入性寨卡病毒病病例。寨卡病毒感染可引发格林巴利综合

征及其相关神经系统损伤，严重者会导致胎儿发育缺陷，造成新生儿小头畸形。寨卡病毒可以突破人体的血脑屏障、血胎屏障、血睾屏障和血眼屏障。2016年2—11月，世界卫生组织将寨卡病毒及其引起的新生儿小头症疫情列为国际公共卫生紧急事件。

（一）认识寨卡病毒病

寨卡病毒病是一种由寨卡病毒引起的自限性急性传染病。寨卡病毒主要通过携带病毒的伊蚊叮咬导致人感染，也可以由感染病毒的孕妇在妊娠或生产过程中传给胎儿或婴儿，还可以通过血液或性接触的方式传播。人群普遍对该病易感染，曾感染过的人可获得终身免疫，目前尚无感染后再感染的报道。

我国伊蚊主要活动的地区为广东、海南、山西、河北、陕西以及云南的西双版纳、德宏和临沧等地区。

（二）寨卡病毒病的症状

人感染寨卡病毒后，仅有20%左右的患者出现明显症状，主要表现为发热、头痛、皮疹、肌肉关节痛等，也可伴有呕吐和结膜炎等症状，一般症状较轻，通常在2~7天后自愈，预后良好，重症与死亡病例少见。已有研究证明，感染寨卡病毒后潜在的并发症有新生儿小头畸形（孕妇感染后所致）和格林巴利综合征（一种多发性神经根炎）。

（三）寨卡病毒病预防

寨卡病毒的主要传播媒介是伊蚊，因此避免蚊子叮咬是预防寨卡病毒感染的主要方法。伊蚊的活动时间是傍晚和清晨，这段时间在户外的人尤其需要注意防范伊蚊叮咬。具体防蚊办法：①在户外最好穿着长袖衣物，浅色更佳；②使用纱网等物理屏障或者紧闭门窗；③在蚊帐内睡觉；④使用正规品牌驱蚊剂（小于2月龄的宝宝最好使用物理屏障防蚊）；⑤清理居室内和周围水桶、花盆等可能蓄水的地方，保持环境洁净，防止蚊虫滋生。此外，从寨卡疫区归国的男性或女性应当至少在6个月内采取安全性行为，以防止因性行为感染寨卡病毒。

（四）寨卡病毒病的治疗

截至2018年底，还没有获批的疫苗和有效治疗手段用于寨卡病毒病。寨卡病毒病不是致命的，病情通常较温和，症状多数持续数日至1周，不须住院治疗。患者应当充分休息并饮用足够的水，可利用普通止痛和退热药来控制疼痛和发热。若症状加重，患者应当寻求医生帮助。

六、登革热

作为“全球十大旅游胜地”之首的洪都拉斯，著名的科潘玛雅古城遗址和潜水圣地每年吸引着来自全球各地的众多游客前去观赏旅游。然而在2002年，该地游客却大幅度锐减，各国都发出了旅游警告。是什么消退了游客们对大自然的探索之心呢？原因是登革热。

登革热是一种古老的传染病，对它的称谓最早起源于西班牙语，意思是形容患者由于发热、关节疼痛导致的走路摇摆、步态造作的样子，也曾经被称为关节热、碎骨热等。1869年，英国伦敦皇家内科学会将它命名为“登革热”，这个名字一直沿用至今。

（一）认识登革热

登革热是由登革病毒引起的急性传染病，各年龄人群普遍易感。热带及亚热带地区普遍存在登革热病例，我国主要在浙江、江苏、广东、广西、海南、港澳台等地区有发病。夏秋雨季为该病的高发季节，广东、云南地区5—11月高发，海南地区3—12月高发。

登革热的主要传播媒介是埃及伊蚊、白纹伊蚊（花蚊子）。伊蚊叮咬登革热患者或无明显症状表现的病毒感染者后再叮咬健康人，即可能将病毒传播给健康人。在没被伊蚊叮咬时，登革热病毒不会在感染者和其他人群之间直接传播。

（二）登革热的症状

✧ 高热：登革热的潜伏期为3~14天，患者会突然出现高热，体温可达39℃以上，一般持续3~7天。

✧ “三痛”：即剧烈头痛、眼眶痛、关节肌肉疼痛。

✧ 皮疹：发病后3~6天，患者面部和四肢的皮肤出现红色或出血样皮疹，3~4天消退。

✧ 出血：发热5~8天后，皮肤、齿龈、鼻腔可能有少量出血。

✧ 患者还会出现疲劳乏力、恶心、呕吐等其他症状。

（三）登革热的预防

1. 消除蚊虫滋生地

✧ 排空房屋周围沟渠中的积水，疏通下水道。

✧ 及时清空室内的瓶罐、陶瓷器皿等易积水的容器。

✧ 家用水缸或水箱盖上盖子，防止蚊虫进入。

✧ 及时处理垃圾：应将垃圾放入密闭的塑料袋，再放入密闭容器中。

✧ 室内的水生植物应该每隔 3~5 天更换水、清洗容器和植物的根部。

2. 减少与蚊子接触的机会

✧ 家庭可使用除蚊设备，安装蚊帐、纱窗等防护装备；使用蚊香、电蚊拍、杀虫剂、防蚊灯等。

✧ 在伊蚊活动的高峰时间(8—10 时、16—18 时)，尽量不在树荫、草丛等户外区域长时间逗留。

✧ 外出时，尽量穿长衣裤，并在皮肤裸露部位涂抹驱蚊剂。

✧ 在进入蚊虫密度较高的地方时，可在现场喷洒灭蚊剂。

(四) 登革热的治疗

确诊登革热的患者需要及时在医院接受防蚊隔离治疗，避免传染给其他人。

目前尚无疫苗可以预防登革热。登革热的治疗也没有具体或特效的治疗方法，只能对症治疗。与普通病毒性感冒一样，登革热是一种自限性疾病，通常预后良好，病死率低，死亡病例多为重症患者。若

患者高热不退，不要用阿司匹林等退热药，可用物理降温或在医生指导下用药。

七、黄热病

2016年3月，国家卫生计生委（现国家卫生健康委员会）确诊了我国首例输入性黄热病病例，在此后一周内，先后报告了5例病例，这5位患者都是我国在安哥拉务工归国的人员。据中国领事服务网消息，安哥拉某医院已接诊并治疗了多位感染黄热病的中国同胞，其中1人医治无效死亡。

（一）认识黄热病

黄热病又称黄杰克、黑呕，是由黄热病病毒感染引起的急性出血性疾病，人群普遍易感。黄热病在非洲和拉丁美洲热带地区普遍流行，在亚洲很少见。黄热病病毒以伊蚊为主要媒介，从一个宿主传播到另一个宿主，主要在猴与猴、猴与人和人与人之间传播，不会直接人传给人。

（二）黄热病的症状

人感染黄热病病毒后的潜伏期为3~6天；发病时首先出现发热、肌肉酸痛（背痛最明显）、寒战、头痛、食欲减退、恶心和呕吐；3~4天后多数患者会好转，部分患者会重新出现高热，并快速出现黄疸、腹痛和呕吐等症状，还可能伴随眼、鼻、口及胃部出血，并导致粪便及呕吐物带血，这部分患者病死率高达50%，其他患者痊愈后不会留下严重后遗症。

（三）黄热病的预防措施

✧ 做好个人防蚊措施：使用驱蚊剂、蚊帐，并穿着长袖衣服等，以避免蚊虫叮咬。

✧ 接种黄热病疫苗：常用减毒黄热病病毒17D株制备的疫苗，应对所有到疫区居住或旅行的有暴露危险的9月龄及以上人群实行主动免疫。99%的接种者可在10天内获得黄热病有效免疫力。前往南美洲、非洲有黄热病流行的国家和地区的人员应至少提前10天接种疫苗，接种1次疫苗的免疫力可持续30~35年。

（四）黄热病的治疗

黄热病患者须立即在医院接受防蚊隔离治疗，但目前无特异性治疗方法，主要以对症治疗及支持治疗为主，可缓解患者不适。

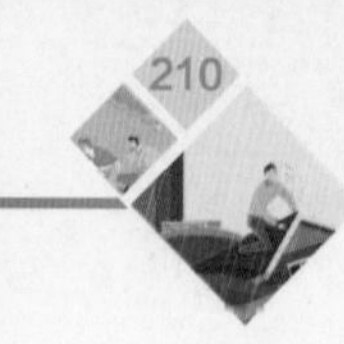

八、蜱虫病

案例 小小蜱虫引来致病麻烦

66岁的老程在外农耕回家后莫名其妙地开始发热、全身倦怠、食欲减退。起初他以为自己感冒了，在家吃药休息了几天，但病情根本没有改善，赴医院就诊后，诊断为蜱虫叮咬所致的发热伴血小板减少综合征。因病情严重，老程最终不治身亡。

蜱虫也叫壁虱、草扒子、草别子，它常蛰伏在浅山丘陵的植物上，喜欢躲在叶子背面。不吸血时，仅米粒大小，吸饱血液后，如指甲盖大小。它不会飞，不会主动去人们的家中，所以尽管分布极广，但鲜为人知。蜱虫在我国的主要分布地区有江苏、安徽、河南、山东、河北、辽宁等多个省份的山区、丘陵和森林地带。

（一）认识蜱虫病

蜱虫病是由蜱携带的致病微生物传播给人类引起的一组传染病，包括莱姆病、森林脑炎、斑疹热、Q热、出血热、巴贝斯虫病等81种病毒性、31种细菌性和32种原虫性疾病。该病在春季、夏季和秋季高发，户外工作、务农及运动的人是主要易感人群。

蜱虫病主要通过蜱叮咬传播：①蜱在叮咬携带病原体的宿主动物后，再叮咬人体，将病原体传给人体；②直接接触到危重患者或带菌动物的体液（如血液）也有感染的可能性。

（二）蜱虫病的症状

如果出现以下症状，且在前半个月左右有蜱虫叮咬史、野外工作或活动史，可以考虑蜱虫病的可能性：①皮肤出现疼痛、瘙痒或红疹；②流感症状，如畏寒、发热、全身疼痛。部分患者也可能不记得是否被蜱叮咬过。

即使蜱虫没有携带致病性微生物，被它叮咬后的局部组织也有可能发生炎症、糜烂、溃疡，或继发感染。此外，部分蜱虫在吸取血液时分泌的神经毒素会引起被咬者肌肉麻痹，严重者还会出现呼吸衰竭，导致死亡。这种现象被称为“蜱瘫痪”。

目前对于蜱传染疾病尚无针对性治疗方案，大多数蜱传疾病可用

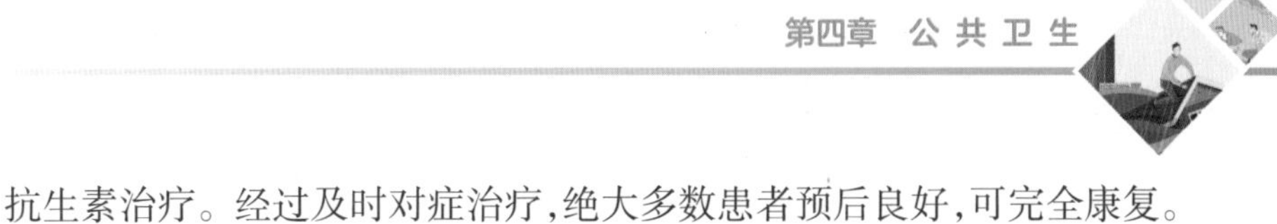

抗生素治疗。经过及时对症治疗，绝大多数患者预后良好，可完全康复。但少数患者会因治疗不及时，病情持续加重而死亡。

（三）蜱虫叮咬的预防

✧ 避免接触蜱虫病患者的分泌物、体液、排泄物和被其污染的生活物品和环境。

✧ 避免长时间坐卧在蜱虫主要栖息地，如草地、树林等。如果需要进入这些区域，应该穿长袖衣服、绑腿或把裤腿放进袜子或鞋里；穿着浅色衣服，便于发现有无蜱虫附着在衣服上面；衣物表面应当尽量光滑；不喷香水，不穿凉鞋。

✧ 在野外，裸露的皮肤要涂抹驱蚊剂；尽量使用杀虫剂浸泡或喷洒过的衣物和帐篷等露营装备。

✧ 在携带宠物到蜱虫生活区域旅行时，除做好个人防护外，还应仔细检查宠物的体表是否附着蜱虫。

✧ 在山地、森林等地区生活的居民平时要对家居环境中的游离蜱和家畜身上附着的蜱多加注意，及时清理和杀灭。

（四）被蜱虫附着和叮咬的处理

✧ 发现蜱虫附着在人的体表、动物的体表或衣物等物体的表面，千万不要用手直接接触蜱虫，更不可以碾碎它，必须使用镊子等工具夹取。如果您不小心接触到蜱虫，特别是接触到蜱虫挤破后的流出物，一定要及时消毒处理。

✧ 被蜱虫叮咬时，千万不要拍死或用力拉拽蜱虫，以免将蜱虫头部留在皮肤里；应在蜱身上涂酒精，使它头部放松或死亡，再用尖头镊子取下（注意别将蜱虫口器的倒刺留在体内）；可以用烟头或香头轻轻地灼烫蜱露出体外的身体部分，让其头部自行慢慢退出；将蜱虫取出后，再使用碘酊或酒精对局部进行消毒处理，并随时观察身体状况。

第五节 有毒物质常出现，小心谨慎保安全

毒性是指一种物质对机体造成损伤的能力。从天空到陆地，从森林到海洋，自然界存在的以及人类生产和制造的很多物质都与人类生活密切相关，有些是有益的、有些则是有害的。我们通常把在一定条件下，以较小剂量进入机体就能干扰正常的生化过程或生理功能，引起暂时或永

久性的病理改变，甚至危及生命的化学物质称为毒物。判断一种物质对人体有益或有害，其标准往往不是绝对的，即使是对人体有益的营养素，如果超过人体需要过量摄入也会给机体带来不利的影响。同样，生活中的食品、药品、生活用品也可能在一定条件下，成为危害身体健康的有害物质，甚至毒物。让我们了解一下生活中常见的毒物，学会保护自身安全，做到防患于未然。

一、亚硝酸盐常出现，恶心呕吐要当心

根据《国家卫生计生委办公厅关于2015年全国食物中毒事件情况的通报》(国卫办应急发〔2016〕5号)，2015年化学性食物中毒事件的主要致病因子为亚硝酸盐、毒鼠强、克百威、甲醇等，其中亚硝酸盐引起的食物中毒占该类事件总报告数的39.1%。到底什么是亚硝酸盐呢？它又有哪些危害呢？

案例　幼儿集体呕吐——亚硝酸盐中毒

2018年1月，某民办幼儿园发生食物中毒事件，当天中午在食堂就餐的90余名幼儿中，13名幼儿出现明显的呕吐症状。后经调查深入，初步确定为幼儿园食堂工作人员误将亚硝酸盐当成食盐使用，导致幼儿集体亚硝酸盐中毒。

(一) 认识亚硝酸盐

亚硝酸盐与食盐外表相似，呈白色至淡黄色，味微咸，极易与食盐混淆。作为工业用盐的一种，亚硝酸盐在各种工厂、企业、建筑工地中被广泛使用。在餐饮业，亚硝酸盐俗称为“硝”，常用于肉制品加工，使肉类保持好看、诱人的鲜红色，使人有食欲，并防止产生肉毒梭状芽孢杆菌，使肉制品更加安全，还改善肉制品的口感。在食品添加剂商店里就可以买到亚硝酸盐。此外，亚硝酸盐还广泛存在于各类腌制的咸菜、肉类以及变质蔬菜和部分新鲜蔬菜(如小白菜、青菜、韭菜、菠菜)、野菜中。

亚硝酸盐真的致癌吗

社会上“亚硝酸盐可致癌”的言论是将亚硝酸盐中毒和亚硝胺致癌混为一谈。在特定的条件下，如在酸性环境、适当的温度和微生物菌群作用下，亚硝酸盐可与氨基酸发生降解反应，转化为强致癌物——亚硝胺。但是在烹调或其他条件下，这种转化会被食物中的维生素C等营养素阻断。并且，在正常情况下，少量摄食亚硝酸盐一般不会产生亚硝胺致癌现象，少量的亚硝酸盐也不会在体内蓄积，绝大部分会随尿液排出体外，因此不必过于担心。

（二）亚硝酸盐中毒的剂量及潜伏期

我国食品安全国家标准对亚硝酸盐的使用和安全管理有着严格的要求，按照标准规定使用亚硝酸盐是安全的。一般情况下，摄入0.2~0.5g亚硝酸盐可以引起中毒，摄入量超过3g时可致人死亡。亚硝酸盐摄入的剂量不同、浓度不同，中毒的潜伏期长短也不同，长者可1~2天，短者仅10分钟左右。

（三）亚硝酸盐中毒的症状

发生亚硝酸盐中毒时，儿童最先出现症状，表现为发绀、胸闷、呼吸困难、呼吸急促、头晕、头痛、心悸等。严重亚硝酸盐中毒者可出现胃肠道症状，如恶心、呕吐、心率变慢、心律不齐、烦躁不安、昏迷等，最后可因呼吸、循环衰竭而死亡。

（四）亚硝酸盐中毒的常见原因

1. 误用　亚硝酸盐的外观与食盐相似，由于加工肉制品等需要，亚硝酸盐会出现在厨房，所以“误用”是亚硝酸盐中毒的主要原因。

2. 饮用水　一些地方的井水含有大量矿物质、有机盐和无机盐，尤其亚硝酸盐含量过高，又苦又咸，不宜食用，只宜洗涤。若饮用这种井水，则有可能发生亚酸盐中毒。

3. 食物

✧ 食用贮存过久变质、腐烂、煮熟后放置过久或刚腌制不久的蔬菜：这些蔬菜中亚硝酸盐含量较高，不宜食用。例如，腌制咸菜的原料——新鲜蔬菜中亚硝酸盐含量一般较低，腌制开始后，蔬菜中亚硝酸

盐含量随着腌制天数的增加而增高，一般腌制一周时亚硝酸盐含量达到高峰，此时食用最为危险。随着腌制时间延长，腌制蔬菜中的亚硝酸盐含量又会逐渐降低，并趋于稳定。此外，放置过久的凉菜、剩菜以及反复加热的火锅和菜肴中亚硝酸盐含量也都较高。

✧ 一些野菜如灰菜、野荠菜等，部分新鲜蔬菜如小白菜、青菜等，含有亚硝酸盐和硝酸盐，但在正常情况下食用一般不会引起中毒。

✧ 熟食店或家庭加工肉制品时可能添加亚硝酸盐。

4. 特殊情况　如肠道功能紊乱时，可能发生亚硝酸盐中毒。

（五）亚硝酸盐中毒的预防

1. 消费建议　从正规渠道购买食盐和肉制品。

2. 存放建议　合理存放亚硝酸盐，防止误用。

3. 饮用水建议　不用“不洁井水”“苦井水”做饭，如果不得不用，应先使用净水器进行处理。

4. 饮食建议

✧ 腐烂禁食：蔬菜应妥善保管，防止腐烂；不吃腐烂的蔬菜。

✧ 肉制品：自制肉制品时，应注意严格按国家标准使用亚硝酸盐。

✧ 搭配维生素 C：食用加工肉制品、咸菜等时，搭配富含维生素 C、茶多酚等成分的食物。

✧ 腌菜：不大量食用刚腌制的蔬菜，腌制 15 天以上再食用。建议食用拌菜，原料新鲜，现吃现做，更为健康。

✧ 现吃现做：不食用高温下存放的剩熟菜。

（六）亚硝酸盐中毒的救治

✧ 群众自救：发生亚硝酸盐中毒时，应尽快就医。在患者中毒时间短且神志清醒的情况下，应立即对其进行催吐（越早越好），吐出来的毒物越多，中毒越轻。如果患者呼吸浅、慢、不规则，应立即为其实施人工呼吸，直到将患者送达医院或专业急救人员到来。

✧ 专业救治：①洗胃、导泻；②给予亚甲蓝（美兰）等药物治疗；③给予亚甲蓝、维生素 C 后，若患者发绀仍明显，可采用输新鲜血液或换血疗法；④对症治疗。

二、甲醇常见有毒性，假酒害人易致盲

2009 年，湖北省西南边陲某县，23 人饮用散装白酒后发生甲醇中毒，

其中4人死亡,19人住院治疗。无独有偶,2017年,广东省某酒吧,22人因假酒中毒紧急住院,一名18岁少年身亡。

目前市场上所谓的假酒主要有两类,一类是不良商贩将散装白酒灌装成瓶,冒充名酒坑害消费者,另一类是无良商家用工业酒精勾兑成假酒,销售给消费者。工业酒精中大约含有4%的甲醇,人饮用工业酒精制作的假酒后会损害健康,导致失明。

(一)甲醇、假酒知多少

甲醇是无色、有酒精气味、易挥发的液体,有毒,仅凭感官难以与乙醇区分。

案例 错把燃料当好酒——甲醇中毒险丧命

2018年夏日,50岁的付师傅到侄儿家中避暑。一天晚上,付师傅想起侄儿说家里藏着一瓶好酒,于是从角落里找出"好酒"喝了起来。平时酒量1斤的付师傅,当天只喝了3两就醉倒了。第二天中午,付师傅仍感觉头昏、腿无力,并发生剧烈呕吐,视物模糊。家里人赶紧送付师傅到医院就诊,医生诊断为甲醇中毒。原来付师傅喝的并不是什么"好酒",而是含甲醇量较高的工业酒精,结果导致甲醇中毒。

(二)甲醇中毒的症状

甲醇中毒潜伏期为8~36小时。症状轻者仅感头痛、头晕、视物模糊等。中度中毒者可出现步态不稳、呕吐、共济失调、腹痛、视力障碍,甚至视觉丧失等症状。重度中毒者有强烈头痛、恶心、呕吐、意识蒙眬、失明等症状,同时出现酸中毒,甚至休克、昏迷,最后可出现中枢性呼吸衰竭而致死。

(三)甲醇中毒的原因

✧ 经消化道中毒:多为误服甲醇所致,在以往报道的急性甲醇中毒事件中,绝大部分是因为喝了含甲醇的毒酒引起的。

✧ 经呼吸道中毒:常见于以甲醇为辅料,合成化工产品的过程中发生泄漏而引起的中毒事故。

✧ 经皮肤中毒:常见于将甲醇作为溶剂的化工企业中,工人长期接

触甲醇，使皮肤干燥、开裂、发炎，经皮肤吸收而引起。

（四）甲醇中毒的预防

✧ 在日常生活中，应注意从正规渠道购买酒类饮品。

✧ 存放甲醇时，应妥善保管，防止误服、误用。

✧ 从事甲醇相关工作时，严格遵守操作规程等。

（五）甲醇中毒的救治

✧ 群众自救：误服甲醇者应马上停止摄入并及时就医。对口服中毒者可进行催吐；对经皮肤中毒者应进行皮肤清洗；因职业甲醇中毒时，应尽快脱离工作现场。

✧ 专业救治：①洗胃、导泻、血液透析；②甲醇抗毒治疗；③纠正酸中毒；④眼科治疗；⑤对症支持疗法。

三、金属中毒易隐匿，健康损害须警惕

大到高堂广厦，小到家用炊具，金属无处不在。有些金属元素是人体必需的微量元素，摄入不足或过量都会对人体健康产生影响。还有一些金属，如重金属中的铅、汞、镉，轻金属中的铝，是常见的金属中毒元凶。随着工业化脚步的加快，金属中毒事件在国内外时有发生。我国每年仅重金属中毒的数量就超过 5 万例。金属中毒到底是什么？生活中、工作中我们如何预防和处理金属中毒呢？

小 贴 士

生物富集性是指化学物质沿着食物链转移，每经过一种生物体，其浓度就有一次明显的提高。例如，小鱼位于生物链较低处，大鱼位于生物链较高处，大鱼以小鱼为食，由于生物富集性，大鱼体内的有害物质浓度会明显增加。人类位于食物链的最高端，因此人体接触的污染物最多，面临的危害也最大。

(一) 铅中毒——儿童智力杀手

儿童是铅中毒最易感的人群。相较于成年人,铅暴露对儿童的危害更严重、更持久,长期低剂量的铅暴露可能导致神经系统发育迟缓或损伤,造成儿童智力下降、行为障碍等。

案例　突然变坏的宝宝——铅中毒

6 岁的小东刚上幼儿园的时候,乖巧、懂礼貌,可是最近家人却为他伤透了脑筋。不知不觉中,小东变得脾气暴躁、咬指甲、吃手指、打其他小朋友。他的父母十分担心,便带小东去医院做检查,结果发现小东体内的铅含量超过正常水平。导致小东这些症状的罪魁祸首原来是铅,还好发现得早,不然后果严重。

铅作为一种不可降解的环境污染物,在环境中可长期蓄积,通过食物、土壤、水和空气,经消化道和呼吸道进入人体。据世界卫生组织估计,铅暴露导致死亡人数每年约 14.3 万,占全球疾病死亡人数 0.6%。

1. 铅中毒的原因

✧ 公害性中毒:使用含铅汽油的汽车尾气排放、铅的生产和加工产业等污染环境。

✧ 生活性中毒:我国某些地区将“锡壶”“蜡壶(铅锡壶)”当成酒壶、凉水壶,可能引起慢性或亚急性铅中毒;油漆家具、塑料制品、染发剂、皮蛋等可含有少量铅;经口摄入铅,如服用含铅化物的偏方、儿童舔舐含铅油漆涂刷的玩具、儿童因异食癖捡拾含铅油漆涂刷过的墙和家具剥落的泥灰等会导致急性或亚急性铅中毒。

✧ 职业性中毒:在铅锌矿冶炼等铅相关生产过程中,人体易经呼吸道吸入铅烟和铅尘,引起职业性铅中毒。

✧ 药源性中毒:服用含铅的丸剂,如樟丹、黑锡丹等药物,达到中毒剂量时,可引起中毒。

✧ 母源性中毒:铅可经胎盘和乳腺分泌,从母体传递给胎儿和婴儿。

2. 铅中毒的表现　铅中毒可分为急性铅中毒、亚急性铅中毒和慢性铅中毒。

✧ 急性或亚急性铅中毒:口服铅中毒常有一个潜伏期,短者 4~6 小时,一般 2~3 天,最长者 1~2 周。中毒者会出现剧烈的腹绞痛、头晕、贫血、肌肉关节酸痛、全身无力等症状。患者可出现肾脏损害,表现为氨基酸蛋白尿等症状。

✧ 慢性铅中毒:患者会出现多系统综合症状。①神经系统症状主要表现为神经衰弱(头晕、头痛、全身无力等)、多发性神经病和脑病(表现为头痛、恶心、呕吐、高热、烦躁等);②一般消化道症状,轻者表现为口内金属味、食欲不振、上腹部胀闷等,重者出现腹绞痛;③损害血液系统,出现相应表现;④女性对铅较敏感,可引起不育、流产等。⑤儿童可出现行为异常、注意力和听力障碍、学习困难、反复呕吐、腹痛、缺铁性贫血等症状。

3. 铅中毒的预防　预防铅中毒最重要的方式是改变饮食、生活习惯。

记住以下口诀能帮助您预防铅中毒:报纸不能包食物,廉价餐具不要买;化妆染发要选好,劣质产品不能用;油漆剥落危害大,家居不用含铅漆;普通皮蛋爆米花,高铅食物应少吃;水果蔬菜应洗净,去除农药铅残留;优质蛋白多补充,蛋肉虾豆要充足;维生素 C 优点多,维生素 E 多补充。

4. 儿童铅中毒预防

✧ 儿童铅中毒预防口诀:儿童用品要选好,餐具不要太花哨;儿童玩具应注意,质量要好不舔咬;幼儿不去路边玩,尾气烟尘应注意;饭前洗手讲卫生,不啃东西不啃手;营养摄入应平衡,钙锌铁等要充足;饮食习惯要养好,定时进餐好处多。

✧ 父母应做到:①孕前、孕期应注意预防铅中毒;②长期在街边工作或工作中接触铅的家长,下班前洗手、洗澡,进屋前更衣;③家庭装修不要使用含铅油漆;④在胃排空的状态下,铅在人体内的吸收率大幅增加,因此父母应培养儿童定时定量进餐的习惯,合理控制儿童每天的进餐次数、时间和进食量,这样不仅有利于减少儿童铅吸收,也有利于儿童控制体重。

5. 铅中毒的治疗　慢性铅中毒主要采用驱铅治疗,西医驱铅主要使用金属络合剂,但存在破坏体内微量元素平衡等不良反应。对于无症状(亚临床状态)的铅中毒,只能针对铅中毒的原因进行预防。

儿童铅中毒的治疗，首先应找出铅污染源，尽可能让儿童脱离铅环境，减少铅接触。其次，家长应在饮食上为儿童补充营养素，促进铅排泄，减缓症状，并按照医嘱进行药物驱铅治疗。

(二) 汞中毒

汞，又称作水银，体温计、血压计内都有水银。有机汞、无机汞都是汞的化合物，有机汞毒性远高于无机汞。

水俣病——甲基汞中毒

1954年，日本水俣湾出现一种怪病——“水俣病”，患这种怪病的是猫和人。患者出现步态不稳、抽搐、手足变形、神经紊乱、身体弯弓等症状，直至死亡。多年后经确认，工厂废水中的汞是“水俣病”的起因。废水里的汞在水生生物体内被转化成甲基汞。由于人长期食用被甲基汞污染的鱼虾，甲基汞进入人体，并侵害人体脑部和其他部位，导致脑萎缩等多种损伤。

1. 汞中毒原因

✧ 无机汞的摄入：人体主要通过呼吸以及眼、皮肤的接触和饮食摄入无机汞。补牙、含汞药物、部分中药、高汞含量的化妆品、高汞含量的香皂等是普通人群接触汞的主要途径。从事汞矿开采、金属冶炼、制氯制碱、温度计生产等专业生产或使用汞及其化合物进行生产的职业人群，由于工作原因经常接触无机汞。

✧ 有机汞的摄入：接触有机汞的人群相对于接触无机汞的人来说比较局限，主要是长期接触汞的职业人群，如牙医及农业生产者等。

甲基汞作为有机汞的一种，可以富集在受污染水体内的生物体内，通过食物链进入人体。人类食用受甲基汞污染的生物同时，会摄入大量甲基汞，损害健康。甲基汞可以透过胎盘屏障，影响胎儿发育及生长。

2. 汞中毒原因及症状

(1) 急性汞中毒

✧ 原因：一般为口服(误服或自杀)氯化汞(俗称升汞)等化合物所致。

✧ 症状：急性汞中毒主要表现为急性腐蚀性胃肠炎和肾损害。人误服氯化汞后数分钟到数十分钟即可出现急性腐蚀性口腔炎和肠胃炎。服用者口腔和咽喉有烧灼感，口中有金属味，并有恶心、呕吐、腹部绞痛、

腹泻等症状，呕吐物和粪便常有血性黏液和脱落的坏死组织。3~4 天后(严重的可在 24 小时内)出现水肿、少尿、蛋白尿、高血钾等急性肾衰竭的表现(这是急性汞中毒患者主要的致死原因)。同时，患者可有肝脏损害。吸入高浓度汞蒸气可产生腐蚀性气管炎等，出现发热等症状，亦可发生急性肾衰竭。

(2) 慢性汞中毒

✧ 原因：常为职业性吸入汞蒸气所致。

✧ 症状：①精神神经症状，如头昏、失眠、多梦，随后出现情绪激动或抑制以及自主神经功能紊乱表现，如脸红、出汗等，还可出现肌肉震颤等；②口腔症状，如黏膜充血、溃疡，齿龈肿胀和出血，牙齿松动和脱落，口腔卫生欠佳者齿龈可见蓝黑色汞线；③肾脏受损，如肾炎等；④其他还有体重减轻、性功能减退、妇女月经失调等症状。

3. 汞中毒预防

✧ 生活汞中毒防护口诀：含汞油漆荧光灯，含汞器具慎重买；购买数字温度计，替换水银温度计；含汞中药化妆品，慎重购买及使用；住宅远离汞工厂，避免接触汞污染；卫生习惯要养成，饭前便后要洗手；补牙材料要留心，树脂材料更安全；长寿、食肉的鱼类，甲基汞多要小心；生活防护多细心，健康保护少危险。

✧ 职业防护：①用无毒或低毒原料代替汞，如用电子仪表代替汞仪表；②汞作业工人应每年检查身体一次；③含汞废气、废水、废渣应处理后排放等。

4. 汞中毒的治疗

✧ 清除毒物：中毒者应立即脱离中毒环境、吸氧并采取相应的对症治疗。

✧ 驱汞治疗：尽早(最好在出现肾功能损伤之前)应用大剂量驱汞解毒剂。

✧ 对症处理。

✧ 有机汞毒性高，一旦确定接触史，有无症状，皆须驱汞治疗。

(三) 镉中毒

生活中有这样一类物质，毒性大、危害重、在体内代谢慢，曾在日本发生的“痛痛病”公害事件与这种物质有关。这种物质就是镉。

痛痛病起源于日本富士县神通川流域。1931 年怪病出现，大多数

女性出现关节疼痛、神经痛、骨骼软化、萎缩、进食困难等症状。患者疼痛难忍，常大叫“痛死了”，因此得名“痛痛病”。原来，神通川河上游修建了一座炼锌厂，炼锌厂向河水中排放含有大量镉的废水，导致河水、稻米、鱼虾中富集大量的镉，并通过食物链进入人体，导致人慢性镉中毒。

1. 镉中毒的原因及症状

(1) 急性中毒

✧ 原因：①吸入镉烟雾、镉蒸气而中毒；②因误服镉盐或服用了镀镉容器内调制或存放的酸性食物、饮料。

✧ 症状：吸入中毒者，经数分钟至数小时潜伏期后出现眼及呼吸道症状，如流泪、结膜充血、流涕等。部分患者出现四肢酸痛、寒战等金属烟雾热症状。口服中毒者，一般经数分钟至数小时的潜伏期后，急骤起病，出现恶心、呕吐、腹痛、腹泻等胃肠道症状。严重者可出现眩晕、大汗、血压下降等。

(2) 慢性中毒

✧ 原因：①职业中毒，在工作中经呼吸道或胃肠道吸收过量的镉；②环境污染中毒。

✧ 症状：职业镉中毒易导致肾脏损害，表现为近端肾小球重吸收功能障碍，出现肾小管蛋白尿，继之也可损害肾小球。疾病晚期，由于肾脏结构损害，可引起慢性间质性肾炎。环境污染镉中毒者会出现腰痛、下肢肌肉疼痛、骨质疏松和骨软化所引发的自发性骨折。

2. 生活中可能的镉来源

✧ 水产品：鱼和贝类容易富集镉，其体内镉的浓度会比水中镉的浓度高出几千倍。

✧ 动物肾脏：肾脏是镉的主要蓄积部位。

✧ 水稻等农作物：在被镉污染的环境中种植的水稻，镉含量可能超标。

✧ 吸烟：香烟中至少 10% 的镉可通过呼吸道进入吸烟者体内，长期吸烟者受镉危害较大。

✧ 镉可通过血胎盘屏障损害胎儿健康。

✧ 母体内蓄积的镉会通过乳汁危害哺乳期婴幼儿的健康。

3. 镉中毒的预防

✧ 生活须注意：①烟草无益，早戒烟；②食品容器要安全，镀镉器皿不要用；③尽量少吃可能受镉污染的水产品；④吃"米"讲技巧，避免镉污染。长期大量食用镉污染大米会导致慢性镉中毒，但不必过分恐慌，可以经常变换食用大米的品种和产地，选择生态环境优良产区的大米，规避镉污染风险。

✧ 饮食要均衡：均衡膳食，合理营养，食物多样。

✧ 含镉生产要当心：不应在镉生产场所进食和吸烟。职业操作时应做好个人防护。

（四）铝中毒

铝是轻金属，与人体健康密切相关。铝摄入过量，会影响中枢神经系统，导致婴幼儿智力发育障碍，增加老年痴呆症的患病风险。

1. 铝中毒的原因及预防

（1）医源性铝

✧ 原因：使用含铝的药物，如抗酸剂、透析液等。

✧ 预防：避免长期使用铝制药物。

（2）含铝食物

✧ 原因：①含铝的食品添加剂，如钾明矾和铵明矾，常用于发酵；②面食制品如面饼、油条，制作时常使用明矾，可使面食更为膨胀松脆；③生活中常见的含铝食物有粉丝、粉条、油条等。

✧ 预防：少吃或不吃含铝多的食物。

（3）饮水安全

✧ 原因：偏远缺水地区常用明矾沉淀水中混浊物，净化家庭用水，使水中含铝量增多。

✧ 预防：建议自家净水不用铝盐作净水剂。

（4）铝制炊具

✧ 原因：①铝制炊具能与调料发生反应，溢出铝；②铝制炊具在翻炒过程中被刮擦，会产生铝屑进入饭菜；③烹饪时间越长，食品酸性越强，炊具溶出的铝越多。

✧ 预防：①有条件的家庭勿用铝质炊具；②若一定要使用铝质炊具，不要用其盛放盐、酸、碱类食物过久。

(5) 铝包装碳酸饮料

✧ 原因:碳酸饮料铝制易拉罐包装中铝的含量较高,长期饮用易导致铝在体内蓄积。

✧ 预防:尽量少饮用易拉罐装碳酸饮料。

(6) 职业中毒

✧ 原因:开采和冶炼铝的过程中,含铝的粉尘或铝蒸气可经呼吸道、消化道进入人体。

✧ 预防:职业人群应注意职业防护,保障自身健康。

2. 铝的毒性表现　铝中毒会影响人体多个系统。

✧ 神经系统:如透析性脑病、肌萎缩性脊髓侧索硬化症等。

✧ 骨骼:引起骨病变,如骨软化。

✧ 造血系统:可引起贫血等。

✧ 肾脏和免疫系统受损表现。

四、农药中毒常发生,耕作贮藏须谨慎

有数据表明,美国农药中毒占职业损害死亡的1/10。在我国,2006—2010年,仅贵州省各级疾病预防控制中心、医疗卫生机构报告的急性农药中毒病例就达191例。我们应该如何使用、放置农药才能避免其对人体造成伤害呢?

农药类别繁杂,在此我们主要分为两大类介绍:一是有机磷农药中毒,是我国广泛使用且使用量最大的杀虫剂;二是非有机磷农药中毒,如拟除虫菊酯类杀虫剂等。

案例　农药当成止咳糖浆——13岁少年农药中毒

2018年3月,咸阳市某医院接收一名13岁的农药误服患者,其生命危在旦夕。13岁少年彬彬为什么会误服农药呢? 彬彬父亲说,因孩子感冒咳嗽,便找了一瓶"止咳糖浆"喝。没想到孩子喝后喉咙溃烂,难以进食。彬彬父母将彬彬紧急送往医院,结果发现是农药中毒。原来,彬彬父亲将止咳糖浆和农药一同放在桌子上,屋里太暗,彬彬误将农药当成止咳糖浆喝了。

(一) 农药知多少

农药是用以消灭和阻止农作物病、虫、鼠、草害的物质或化合物及杀虫剂等的总称。目前,全世界有 1 200 余种农药,常用的有 250 余种。按照用途,农药可分为杀虫剂、杀菌剂、除草剂等多类。

(二) 农药中毒的原因

✧ 农药生产环节:①农药生产设备、生产工艺落后,密闭不严,导致工人在生产环节中中毒;②农药包装时徒手操作、缺乏防护措施,导致中毒;③运输、储存、销售过程中发生意外,导致农药污染环境或污染皮肤,经呼吸道吸入或经皮肤吸收而导致中毒。

✧ 农药使用环节:农户在使用农药时,因缺乏个人防护、违反农药安全操作规程、使用方法不当或农药滥用,均可导致农药经呼吸道或皮肤黏膜吸收而中毒。

✧ 生活中:①不小心食用了被农药污染的蔬菜、食物;②因他杀、自杀、投毒而摄入农药。

(三) 有机磷农药中毒

有机磷农药主要有敌敌畏、对硫磷、甲拌磷等。

1. 有机磷农药进入人体的主要途径

✧ 经口进入:因自杀轻生或误服摄入农药。

✧ 经皮肤及黏膜进入:多见于在炎热天气,农户喷洒有机磷农药,不小心溅落到皮肤上。由于气温较高,人体皮肤出汗、毛孔扩张,农药通过皮肤及黏膜吸收进入人体。

✧ 经呼吸道进入:空气中的有机磷农药随着呼吸进入体内。

2. 有机磷农药中毒的症状

✧ 轻度中度:胃肠道症状,如食欲不振、恶心、呕吐、腹痛等,同时还会出现头痛、出汗、视物模糊等症状。

✧ 中度中毒:除轻度中度的症状外,患者还出现肌束震颤、轻度呼吸困难、瞳孔缩小、大汗、流涎等症状。

✧ 重度中毒:除上述症状外,患者还出现昏迷、大小便失禁、肺水肿、呼吸麻痹等症状。

(四) 非有机磷农药中毒

目前在我国农村非有机磷类农药中毒也时有发生。

1. 拟除虫菊酯类杀虫剂中毒:常用的拟除虫菊酯类杀虫剂有敌杀

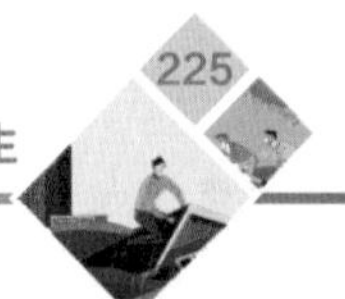

死、速灭杀丁等。口服、呼吸道吸入或皮肤接触均可中毒。

中毒表现:①接触农药的皮肤局部出现红、肿、痛等刺激症状;②恶心、呕吐、流涎、腹痛、腹泻等胃肠道刺激症状;③头晕、乏力、双手震颤、抽搐、惊厥、昏迷等神经系统症状。

2. 有机氯农药中毒:常用的有机氯农药有滴滴涕和六六六,其他比较少见的有碳氯灵等。

中毒表现:①头痛、烦躁、共济失调,甚至出现昏迷、精神障碍等神经系统症状;②恶心、呕吐、腹痛、腹泻等胃肠道症状;③心悸、胸闷等中毒性心肌损害症状;④肝肾功能障碍;⑤皮肤、黏膜刺激症状,如呼吸道吸入农药者会咳嗽、咽痛等,皮肤接触农药者会皮肤局部红肿。

3. 有机氮杀虫剂中毒:有机氮杀虫剂有杀虫脒、巴丹等,其中杀虫脒中毒最为多见。

中毒表现:以嗜睡、发绀和出血性膀胱炎为主要表现。具体可表现为:①神经系统症状,如头晕、头痛、乏力、嗜睡等;②泌尿系统症状,如尿频、尿急等出血性膀胱炎症状;③血液系统症状,如唇、指端发绀等;④消化系统症状,如恶心、呕吐等;⑤心血管系统症状:重症者可发生血压下降等;⑥皮肤表现(皮肤接触有机氮杀虫剂),如部位有烧灼感等。

中毒处理:口服杀虫脒中毒者可用碱性液体,如2%碳酸氢钠(小苏打)洗胃;皮肤中毒者,可用碱性液体(肥皂水)擦洗接触局部,并及时送医院进行治疗。

(五)农药中毒的预防

1. 个人防护

✧ 农药保管:①家中的农药应妥善保管,储存农药的地方应远离食物储存处、水源、食物、餐具等,放置于儿童接触不到的地方;②老年人、儿童、孕妇和哺乳期妇女等人群最好不要进行施药作业。

✧ 配药过程中:①在配制药液或农药拌种时,应佩戴防护手套,减少与农药的直接接触;②应注意检查防护手套是否有破损,如果手套破损,手上沾染了农药,立即用肥皂水反复清洗;③应严格遵守农药施药规程,合理使用农药,不得大意,正确掌握配药或拌种药液的用量和浓度,保证不超量、不滥用农药。

✧ 喷洒前:①最好在较凉爽的早晨和傍晚喷洒农药,喷洒时应注意戴口罩,穿长袖上衣、长裤及胶鞋,尽量减少自身与农药的接触;②喷洒农药前，应确保器械工具无泄漏，自身防护完备，一切准备妥当后再喷洒农药。

✧ 喷洒过程中：①如果药液漏在衣服或皮肤上，应立即更换衣物，清洗皮肤，并清洗衣服；②要顺风喷洒农药，不要逆风向作业，不要多人交叉站位近距离喷药；③施药过程中，不吃东西、不饮水、不吸烟；④最好不连续工作过长时间；⑤最好在施药后间隔一段时间再进行田间劳动。

✧ 喷洒完毕：农药喷洒完毕后需要立即更换衣物；洗手、洗脸，有条件者最好洗澡；用肥皂清洗更换下的衣服。

2. 企业防护

✧ 农药生产企业应加强农药知识宣传，确保农药生产、保管、使用等人员了解农药中毒相关处理知识、自救知识。

✧ 加强农药安全生产管理，改善农药生产设备、工艺。

✧ 农药运输采用农药专车（船）装运、专库（柜）保存等，并明示农药相关警告标志，防止农药污染环境或农药误用。

✧ 农药生产企业应定期安排农药生产工人进行体检和健康监护。

（六）农药中毒的处理

对于农药中毒者，必须及早、尽快、及时地采取急救措施，去除农药污染源，并尽快就医，进行吸氧、输液、透析等专业治疗。

✧ 经皮肤吸收中毒者：立即脱去被污染的衣裤，迅速用温水冲洗干净等。

✧ 经呼吸道中毒者：移至空气新鲜的地方，解开衣领、腰带，保持呼吸道通畅。

✧ 经消化道中毒者：根据中毒毒物种类，应尽早引吐、洗胃、导泻等。

第六节　生物毒素要人命，垂涎三尺可不行

食物能果腹，令人心情愉悦，但食用不当亦能损害健康，甚至致命。全国历年中毒事件报告情况分析显示，2006—2013 年，有毒动植物（如河豚、毒蘑菇、四季豆等）是我国居民食物中毒死亡的第一位原因。

一、河豚中毒

河豚，也称河鲀，味道鲜美，自古便受到国人喜爱。早在北宋时期，诗人梅尧臣曾用诗叙述河豚的鲜美与珍贵："春洲生荻芽，春岸飞杨花。当是时，贵不数鱼虾"。千百年来，因食用丧命的人多不胜数，即便如此，垂涎河豚的人依旧趋之若鹜。

案例　河豚虽鲜美，怎能舍命尝

张先生最近来扬州玩，中午和朋友孙先生在饭馆点了份河豚，品味佳肴。二人吃过饭回到宾馆，张先生的身体便开始出现异样，嘴巴突然发麻，嘴唇变得僵硬，呕吐频繁。孙先生赶紧将张先生送到医院。因就诊时间及时、中毒原因清楚，经过洗胃等一系列急救，张先生的中毒症状得到缓解。

河豚中毒发病急促，很多患者到医院就诊时已产生呼吸、循环衰竭等严重症状。拼死吃河豚并不可取。

（一）河豚里有什么毒素

引起河豚中毒的罪魁祸首是毒性极强、耐酸、耐高温的河豚毒素。河豚不同部位的毒素含量不同，从大到小依次为：卵巢、鱼卵、肝脏、肾脏、眼睛和皮肤、肌肉和血液。而且，雌性河豚卵巢中的毒素含量随季节不同而不同：雌性河豚卵巢发育时间为每年春季（2—5月），此时毒性最强；6—7月产卵完成，卵巢退化，毒性减弱。因此，春季更须严防河豚中毒。

除此之外，河豚中还有脱水河豚毒素等多种河豚毒素衍生物，但毒性远低于河豚毒素，含量也很低，不是引起中毒的主要物质。

（二）河豚解"禁"

古往今来，吃河豚致死者数不胜数。从1990年开始，我国一直实行河豚"禁食令"，卫生和食药部门对吃河豚的态度一直是明确的：禁止！直到2016年，在颁布"禁食令"26年之后，国家下发《关于有条件放开养殖红鳍东方鲀和养殖暗纹东方鲀加工经营的通知》，河豚养殖企业、河豚加工企业必须通过国家相关组织审核，在农业部进行备案公示，才能

获得生产经营许可。喜爱河豚的人士终于可以有条件地“合法”食用河豚了。

吃河豚有讲究

过去，江苏省江阴市，清明前后家家户户都会烧河豚。如今，河豚是江阴人婚丧嫁娶或家里来客人时才准备的宴席高档菜。

自古，从宰杀到上桌，江阴人食用河豚一直十分讲究，这些特殊讲究也为食用河豚增添了一层神秘色彩。

✧ 宰杀有讲究：河豚的有毒内脏，不能像普通垃圾一样乱扔，要集中埋在地里；河豚要漂洗干净才能下锅。

✧ 入锅有讲究：河豚入锅后，要恭恭敬敬地给灶王爷敬灶香。

✧ 上桌有讲究：河豚烧好后，厨师要先尝第一口，10 分钟后如果没事，才能上桌。

✧ 食用有讲究：河豚上桌后，主人会说明这是河豚，吃或不吃，全凭客人自愿。客人吃河豚时，会先摸出一毛钱，意为鱼是自己买的，吃出事情与主人无关。

（三）河豚中毒的症状

河豚中毒的潜伏期为 10 分钟 ~3 小时。中毒者首先出现手指、舌头、嘴唇刺痛感，然后出现恶心、呕吐、腹痛等胃肠道症状。重症患者出现说话不清、声音嘶哑、四肢肌肉麻痹等症状。严重者出现呼吸困难、血压下降，常死于呼吸衰竭。

（四）河豚中毒的救治

目前尚无河豚中毒的有效治疗方法，如果发现疑似河豚中毒，应尽快就医，采取催吐、洗胃、导泻等措施，以及对症治疗等；对于严重中毒者，可以进行血液透析。

（五）河豚中毒的预防

河豚中毒目前尚无特效解毒药物，舍命尝河豚千万要不得。避免河豚中毒发生的关键在于预防。建议普通百姓食用河豚要慎重，在外就餐时选择正规饭店，自己制作河豚时应购买合格、安全的河豚，谨慎烹饪，切不可一时贪图美味，把自身置于危险之地。

二、毒蘑菇中毒

案例 花花绿绿毒蘑菇,不能食用要当心

2017年的一天,赵师傅下班回家,妻子炒了一盘自己采摘的野生蘑菇。由于赵师傅不喜欢食用蘑菇,就没有吃。而妻子和女儿在吃过蘑菇后不久就开始上吐下泻,被紧急送往医院,经过一番抢救后,妻子的病情稍微得到控制,而女儿依旧生命垂危。医生判断赵师傅的妻女应该是食用了毒蘑菇。只是一顿“普通”的晚饭,却给赵师傅一家带来了如此沉重的代价。

(一)毒蘑菇中毒的症状

毒蘑菇的种类不同,其所含毒素不同,临床症状不同。毒蘑菇中毒的症状可分为肠胃型、呼吸型、神经型、溶血型等。肠胃型中毒是误食毒蘑菇后最普遍的症状之一,食用者出现呕吐、腹泻、肠胃炎等症状,多数人会在腹泻之后恢复正常,但是严重者也可致死。通常情况下,胃肠型中毒者能够及时治愈。引起呼吸型中毒的毒蘑菇比较少见,但其毒性强烈,常引起心肌炎和呼吸麻痹等症状,致死率高。

(二)毒蘑菇中毒的救治

进食可疑毒蘑菇后应及时催吐,千万不要耽误时间,立即将患者送往医院就诊,尽快洗胃。遇到此类患者,接诊医生不能大意,应尽快求助专业机构,判定蘑菇种类以利于救治。

(三)毒蘑菇中毒的预防

辨别可食蘑菇和毒蘑菇非常困难。预防毒蘑菇中毒最好的方法是慎重采食野生蘑菇,尤其不可让孩童和没有经验的人采集野生蘑菇。如果要采食野生蘑菇,首先需要掌握当地毒蘑菇的形态特征,逐一分辨可食蘑菇和毒蘑菇。对于难以确定的、不认识的或没有吃过的野生蘑菇不要采食;若要采食,必须经专业技术人员准确鉴定后方可食用。

民间鉴别毒蘑菇的小方法

颜色识别:毒蘑菇颜色鲜艳,有红、绿等颜色,尤其是紫蘑菇常有剧毒。

气味识别：有毒蘑菇通常有麻、苦、辣、腥等奇怪气味。

毒蘑菇种类多样，难以辨认，有些蘑菇无颜色、气味等特征表现，但也有毒，因此民间方法仅供借鉴。

三、四季豆中毒

案例　豆角中毒常出现，不熟千万不能吃

2017年9月，49岁的李先生出现一连串异常反应，吓坏了家人。李先生当天加班回家之后，睡下没多久，就觉得整个人发冷，而且越来越冷，头也发晕，最后全身抽搐，送到医院急诊科室，医生诊断其为四季豆中毒。原来，李先生晚上加班后，在夜宵摊吃了一盘清炒四季豆，没有完全煮熟的四季豆含有毒素，导致李先生中毒。

四季豆中毒是最常见的植物性食物中毒，一年四季均可发生，秋季较为多见，常因大量食用存放时间过长、烧煮不透、烹饪不熟的四季豆所致。单位食堂容易出现集体性食物中毒，因单位食堂就餐人数多，一旦出现四季豆中毒，往往患者数量多、起病急、病情轻重不一，救治压力大，故单位食堂是四季豆中毒的重点预防场所。

（一）四季豆中毒的主要原因

四季豆也称菜豆、豆角。四季豆中含有皂素和植物血球凝集素。皂素对人体消化道黏膜有较强的刺激性，可引起胃肠道症状；植物血球凝集素具有凝血作用，能引起剧烈呕吐。因此，进食生的、未煮熟煮透的四季豆可能会引起中毒。

（二）四季豆中毒的症状及处理方法

四季豆中毒的潜伏期不一，快者数分钟至数小时即出现症状，慢者10小时出现症状。中毒者可出现恶心、呕吐、腹痛、腹胀等胃肠炎症状，重者可出现头痛、头昏、四肢麻木等神经系统症状。

目前尚无针对四季豆中毒的特效解毒药物，食用四季豆后若出现异常，应及时就医，尽早诊断，尽早治疗，尽早促进毒物排泄以及对症治疗等。

(三) 四季豆中毒的预防

✧ 政府有关部门预防应加强供餐单位的监管指导,预防食物中毒。

✧ 餐饮单位、集体食堂管理人员要加强食品安全监管,定期开展员工的食品安全知识培训。烹饪人员加工四季豆时一定要煮熟炒透,保证食用安全。

✧ 家庭预防四季豆中毒最好的办法是煮熟炒透,充分去毒。

第五章

自 然 灾 害

第一节 暴雨洪涝自救妙方

一、暴雨

广东多地遭受暴雨袭击

2013 年 5 月，受暴雨影响，广东省某地区数间房屋倒塌，万亩农作物受灾，6 处公路塌方，15 处交通中断，8 处河岸损坏，其他水利设施损坏 53 处，1 280 间房屋及商铺受浸，直接影响 2 万多人的工作和生活，造成经济损失 4 千多万元。此外，暴雨还带来一系列的健康风险和影响。

（一）暴雨及其危害

暴雨是强度很大的降雨，通常指 1 小时内降雨量达到 16mm 或以上，或 12 小时内降雨量达 30mm 或以上，或 24 小时内降雨量达 50mm 或以上的降水。我国东南沿海 - 山东半岛 - 辽东半岛，武夷山东麓 - 太行山 - 大兴安岭，南岭、秦岭、阴山等山脉的南麓是暴雨集中地带。

你知道雨量怎么测量的吗?

测量雨量是在雨量站观测场,使用人工或自记雨量计进行降水量观察测量。标准雨量计是直径为20cm的接水圆筒(如图),雨量计应置放在面积大于$10m^2$的没有障碍物影响降雨的地上,半埋于地下用以观测。

1. 暴雨可能带来的出行风险和影响

✧ 暴雨后地面潮湿,开车出行会造成车辆打滑。

✧ 暴雨会带来公路塌方,导致交通中断。

✧ 暴雨积水成灾,易造成人群踩空,掉入地坑、无盖井、暗渠,或导致车辆受困并带来危险。

✧ 暴雨往往伴随大风,易造成大树倒伏,高楼广告牌、玻璃、花盆等从高处坠落造成人员危险。

✧ 暴雨会导致泥石流、滑坡、积水、洪涝等次生灾害,加大人群出行风险。

2. 暴雨可能带来的健康风险

✧ 城市的垃圾、农村的动物粪便被雨水冲刷,导致水源、食物受污染,进而引发传染病。

✧ 强雷雨天气不仅可能增加雷击风险,也可能增加哮喘、心脑血管疾病发生概率。

✧ 暴雨易导致露天电线、电器漏电,引发各种触电风险。

案例 1

2018年7月,泰国普吉岛两艘游船在海上倾覆,船上共133名游客。据目击者称,当时暴风雨来得十分突然,转瞬间就将游船掀翻了。

因此,游客应强化风险和自我防护意识:乘船时务必穿好救生衣,做好安全防护;降暴雨或即将降暴雨时不要出游;选择正规旅游机构。

案例 2

某地遭暴雨袭击，致使一名5岁孩童在回家途中不慎摔入排洪暗渠，不幸遇难。

暴雨会导致路面低洼处积水，出行时要尽量绕过此处，尤其避开漩涡处；不要匆忙跑过有积水或路况不明的地方。同时，在积水中行走要注意观察，以免跌入井、坑、洞中。

（二）暴雨危害的应对

1. 一般应对

✧ 注意收听天气预报、预警信息。

✧ 暂停室外工作及活动，并及时转移到地势高的地区。

✧ 听从公司、学校的安排，尽量提前回家。

✧ 不要在悬挂广告牌等容易发生高空坠物的地方避雨。

✧ 尽量避免在高压线、变电器、电线杆、穿过电源线的树下或有带电装置处避雨。

✧ 暴雨进入室内时，注意切断电源，防止触电。

✧ 不要冒然蹚路面积水。

✧ 减少一切不必要的外出。

✧ 住平房的居民在雨季，应对房屋（尤其是房顶）加强检查和维修。

✧ 如果房屋处于地势低洼、容易被淹地区，人们应该在暴雨来临前及时转移到安全地方。

2. 开车途中遭遇暴雨的应对

✧ 保持视野清晰，防止陷车。

✧ 务必防止侧滑，避免超车。

✧ 保持低速慢行，谨防撞人。

✧ 尽量放慢车速谨慎前行，避免突然加速，以防因路面湿滑难以控制刹车。

✧ 暴雨时开启近光灯和雾灯，保持安全车距，不要随意超车和变道。

✧ 如果车里进水并熄火，最好不要再启动，否则将损坏发动机。

小 贴 士

在暴雨天气驾车时，要注意避开低洼地、易涝点和易涝隐患点；路面有急流时，切勿贸然驶入未知深度的积水中。当民用车辆在水深30cm处时，大部分车辆会丧失抓地力；当水深超过60cm时，车辆易被水流冲走。

3. 在野外遭遇暴雨的应对

✧ 在山区，当上游方向来水变浑浊、水位上涨较快时，要特别注意防范山洪。

✧ 避雷雨应远离巨石、悬崖下和山洞口。

✧ 如果正在游泳或在小艇上，应立刻停船上岸。

4. 暴雨天气车辆落水时的自救

✧ 车辆刚落水时，马上打开中控锁，以防进水后失灵。如果能打开车门，就迅速打开车门逃生。

✧ 当水位低于车辆1/3，车门很容易推开时，可以直接打开车门逃生。

✧ 当水位已漫及车窗但未高过车窗，车门无法打开时，可从天窗或摇下侧窗玻璃逃生。

✧ 当车辆沉入水中后，车头会先到达水底，空气会积存在车尾，要逃到车尾，利用尾部空气维持生命。

✧ 当车辆完全浸入水时，应深吸一口气，打开车门或砸烂车窗逃生。

车辆落水自救小口诀

雨季洼地别去蹚，
万一落水莫惊慌，
推不开门砸车窗，
水压平衡快逃亡。

注意：平时车内一定要准备应急锤以备不时之需。

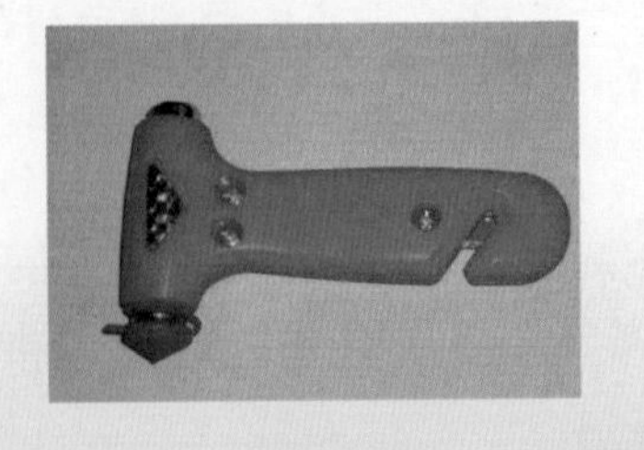

（三）暴雨天健康防护常识

✧ 在雷电来临时，心脑血管疾病患者要保持心态平静，并随身携带急救药品以避免发生意外。

✧ 大雨天路湿地滑，老年人和儿童要注意防跌倒。

✧ 雷雨伴随的狂风易将大量花粉或旷野中的可致敏物质传递很远，在雷暴雨及潮湿等条件下，易引发“雷暴哮喘”，易过敏者应备好防哮喘药物和喷剂，戴上口罩出门。

✧ 暴雨天容易导致食物受潮变质，滋生、繁殖细菌和病毒。要保持家里干燥、清洁，注意防止家具和食物霉变。此外，若穿不透气的雨靴，要勤换鞋袜，防止真菌滋生。

✧ 暴雨天要防水源和食物污染。注意食品和饮水卫生，尽量不吃生冷食物，蔬菜水果要充分清洗或削皮。应注意勤洗手、不喝生水。饮食应清淡，可食用一些苦味食物。

（四）暴雨预警等级

1. 暴雨蓝色预警

✧ 预警标准：12 小时内降雨量将达或已达 50mm 以上且降雨可能持续。

✧ 防御指南：①相关部门做好防暴雨准备；②学校、幼儿园要特别关注学生安全；③驾驶人员注意交通安全，避开积水路段；④检查各个易积水的排水系统，做好排涝准备。

2. 暴雨黄色预警

✧ 预警标准：6 小时内降雨量将达或已达 50mm 以上且降雨可能持续。

✧ 防御指南：①相关部门做好防暴雨准备；②交通管理部门应引导交通并根据路况采取相应措施；③关闭室外存在危险的电源，暂停户外工作，将有危险地区及危房里的人员转移到安全地带；④检查各个易积水的排水系统，做好排涝准备。

3. 暴雨橙色预警

✧ 预警标准：3小时内降雨量将达或已达50mm以上且降雨可能持续。

✧ 防御指南：①相关部门做好防暴雨准备；②关闭室外存在危险的电源，暂停户外工作；③如有必要，应停课、停业；④做好排涝工作，防范可能出现的滑坡、泥石流、山洪等次生灾害。

4. 暴雨红色预警

✧ 预警标准：3小时内降雨量将达或已达100mm以上且降雨可能持续。

✧ 防御指南：①相关部门做好防暴雨应急工作和抢险工作；②除特殊行业外，应停课、停业、停止集会；③做好暴雨带来的山洪、滑坡、泥石流等次生灾害的防御工作和抢险工作。

二、洪涝

2017年由于暴雨频繁，且极端性强、重叠度高，导致全国大面积的洪涝灾害，农作物受灾面积8 122万亩，受灾人口5 515万人，倒塌房屋14万间，因灾死亡316人、失踪39人。由洪涝灾害带来的直接经济损失高达2 143亿元。

(一) 洪涝及其危害

洪涝指因大雨、暴雨或持续降雨使低洼地区淹没、渍水的现象。

1. 洪涝灾害的分类

✧ 洪水：大雨、暴雨引发山洪暴发、河水泛滥，导致农田淹没、农业设施毁坏等。

✧ 涝害：由于雨水过于集中、排泄不畅造成农田积水成灾。

✧ 湿害：洪水、涝害灾害后排水不良，使土壤水分长期处于饱和状态，作物根系缺氧而成灾。

2. 洪涝的季节地区分布

✧ 春涝：多发于沿海、华南地区、长江中下游地区。

✧ 夏涝：是我国发生较为频繁的涝害，其中黄淮平原、长江流域、东南沿海为多发地区。

✧ 秋涝：产生原因多为台风雨，东南沿海和华南地区为多发地区。

3. 洪涝的危害　洪水会淹没房舍和洼地，冲走人群，使受灾地区人群的生命和财产安全遭到威胁。

✧ 对生产的影响：洪水泛滥淹没农田，造成农作物受灾。

✧ 对生活的影响：洪涝会造成房屋损坏、倒塌，交通中断、道路阻塞，城市积水。

✧ 对健康的影响：洪水会导致水源、食物受污染，供水设施和污水排放设施也会遭到不同程度的破坏。

✧ 次生灾害：如泥石流、滑坡、山洪、中小河流洪涝等。

（二）洪涝灾害的应对

1. 一般应对

✧ 时刻保持警惕：在暴雨多发的季节应关注天气预报以及暴雨、洪水警报。

✧ 洪水来临前准备的物品：①足够的饮用水和保质期长的食品；②充足、可保持体温的衣物；③治疗感冒、外伤、感染的药品；④手电筒等照明工具；⑤颜色鲜艳的旗帜、哨子等可以发出信号的工具。

2. 洪水来临时自救

✧ 如果时间允许，应及时向山坡、高地、坚固的楼房转移、避难。

✧ 如果洪水迅猛，来不及转移，可使用门板、床板或用绳索、被单等将可漂浮物捆绑在一起制作可漂浮物，作为水上转移工具进行转移。

✧ 如果住在平房，当洪水湍急时，应到屋顶暂时避难，挥动颜色鲜艳的布等待救援人员，不能单身涉水转移。

✧ 特别注意：洪水来临时要远离高压线、铁塔和电线，以防触电。

三、雷电

据澳大利亚《先驱太阳报》报道，2017 年 11 月，一对年轻情侣在树下欣赏闪电时被雷电击中，导致女子死亡、男子受重伤。

（一）雷电及其危害

雷电是带电的云层之间或云层对大地的自然放电而引起的伴有闪电和雷鸣的一种放电现象。雷电可以“直击雷”形式使人员伤亡，并击毁建筑

物或导致电子、电气系统损毁。在中国，雷电多发在广东省以南地区。2/3以上雷电致人受害的事件是在户外发生的，尤其树下避雷更易致人死亡。

✧ 雷电以电线杆、古塔、大树、独立小房等为导体袭击人。

✧ 雷电可以通过佩戴的手表、项链，以及身边的铁棍、锄头等袭击人。

✧ 雷电可以通过电话、电子产品袭击人。

✧ 雷电发生时，在足球场踢球容易发生危险。

✧ 雷电可通过电源线路、输水导管等使淋浴者遭到雷击。

雷电知识对与错

✧ 雷雨天可在大树、电线杆、古塔下避雨。 ×

✧ 雷雨天气时，可以聚集一起，快速奔跑。 ×

✧ 雷雨天可以在室外游泳或划船。 ×

✧ 雷雨天不要触摸金属制品。 ✓

（二）雷电危害的应对

1. 一般应对

✧ 注意收听天气预警信息。

✧ 雷电来袭时，立即停止室外游泳、划船、钓鱼等水上及室外活动。

✧ 在户外遇雷电，应远离高、尖、带电设备及建筑物，尽量减少奔跑，可下蹲降低高度并两脚并拢减少跨步电压危害。

✧ 在室内的人应注意关闭门窗，防止雷电引入，并远离门窗、水管、煤气管等金属物体。

✧ 在车内避雷雨时，最好不要在车内打手机(由于受到雷电的干扰，手机的无线频率跳跃性增强，可能诱发雷击等)；尽量避免触碰车内的金属部件，尽量不使用车内的GPS、车载电话、CD等电子设备。

抗雷击实验

某汽车公司的抗雷电冲击实验证明：汽车在静止状态下，雷电流一般通过轮胎放电，虽然车内的电子系统会受到影响，但是基本可以确保人身安全。但是该实验只证明了静止状态下的人身安全，没有证明运动状态下的汽车是否和静止状态下一样。

2. 人在户外遭遇雷电的应对

✧ 不打带金属尖的伞，尽量使用塑料材质雨具、雨衣。

✧ 远离古塔、电线杆、大树等，应距离树干至少 5m。

✧ 远离金属物体及各种通电设备。

✧ 在空旷地区时，尽量关闭手机。

✧ 远离建筑物的外墙以及电气设备。

✧ 尽量摘去身上的手表、项链等金属饰物，不要触摸金属制品。

✧ 放下金属材质工具，田间工作者不能将锄头、铁棍等工具举过头顶。

✧ 工人应停止在建筑物上的作业。

✧ 停止室外体育运动。

3. 雷电来袭，小心触电

✧ 在雨中，远处发现电线断落时，应远离并提醒他人，同时报警或通知电力部门处理。

✧ 在雨中，近处发现电线断落时，不能大跑离开，可单腿跳跃离现场，防止跨步电压引起触电（详见第一章第三节），同时报警或通知电力部门处理。

✧ 当发现有人触电，应用干燥物品进行营救而不能直接援救，尽可能断电并送医、报警。

✧ 避免靠近施工地段。

雷雨天气确保太阳能热水器安全

太阳能热水器在雷雨天存在隐患。太阳能热水器一般安装在屋顶、楼顶，在雷雨天气时可能会遭到雷电的袭击。如果被雷电击中，不仅会毁坏太阳能集热板，还会通过电线、输水导管等袭击使用者。

以下措施可减少雷雨天气使用太阳能热水器的危险性：首先，打雷闪电期间不使用太阳能热水器；其次，太阳能热水器安装避雷针等防雷装置；最后，确保电源线路安全，在电源开关处安装电源避雷装置。

第二节　暴雪来临怎么办

一、暴雪

英国伦敦于2018年2月26日遭大雪袭击，气温下降至-15℃。大雪致使航班停飞、学校停课，部分地区积雪厚达27cm。大雪还将供水管道冻裂，导致当地出现大面积停水或低水压，用水高峰时2万多用户受到影响。

（一）暴雪及其危害

降雪量在24小时内达到100mm以上称为暴雪。降雪量同降水量一样，用相当的水层厚度来度量，单位是毫米（mm），称为积雪深度。

✧ 对交通的影响：雪天道路湿滑，容易造成交通拥堵及交通事故。

✧ 对生活的影响：暴雪覆盖，易损害电线、水管等公共设施，造成停水、停电。

✧ 对特殊人群的影响：天气寒冷，流浪汉、因酗酒醉卧街头的人可能会冻死。

✧ 对农业的影响：暴雪会导致农作物被冻死；积雪可使草场被雪掩盖，导致动物饥饿或冻伤。

✧ 对人体健康的影响：人体防御功能和抵抗力降低，诱发呼吸疾病、心血管疾病等。

✧ 易出现事故：暴雪堆积容易造成坍塌事故，如大树折断，公交站台、钢瓦大棚、建筑物顶棚坍塌等。

（二）暴雪危害应对

1. 一般应对

✧ 暴雪天要减少外出，尤其是车辆。

✧ 根据学校、公司等单位的安排，在暴雪来临之前尽量提前回家。

✧ 有出行计划者要关注机场、高速公路、车站的信息，及时调整出行计划。

2. 平房住宅注意事项

✧ 在平房使用炉子取暖时，应避免积雪使炊烟倒灌，谨防一氧化碳、煤气中毒。

✧ 在暴雪来临前，应做好农作物和畜牧的防护措施。

✧ 及时加固房屋屋脊，避免被积雪压塌。

✧ 要储备充足的食物和水以及蜡烛。

知识链接

融雪剂是一种主要成分为氯盐的化学品，具有腐蚀性，通常用来融化道路上的冰和雪，误食融雪剂会造成中毒。

（三）暴雪预警等级

1. 暴雪蓝色预警

预警标准：12 小时内降雪量将达或已达 4mm 以上且持续降雪，可能对交通或农牧业有影响。

2. 暴雪黄色预警

预警标准：12 小时内降雪量将达或已达 6mm 以上且持续降雪，可能对交通或农牧业有影响。

3. 暴雪橙色预警

预警标准：6 小时内降雪量将达或已达 10mm 以上且持续降雪，可能或已经对交通或农牧业有较大影响。

4. 暴雪红色预警

预警标准：6 小时内降雪量将达或已达 15mm 以上且持续降雪，可能或已经对交通或农牧业有较大影响。

二、道路结冰

2018 年 2 月 4 日，云南蒙文砚高速路砚山段由于道路结冰造成 15 辆车间断性发生侧撞和追尾。

（一）道路结冰及其危害

道路结冰是指降水（雨、雪、冻雨等）与

温度低于0℃的地面接触产生积雪或结冰现象。

道路结冰易致使行人滑倒、车辆打滑，造成交通事故。

（二）道路结冰危害应对

1. 行人、非机动车辆出行注意事项

✧ 关注交通预报、预警信息。

✧ 出门小心路滑跌倒，切忌提重物；走路时双手最好不要放在衣兜里，应来回摆动使身体保持平衡。

✧ 尽量避免在结冰路面骑车、开车。

✧ 在结冰道路上骑自行车前要采取防滑措施，如适当将轮胎放少量气，换雪地胎，注意路况，不能急刹车，慢速安全行使。

✧ 避免在结冰的地方锻炼身体或散步。

2. 驾车出行注意事项

✧ 车速：低速、匀速行驶。

✧ 转弯：转弯前先减挡。

✧ 跟车：与前车保持安全距离。

✧ 超车：尽量不要超车。

✧ 夜间行车：注意正确使用灯光。

（三）道路结冰预警等级

1. 道路结冰黄色预警

✧ 预警标准：当路表温度低于0℃，出现降水，12小时内可能出现对交通有影响的道路结冰。

✧ 防御指南：①相关部门做好应对准备工作；②驾驶人员应安全行驶，注意路况；③尽量避免骑车出行，注意防滑。

2. 道路结冰橙色预警

✧ 预警标准：当路表温度低于0℃，出现降水，6小时内可能出现对交通有较大影响的道路结冰。

✧ 防御指南：①相关部门做好应对、应急工作；②驾驶出行要采取车辆的防滑措施，减速慢行，听从交警指挥；③出行注意防滑。

3. 道路结冰红色预警

✧ 预警标准：当路表温度低于 0℃，出现降水，2 小时内可能出现或已经出现对交通有很大影响的道路结冰。

防御指南：①交通、公安等部门做好应对、应急和抢险工作，如有必要可关闭结冰道路的交通；②注意听从交通、公安等部门指挥和疏导；③尽量减少外出。

三、寒潮

2016 年，福建省遭遇低温雨雪，31 个县（市）达到寒潮标准，最低气温在 –10.7~2.5℃，6 个县（市）日最低气温跌破当地历史极值，果树和蔬菜冻害严重。

（一）寒潮及其危害

寒潮是一种会造成大范围区域剧烈降温，伴随大风和大雪天气的大型天气过程，由寒潮引发的霜冻、雪灾等次生灾害会对农业、交通、电力、人群健康造成负面影响。

✧ 农业影响：受寒潮影响最大的是农业，强降温有可能冻坏农作物。

✧ 健康危害：短时期间内快速降温，对患呼吸疾病、心脑血管疾病等的特殊脆弱人群以及老年人影响较大。

✧ 交通影响：寒潮和强冷空气伴随大风、降温、雨雪等次生灾害，会影响交通、电力、航运等。

（二）寒潮危害的应对

1. 一般应对

✧ 注意查看天气预报。

✧ 确保有足够的食物、燃料和药品。

✧ 心脑血管疾病患者及年老体弱者等弱势群体应勤测血压，适当减少外出。

2. 农业防御冻害的有效措施

✧ 灌水法：增加近地面层空气湿度，保护地面热量，提高空气湿度。

✧ 遮盖法：利用塑料膜等工具保护农作物受冻，减少地面热量向外散失。

（三）寒潮预警等级

1. 寒潮蓝色预警

预警标准：8小时内最低气温将要下降8℃以上，最低气温≤4℃，陆地平均风力可达5级以上，或者最低气温已经下降8℃以上，最低气温≤4℃，平均风力达5级以上，并可能持续。

2. 寒潮黄色预警

预警标准：24小时内最低气温将要下降10℃以上，最低气温≤4℃，陆地平均风力可达6级以上，或者最低气温已经下降10℃以上，最低气温≤4℃，平均风力达6级以上，并可能持续。

3. 寒潮橙色预警

预警标准：24小时内最低气温将要下降12℃以上，最低气温≤0℃，陆地平均风力可达6级以上，或者最低气温已经下降12℃以上，最低气温≤0℃，平均风力达6级以上，并可能持续。

4. 寒潮红色预警

预警标准：24小时内最低气温将要下降16℃以上，最低气温≤0℃，陆地平均风力可达6级以上，或者最低气温已经下降16℃以上，最低气温≤0℃，平均风力达6级以上，并可能持续。

第三节　找到安全避风港

一、台风

2017年8月，热带风暴“天鸽”登陆我国南部沿海地区，登陆时风力14级，路边大树被连根拔起，街道上的人几乎无法站稳，有的人甚至被风吹倒。多地出现暴雨、大雨天气，致使房屋倒塌，农作物受灾，造成多人死伤。

(一) 台风及其危害

台风是一种强大而深厚的热带天气，是发生在热带或副热带洋面上的低压涡旋。

台风的特点：①多发季节为夏秋，具有季节性；②通常登陆时风向先北后南，具有旋转性；③台风对不固定建筑物、公共设施以及船只、树木等具有损毁性；④强台风来临时常伴随着海潮、海啸、暴雨。

台风有140个名字，是由中国、泰国、美国等遭遇台风袭击的14个国和地区所提供的。台风的命名采取退役原则，一旦某个台风造成了特别大的财产损失或人员伤亡，它就会永久占有这个名字。该名字会从命名表中删除，然后再补充一个新名字加入命名表。

台风多发地区有我国东南沿海、孟加拉湾北部及沿海地区、日本和东南亚国家、加勒比海地区和美国东部海岸。

台风灾害具有严重性、多发性和强烈的破坏性。台风来临时，通常伴随着狂风、暴雨、巨浪、风暴潮、海啸，可能导致邻岸地区的各种建筑、公共设施、庄稼遭到损坏，人们的生命、财产以及航海安全遭受威胁。

(二) 台风危害的应对

1. 准备要点

✧ 及时关注台风预警信息。

✧ 台风来临时，非必要情况，禁止出行。

2. 人在室内

✧ 紧闭大门窗户，用胶布在玻璃上贴“米”字，防止玻璃破碎伤人。

✧ 加固或合理安置户外物品，避免坠落砸伤人。

✧ 确保电路、炉火、煤气等设施的安全。

3. 人在室外

✧ 处于低洼地区的人要及时向高处转移。

✧ 及时取消大型露天活动。

✧ 远离建筑物、广告牌、铁塔、大树等物体，避免被吹落的物体砸伤。

4. 人在旅游

✧ 人不能待在帐篷里，应转移到结实的房屋里躲避。

✧ 人在水上时要及时上岸避雨。

✧ 不要到台风经过的地区旅游或到海滩游泳，更不要乘船出海。

5. 人在驾车行使

✧ 不能随便停车，台风大时可把车停到地下停车场等隐蔽处，如伴暴雨则须酌情考虑停车处。

✧ 台风伴暴雨时，车辆要移至高处停放，也可以入库保管，不要停在积水处或路边的障碍物处。

（三）台风预警等级

1. 台风蓝色预警

✧ 预警标准：24 小时内可能或已经受热带气旋影响，沿海或陆地平均风力达 6 级以上，或者阵风达 8 级以上，并可能持续。

✧ 防御指南：①相关部门做好准备工作；②停止危险工作，如露天、高空等户外等活动；③相关水域上的船只采取积极的应对措施；④加固广告牌、棚架等不牢固的搭建物，关闭室外存在危险的电源。

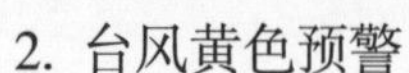

2. 台风黄色预警

✧ 预警标准：24 小时内可能或已经受热带气旋影响，沿海或陆地平均风力达 8 级以上，或者阵风达 10 级以上，并可能持续。

✧ 防御指南：①相关部门做好准备工作；②暂停危险的户外工作，如大型集会和高空作业等，幼儿园、中小学停课；③受影响水域来往及工作船只采取回港避风，防止船舶走锚、搁浅和碰撞，加固港口设施等应对措施；④拆除或加固不牢固搭建物，非必要切勿外出，及时从危房转移，保证老年人和小孩在安全的地方。

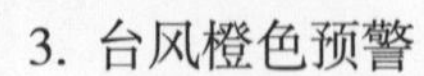

3. 台风橙色预警

✧ 预警标准：12 小时内可能或已经受热带气旋影响，沿海或陆地平均风力达 10 级

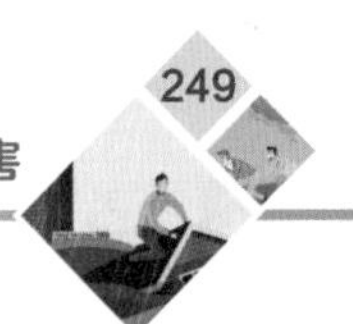

以上，或者阵风达12级以上，并可能持续。

✧ 防御指南：①相关部门做好抢险应急工作；②除特殊行业外，停课、停业、停止集会；③受影响水域上船只应当回港避风，采取加固港口设施，防止船舶走锚、搁浅和碰撞等应对措施；④拆除或加固不牢固搭建物，非必要切勿外出；⑤相关地区注意防范台风带来的山洪、地质灾害等次生灾害。

4. 台风红色预警

✧ 预警标准：6小时内可能或者已经受热带气旋影响，沿海或者陆地平均风力达12级以上，或者阵风达14级以上并可能持续。

✧ 防御指南：①相关部门做好应急和抢险工作；②除特殊行业外，停课、停业、停止集会；③受影响水域上船只及时回港避风并根据可能发生的实际情况采取积极的应对措施；④拆除或加固易被吹动的搭建物，人员非必要切勿外出；⑤相关地区应当注意防范强降水可能引发的山洪、地质灾害。

二、龙卷风

"4·29"美国南部龙卷风

美国南部某州于2017年4月遭多股龙卷风袭击，造成9人死亡、49人受伤。龙卷风所到之处，车子被卷到空中，树木被斩断，屋舍被摧毁，道路上仅剩被毁房屋与倒下的电线杆。

（一）龙卷风及其危害

龙卷风为大气中最强烈的涡旋现象，常发生于夏季的雷雨天气，常见于下午至傍晚，影响范围虽小，但破坏力极大。

龙卷风的速度一般为50~150m/s，有时可以达到300m/s，甚至超过声速。龙卷风中心风速小，甚至无风。

陆地国家常受龙卷风的袭击，其中美国是龙卷风的多发国家。位于美国得克萨斯州西部和明尼苏达州之间的一条狭长地带，被称为"龙卷风走廊"。加拿大、墨西哥、澳大利亚、英国、意大利等国家也经常遭受龙

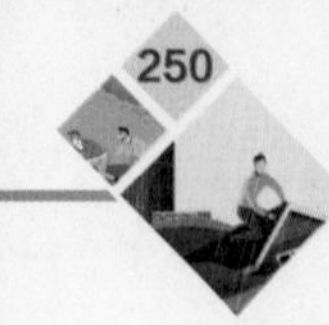

卷风的袭击。我国龙卷风主要发生在华南和华东地区,以及南海的西沙群岛上。

龙卷风的波及范围较小,但所造成的破坏是极大的。

✧ 强烈龙卷风会卷起建筑物,使其受到损坏。

✧ 龙卷风袭击可把汽车、人、畜、树木、屋顶等重物卷到天空后坠落,砸伤人群。

✧ 龙卷风的来临常伴有雷电、冰雹等次生灾害。

(二) 龙卷风危害的应对

1. 人在室内的预防措施

✧ 在家:迅速关闭门窗并立即在地下室、床下或内室过道躲避;务必远离窗口和房屋的外围墙壁。

✧ 在学校:迅速转移到楼道或室外宽敞场地,抱头俯卧于地面。

✧ 在房屋坍塌的紧急情况下,应及时切断电源,以防止电击人体或引起火灾。

2. 人在室外的预防措施

✧ 远离大树、电杆、广告牌等物体,以防被掉落的物体砸伤。

✧ 龙卷风来临时,应闭上口、眼,用双手、双臂保护头部,伏于低洼地,小心飞来物体,避免被砸伤。

✧ 若附近没有低洼处,应快速朝龙卷风移动的垂直方向移动。

(三) 龙卷风分级

✧ EF0 级:风速为 105~137km/h,风力较弱,可吹断树枝,卷起较轻的碎片击碎玻璃,烟囱可能会被吹断。EF0 级出现概率极高。

✧ EF1 级:风速为 138~177km/h,可以吹走屋顶,吹翻活动板房,吹翻较轻的汽车或被刮离路面。EF1 级出现概率较高。

✧ EF2 级:风速为 178~217km/h,可把沉重的物体带走数百米,使大树连根拔起,吹翻货车或使货车被刮离路面。EF2 级出现概率中等偏低。

✧ EF3 级:风速为 218~266km/h,可吹翻较重汽车,树木被吹离地面,吹毁大半房屋,使火车脱轨。EF3 级出现概率低。

✧ EF4 级:风速为 267~322km/h,可刮飞一辆汽车,将牢固的房屋夷为平地,树木被刮至数百米高空。EF4 级出现概率很低。

✧ EF5 级:风速超过了 322km/h,可完全吹毁房屋、刮飞汽车,刮走路面沥青,使货车、火车、列车脱离地面。EF5 级出现概率极低。

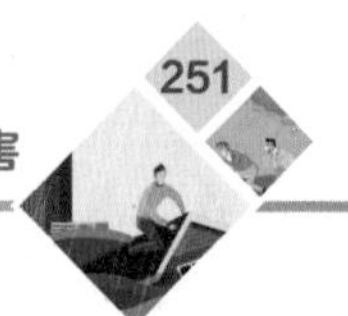

飓风、台风、龙卷风的区别

飓风和台风都是热带气旋。热带气旋在不同地方登陆，产生了不同名称。在西北太平洋和我国南海登陆的常称为“台风”；在北太平洋东部、大西洋、加勒比海登陆的称为“飓风”。飓风和台风都可在一天内产生巨大影响。

龙卷风是从卷积云向地面延伸的漏斗状旋转风，具有强烈破坏性。龙卷风可几秒内毁灭经过时遇到的物体。

第四节 逃出沙尘封锁

2015年6月，新疆某市遭遇了沙尘暴，最大风力达到6~7级，晚9时的能见度不足10m。狂风致使该市被沙尘暴笼罩，城市瞬间进入黑夜。因受沙尘暴的影响，空运也受到影响。

一、沙尘暴及其危害

沙尘暴是强风卷起地面的沙尘导致能见度低于1 000m的天气现象，沙尘暴常伴随着冷空气、雷雨天气。沙尘暴的产生与气温高、降雨量减少、大风等气候因素有关，也与城市过度开发等社会因素有关。同时，沙尘暴增加了土地沙化的面积。

(一) 中国沙尘暴的分布

✧ 春季是中国沙尘暴多发季节，主要发生在北方地区。

✧ 夏季沙尘暴主要发生在西北及内蒙古中西部一带。

✧ 秋季是一年四季中沙尘暴发生最少的季节。

✧ 冬季沙尘暴主要分布在青藏高原大部及甘肃中西部、宁夏、内蒙古中西部等地。

(二) 沙尘暴的危害

1. 对生活及健康的影响

✧ 沙尘暴影响出行：沙尘会阻碍行人、司机视线，极易引发交通事故。

✧ 沙尘暴的沙尘使空气中的可吸入颗粒物增加，加重大气污染，易

导致呼吸道疾病频发。

2. 对公共设施的影响

✧ 沙尘暴的细沙粉尘容易使建筑物及公用设施遭到毁坏。

✧ 沙尘暴还会造成农田、渠道、村舍、铁路、草场等被大量流沙掩埋。

二、沙尘暴危害的应对

(一) 一般应对

关注天气预报及沙尘暴预警,并在沙尘暴来袭时注意以下方面。

✧ 非紧急情况,避免外出,老年人和孩子等抵抗力差的人群更要紧闭门窗待在室内。

✧ 紧急情况外出时,将防尘衣物、面罩、护目镜等防尘工具戴好,回到房间后应及时清洗面部。

✧ 紧闭门窗,可用胶条密封窗户。

✧ 远离危房、旧房,转移到安全地区。

✧ 戴好口罩、纱巾、面罩、手套、眼镜等防尘防风物品。

✧ 要及时取消、停止露天大型活动,做好疏散工作,确保生命安全。

✧ 停止田间劳动,到安全地带躲避。

✧ 与树木、广告牌等不牢固物体保持安全距离,避免被坠落物体砸伤。

(二) 沙尘天气行车注意事项

✧ 司机应打开雾灯、近光灯、示廓灯和前后车灯。

✧ 当能见度为 100~200m 时,车速应保持在 40km 以下,夜间车速应在 30km 以下。

✧ 拉大与前车距离,减速慢行,减少并道或变更车道频次。

✧ 当视线受阻时,应及时处理前玻璃的泥沙或尘土。

✧ 停车地点应与广告牌、枯树等保持安全距离,避免车被砸碰。

三、沙尘暴预警等级

1. 沙尘暴黄色预警

✧ 预警标准:12 小时内可能或已经出现沙尘暴天气并可能持续(能见度 <1 000m)。

✧ 防御指南:①防范沙尘暴,在家关闭

门窗；②如果出门，要注意戴好口罩、纱巾等防沙尘用品，保护好呼吸道、眼睛；③做好精密仪器的密封工作；④对于易被风吹动的搭建物，如固定棚架、临时搭建物等，做好固定；⑤安置好室外易被沙尘暴影响的物品。

2. 沙尘暴橙色预警

✧ 预警标准：6 小时内可能或已经出现强沙尘暴天气并可能持续（能见度 <500m）。

✧ 防御指南：①确保行人视线不受阻，注意交通安全；②刮风时尽量避免骑车，与大树、广告牌、临时搭建物等保持距离；③驾驶人员要小心驾驶；④有出行安排者，要关注机场、高速公路、轮渡码头是否正常运行；⑤驾驶各类机动交通工具者注意安全；⑥其他预防措施同沙尘暴黄色预警。

3. 沙尘暴红色预警

✧ 预警标准：6 小时内可能或已经出现特强沙尘暴天气并可能持续（能见度 <50m）。

✧ 防御指南：①避免在室外活动，应在可防沙尘且安全的地方躲避，沙尘暴结束后再出门；②相关应急部门和单位做好抢险应急准备；③受沙尘暴影响的地区应暂停交通运输；④其他预防措施同沙尘暴橙色预警。

第五节 走出雾霾屏障

一、霾

目前，世界各国的很多城市都深受雾霾困扰。2016 年，中国有 17 个省份遭受雾霾天气，导致公众健康受到影响。

（一）霾及其危害

霾是指大量非常细小的颗粒均匀分布在空气中，使整体空气普遍混浊，能见度小于 10km 的一种现象。人类活动的直接排放物、大气污染物二次转化形成的二次气溶胶等以及自然界火山爆发、森林火灾等排放物

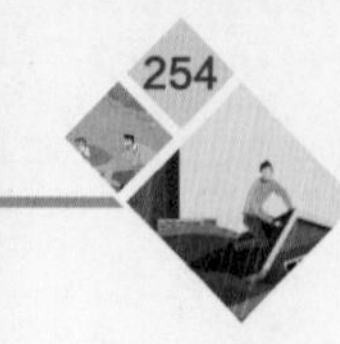

等都是霾的重要来源。

霾主要由 SO_2（二氧化硫）、NO_x（氮氧化物）和可吸入颗粒物组成，其中可吸入颗粒的主要成分是细颗粒物（particulate matter 2.5，PM2.5），即空气中直径≤2.5μm 且 >0.1μm 的颗粒物质。

霾主要发生在秋冬季。其原因主要有三：①秋冬季气温较低、气场较低、风力小，使得污染物难以被吹散；②冬季北方取暖时间长，煤、秸秆、柴火等燃烧产生的污染物增加；③冬季逆温层明显，在一定程度上能阻止空气上升，增加污染物的聚集。

1. 霾的高发地及原因

✧ 京津冀地区：工业污染，煤和秸秆燃烧产生污染物。

✧ 长三角地区：可吸入颗粒物跨区域污染；污染物人为排放造成的二次污染；雨水较多，大气湿度较高，“静稳天气”。

✧ 四川盆地：四面环山的特殊地形，极易成为污染物的聚集地。此外，外风难以进入盆地，难以吹散污染物。

2. 霾的主要来源

✧ 二次无机气溶胶：直接排放到空气中的颗粒物与紫外线、臭氧等引起光学反应后，新生成大气颗粒物，进一步影响空气质量。所有未知来源的污染物都可以称为二次无机气溶胶。

✧ 工业污染排放：炼金、锅炉燃烧、建材生产等产生排放物都是霾的主要来源。

✧ 汽车尾气和燃煤：石油和煤在燃烧过程中若供氧量不足，便会产生一氧化碳以及没有完全燃烧的有机化合物和炭黑，一旦它们被排放到空气中，便会影响空气质量。

✧ 其他来源：包括地面与汽车轮胎摩擦掀起的扬尘，室内甲醛的排放，城市垃圾污染物的燃烧，发电厂发电及秸秆和柴火燃烧过程排放的烟尘等。

3. 雾与霾的区别

✧ 形态：雾是水蒸气遇冷液化成小水滴悬浮在空中；霾是人为污染或自然形成的细颗粒物悬浮在空中。

✧ 能见度：雾的能见度 <1km；霾的能见度 <10km。

✧ 直径：构成雾的小水滴直径在 5~10μm；形成霾的细颗粒物直径在 0.001~10μm。

✧ 颜色:雾是类似轻纱的白色和青白色;霾是类似沙尘暴颜色的姜黄色、蓝灰色、橙灰色、黄色或灰色。

✧ 相对湿度:雾的相对湿度 >95%;霾的相对湿度 <80%。

注意:在严重雾和霾天气,室内 PM2.5 浓度要低于室外浓度 30%~40%,因此建议在雾和霾天气要减少户外活动。

4. 霾对健康的危害

✧ 诱发肺癌:有研究表明,肺癌与霾有很强的相关性。一般来说,PM2.5 每增加 10μg/m^3,肺癌的发生率会增加 25%~30%。所以防霾十分重要。

✧ 诱发心血管疾病:有研究表明,大气中 PM2.5 中的苯并芘浓度每升高 1.08nm/m^3,出现心血管病变的可能性就会增大 5%。

✧ 诱发呼吸系统疾病:在欧盟国家,PM2.5 导致人们的寿命平均减少 8.6 个月。在中国每年因空气污染造成的呼吸道疾病门诊病例数在 35 万以上。

✧ 影响心理健康。

因此,老年人、儿童、室外作业人员(如交警、建筑工人)、孕妇、慢性疾病(如哮喘、慢性支气管炎等)患者等脆弱人群尤其应注意防霾。

5. 霾对交通的危害

✧ 霾天气会大大降低能见度,影响海、陆、空等交通安全。

✧ 空气中的粉尘和细小颗粒会在车道两边的强气流影响下,聚集在行使中的车辆高压器上,导致“污闪”现象发生,造成线路中断,影响机车行驶。(当空气中水分较多时,霾中的烟尘、可吸入颗粒物就会在绝缘表面形成导电通道,在高压的情况下,绝缘子的绝缘水平下降,会被击穿出现强烈放电现象,导致“污闪”发生。)

(二)霾天气中的自我防护

✧ 注意收听 / 看天气预报(可以开通手机的天气预报功能)。

✧ 霾天气下应减少户外活动。如果急须出门,一定要带上防霾口罩,减少霾的吸入。外出回家后及时清洁面部和暴露在空气中的皮肤。此外,霾来临时应暂停户外运动。

✧ 霾天气下空气流动较慢,农村等特殊地区需要靠火炉取暖的居民要采取适当的通风措施,避免一氧化碳中毒。

✧ 霾天气中外出时,尽量用鼻子呼吸。研究发现,鼻腔中的鼻毛能有效阻挡 10% 的污染物。

✧ 霾散之后，及时开窗通风换气，保养空气净化器，清洗窗帘，更换新口罩，在晴天晒衣服。

防霾口罩小知识

1. 防霾口罩的佩戴方法如图所示。

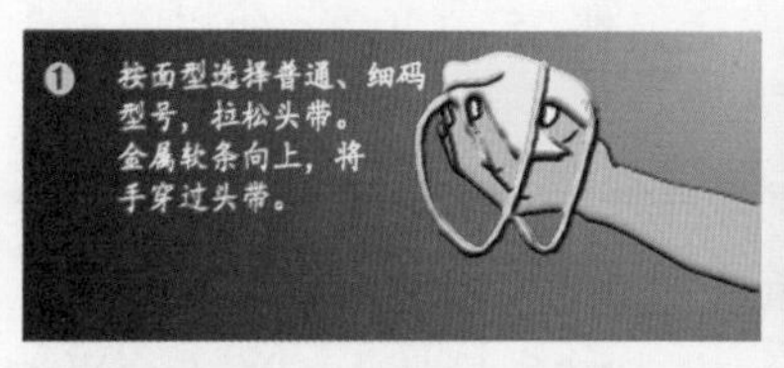

2. 口罩保护级别

任何口罩都有一定的防护作用，但建议在雾霾天气选择防护性好的口罩。首先，通过正规方式和正规渠道购买；其次，依据空气质量选择相对应保护级别的口罩。口罩级别如下：

D 级：适用于中度（PM2.5 浓度≤150μg/m^3）及以下污染。

C 级：适用于重度（PM2.5 浓度≤250μg/m^3）及以下污染。

B 级：适用于严重污染（PM2.5 浓度≤350μg/m^3）。

A 级：在 PM2.5 浓度达 500μg/m^3 时使用。

3. 不同口罩的性能

✧ 防霾口罩：是一种能够有效过滤空气中雾霾、病毒、细菌、尘螨、花粉等微小颗粒的功能性口罩，常见的主要是 N95 及以上口罩。

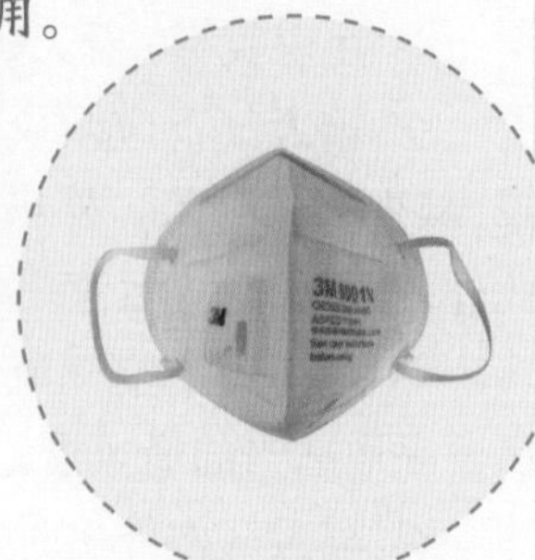

✧ 医用外科口罩：以抗菌、抗飞沫为主，能够减少直径 >4μm 的颗粒对人体的侵入，但是不能阻挡直径 <2.5μm 的颗粒物。

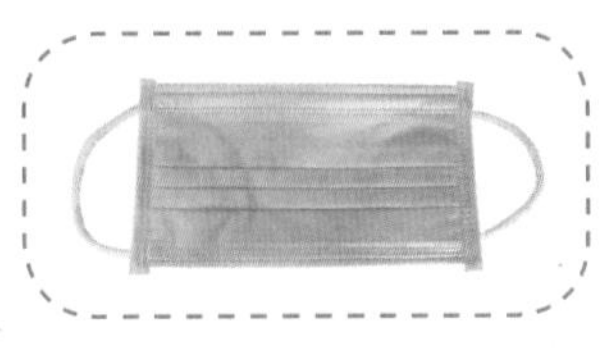

✧ 棉布口罩：由层数较多的棉布组成，主要作用是阻挡直径较大的粉尘和颗粒，但是很难阻隔 PM2.5 的侵入。

✧ 活性炭口罩：在颗粒物防护口罩上增加一层薄薄的活性炭或其他吸附气体的材料，可以减除异味，但不增加对颗粒物的防护能力。

（三）霾的预警等级

1. 霾黄色预警

✧ 预警标准：未来 24 小时内可能出现下列条件之一：①能见度 <3 000m 且相对湿度 <80%；②能见度 <3 000m 且相对湿度 ≥80%，PM2.5 浓度 >115μg/m³ 且≤150μg/m³；③能见度 <5 000m，PM2.5 浓度 >150μg/m³ 且≤250μg/m³。

✧ 防御指南：①空气质量较差，注意天气变化带来的身体不适；②有呼吸疾病的患者出门必须要戴口罩，并减少外出频率。

2. 霾橙色预警

✧ 预警标准：未来 24 小时内可能出现下列条件之一：①能见度 <2 000m 且相对湿度 <80%；②能见度 <2 000m 且相对湿度 ≥80%，PM2.5 浓度 >150μg/m³ 且≤250μg/m³；③能见度 <5 000m，PM2.5 浓度 >250μg/m³ 且≤500μg/m³。

✧ 防御指南：①空气质量较差，注意天气变化带来的身体不适；②体弱者尽量不要外出。

3. 霾红色预警

✧ 预警标准：未来 24 小时内可能出现下列条件之一：①能见度 $<2\ 000m$ 且相对湿度 $<80\%$；②能见度 $<2\ 000m$ 且相对湿度 $\geq 80\%$，PM2.5 浓度 $>150\mu g/m^3$ 且 $\leq 250\mu g/m^3$；③能见度 $<5\ 000m$，PM2.5 浓度 $>250\mu g/m^3$ 且 $\leq 500\mu g/m^3$。

✧ 防御指南：①相关部门要加强公司和企业的排污监督；②停止室外体育赛事，中小学停止户外体育课；③暂停一切户外活动，把窗户关好，身体虚弱者禁止外出；④驾驶人员小心交通运行；⑤外出一定要戴口罩，尽量乘坐公共交通工具，外出归来全面清洗皮肤。

二、雾

雾，看似清洁温柔，有时却会给我们带来危害。交通部的数据指出，由大雾天气所致的交通事故占我国所有公路交通事故的 1/4~1/3。据历史资料显示，国内航班延误原因中，大雾天气影响的占比为 78.9%。此外，江河海运也常受雾的影响。

（一）雾及其危害

雾是一种自然现象，是由悬浮在大气中的大量微细水滴（或冰晶）组成的可见集合体。大雾天因能见度差，对人的健康和交通、航空运行产生很大影响。

1. 雾的高发季节　一般为秋冬季。我国的多雾期是每年的 12 月至次年 1 月。我国江南北部及东部、黑龙江省北部、吉林省东部、四川省东部、重庆市、湖南省西部、福建省中北部、云南省南部等地每年大雾天气有 40~80 天，其中福建、云南、浙江、重庆等地局部地区每年大雾天气有 80~100 天。

2. 雾的分布

✧ 从全国范围内来看，雾天的发生呈现东南部多，西北部少的特点。

✧ 就地形而言，地势比较陡峭的山坡、山谷、盆地以及沿海地区等

都是雾天的高发区。

✧ 雾的发生在南北方具有季节性差异，比如北京雾天气高发于秋冬季节，8 月偶尔也会有，但是广州等地区雾天则高发于冬春季节。

高速公路的"流动杀手"——团雾

团雾是局部近地层空气受辐射影响，降温、增湿而引起的雾气，其具有突发性、局地性、尺度小、浓度大的特点。

2012 年 6 月 3 日 5 时，沈海高速地段因突发团雾导致一系列交通事故，11 人直接死亡，19 人不同程度受伤。

3. 雾对健康的影响

✧ 雾气本身是纯净的水滴构成的，但若掺杂大气中的酸、尘埃等污染物，其危害是普通雾气的几十倍。

✧ 雾易使空气中的传染性病菌活性增强，造成传染病增多，加重老年人循环系统的负担，可能诱发心绞痛、心肌梗死、心力衰竭等致命疾病。

✧ 长时间处于雾天气下的儿童会因为紫外线照射不足，影响体内维生素 D 的生成，大大减少身体对钙的吸收，极大影响身体健康。

✧ 雾对呼吸系统影响最大。初冬季节雾天气频发，风速小，导致污染物难以被吹散，聚集的二氧化硫（SO_2）以及颗粒物等会引发急性上呼吸道感染，加快支气管疾病的发作速度。

注意：雾天应减少戴隐形眼镜时间，如果必须使用隐形眼镜，应保证隐形眼镜消毒时间至少 12 小时。

4. 大雾对交通的影响　大雾会降低路面能见度、造成交通拥堵并引发交通事故。据统计，大雾引发交通事故高出其他灾害性天气条件 2.5 倍，伤、亡人数分别占事故伤、亡总数的 29.5% 和 16%。

友情提示：大雾常于晚 10 时至次日早 8 时左右出现，日出前浓度最高，秋冬季尤为严重，驾驶员要避开雾的高发时间，最好不要夜间行车。

（二）驾驶员防雾指南

✧ 正确使用灯光：打开除远光灯外的所有灯，必要时打开双闪灯。

✧ 保持低车速：雾越大，能见度越低，驾驶员的可视距离越近，因此必须降低车速。

✧ 使用喇叭提示：雾天按喇叭能够很好地提醒行人和车辆，大大降低事故发生率。

✧ 不要盲目超车：雾天严禁超车，应时刻注意来往的车辆以及行人，并适当按喇叭，低速绕过。

✧ 忌猛踩刹车：不能紧急制动，如有需要，可连续多次轻踩刹车制动以提示后车注意。

✧ 根据路的车道数量确定走哪条路线。雾天尽量选择车辆少的路线。

✧ 动用一切装备除掉车内雾气。开启车辆的除雾功能。

✧ 在陌生地方行车可以依靠GPS：浓雾时看不清道路标志可借助GPS，避免迷路。

✧ 关注交管信息：及时收听广播以确定周围路况。

（三）大雾天气危害的应对

大雾天气下的预防措施与霾天气防御措施既有相似性（详见“霾”），又有特殊性。特殊性如下：①必须外出时，尽量戴防菌等功能性强的口罩；②大雾天气下，地面潮湿，与车轮的摩擦系数减小，易导致车辆打滑，因此行人过马路时要小心谨慎，注意来往车辆；③遇轮渡等停航时，不要拥挤在渡口。

（四）雾的预警等级

1. 大雾黄色预警

✧ 预警标准：12 小时内，能见度 <500m，或者能见度 <500m 且≥200m 并将持续。

✧ 防御指南：①有关部门和单位按照职责做好防雾准备工作；②机场、高速公路、轮渡码头等单位加强交通管理，保障安全；③驾驶人员注意雾的变化，小心驾驶。

2. 大雾橙色预警

✧ 预警标准：6 小时内，能见度 <200m，或者 <200m 且≥50m 并将持续。

✧ 预防指南：①有关部门和单位按照职责做好防雾工作；②机场、高速公路、轮渡码头等单位加强调度指挥；③驾驶人员必须严格控制车、船的行进速度；④减少户外活动。

3. 大雾红色预警

✧ 预警标准：2 小时内，能见度 <50m 并将持续。

✧ 预防指南：①有关部门和单位按照职责做好防雾应急工作；②有关单位按照行业规定适时采取交通安全管制措施，如机场暂停飞机起降，高速公路暂时封闭，轮渡暂时停航等；③驾驶人员根据雾天行驶规定，采取雾天预防措施，根据环境条件采取合理的行驶方式，并尽快寻找安全停放区域停靠；④不要进行户外活动。

第六节　逃离大海的愤怒

一、风暴潮

2014 年，广东省海域发生过 3 次风暴潮，导致直接经济损失 60.41 亿元，514 多万人无家可归，660 公顷的农田受到毁坏，45 370 公顷的水产养殖受损，沿海工程受损 20.37km，房屋破坏 11 117 间，船舶损坏 1 213 辆。由此可见风暴潮的巨大威力和影响。

（一）风暴潮及其危害

风暴潮是一种灾害性自然现象。由于剧烈的大气扰动，如强风和气压骤变（通常指台风和温带气旋等灾害性天气）导致海水异常升降，使受其影响海区的潮位大大超过平常潮位的现象称为风暴潮。风暴潮会摧毁村庄，影响群众生命财产安全。

1. 风暴潮的分类

✧ 温带风暴潮：常发生于春秋两季，也见于冬季和初夏，集中在渤海、黄海沿岸与长江口的南部边界接口处，沿渤海的莱州湾和渤海湾受其影响最大。

✧ 台风风暴潮：多发于盛夏和初秋，即 7—9 月，主要分布在东海、南海、黄海南部及台湾以东太平洋海域。

2. 风暴潮与海啸的区别

✧ 成因不同：海啸是由于某些原因导致的海底升降运动，是海水的整体运动；风暴潮是天气运动导致的海水表面运动。

✧ 波长不同：海啸的波长有数百千米；风暴潮的波长不到 1 000m。

✧ 传播速度不同：海啸以 700~900km/h 的速度传播，相当于波音 747 飞机的速度；风暴潮的最快速度只有 200km/h，要比海啸速度慢很多。

✧ 被激发的难易程度不同：海啸由海底地震引发，但是地震不一定产生海啸；风暴潮很容易被风或风暴所激发。

3. 受风暴潮影响人群　风暴潮大多发生在沿海低地势区域，对内陆影响较小，主要影响以下人群：①邻海而居的人；②海上打鱼的人；③海边游玩的人。

（二）风暴潮危害的应对

✧ 停止海上生产活动，关闭一切海上旅游场所，禁止游人到海边游玩。

✧ 撤离到远离海岸线的坚固地方躲避。

✧ 躲在结实房屋里，关好窗户，用结实的防风板或胶布等贴上窗户，以防玻璃破碎。

✧ 在路上行走时，要注意高空坠落物或者飞来物，避免被坠物砸伤。

✧ 若不小心掉进大海，应尽其可能游回岸边；如果被吹到远离海岸线的地方，要努力寻找并且紧抱树桩等漂浮物，等待专业人员救援。

二、海啸

据报道，全球各大洋都发生过海啸，其中 90% 的海啸发生在太平洋。1900—2000 年 100 年间，太平洋共发生海啸 711 次，地中海发生海啸 110 次。2004 年 12 月 26 日印度发生了至今为止伤害性最大的海啸，其中印度尼西亚受袭最为严重，失踪人数为 127 774 人，确认死亡的人数高达 111 171 人。

（一）海啸及其危害

海啸是由于海底地震、火山爆发、海底滑坡、气象变化等原因造成的海面大浪并伴随巨响的现象，是一种具有强大破坏力的灾难性海浪。海啸可卷起高达数十米的海浪。

海啸发生有一些前兆，如：①地震是引起海啸发生的重要前兆之一；②海水突然上涨或降低，大量鱼群聚集；③海面，出现几十米的巨浪伴怒吼；④夜间从海上传来异常声响；⑤浅海地区，海平面变为白色，可见一道较长的水墙；⑥附近大量船只莫名地上下颠簸。

因此，一旦发现上述前兆表现，切记不要贴近海边和入海口等地方；及时收听天气预报，如果听到地震的预警预告，一定要做好积极的应对准备。

海啸前兆案例

据美联社报道，一英国女孩跟父母在泰国游玩时，突然发现海的远处开始冒泡，并涌现出一波白色的巨浪，将蓝天和大海明显地隔成了两半，并且海水水流速度也在加快，这让她联想到地理课上介绍的海啸即将发生的表现。她歇斯底里地狂呼“不好了，要发生海啸了！”随后父母带她返回旅馆，将这些告诉工作人员，使得海边所有游客及时疏散到了安全地区。

1. 海啸的直接效应

✧ 海啸直接导致人员溺水身亡。

✧ 饮用水、食物、住所受到影响。

✧ 海水退去，大量的海底污染物被带进人口密集的地区，易发生疫病。

2. 二次效应

✧ 海啸过后，因动植物尸体腐烂、污染物扩散，会增加传染病发生风险。

3. 持久效应　海啸造成的灾难影响会持续很长时间，在灾后的几个月里，灾区对金融和物质援助需求更大。

✧ 需要对海啸经过地区的水源、昆虫、传染病疫情进行监测。

✧ 需要从未受影响地区转移医疗用品，以满足受灾地区的需要。

✧ 需要恢复灾区正常的基层医疗服务、供水系统、住房和就业。

✧ 在危机平息后需要帮助社区恢复和重建。

（二）海啸来临前的预防

✧ 要实时收听电视广播、天气预报。

✧ 预先在安全的地方准备一些食品、药品和饮用水。

✧ 加固重要的海堤，禁止在没有任何保护措施的海边建房居住。

✧ 一旦确定有海啸预警，要立即通知所有人安全撤离。

（三）海啸来临时的应对

1. 听到海啸预警信号或在海边感觉很强烈震感

✧ 海边群众：果断放弃随身携带的沉重物品，远离海岸线和地势低洼区，迅速向高处转移，若没时间向高处转移，可以到坚固的高大建筑物中躲避。

✧ 港口工作人员：如果时间充足，船长要在保证船员安全的前提下，努力将船开到宽阔的海面。如果没时间将船只开出海港，船长应确保所有人离开船只，及时到高大建筑物中躲避。

✧ 海上船只：船只位于外海时，不要驶回海港，因为港口设施可能已经遭到破坏。船只位于近海时，没有时间将船只驶向外海，唯一能做的就是立即弃船，奔向安全的高地（详见第二章第四节）。

2. 不幸落水

✧ 要镇定，切忌慌乱，相信自己一定能够活下去。

✧ 要紧抓周围的木板和树桩等浮在水上的物体来自救。

✧ 如果海水温度偏低，不要脱衣服，以防身体热量流失。

✧ 切记不要乱动而消耗体力，以防眩晕。

✧ 千万不要喝海水，以防身体脱水。

小 贴 士

落水的人一定要向人员较多的地方漂浮，这样大家可以抱团取暖，并且可以防止人员丢失，还可以扩大救援目标面积，便于救援人员搜救。

救助落水者时，应先清除其口鼻的异物，再对其进行简单的止血包扎，最后送医院救治。

第七节 远离燎林之火

森林火灾是破坏森林资源的重要因素，一场火灾在转瞬间就能让盎然的绿色森林失去生机，给国家和集体造成不可衡量的损失。有数据显示，2015 年我国发生森林火灾共计 1 410 起，2016 年增至 2 034 起，上涨 30.72%。2016 年火灾总面积达到 18 161 公顷，其中森林火灾有 6 224 公顷。

一、森林火灾及其危害

森林火灾是指失去人为控制、在林地内自由蔓延和扩展，对森林、森林生态系统和人类带来严重危害和损失的林火。森林火灾是一种突发性强、破坏性大、处置较为困难的灾害。

（一）森林火灾原因

自然原因和人为原因等均可造成森林火灾，但最普遍、最大量的森林火灾往往是由人为因素引起的。

✧ 自然原因：如火山爆发、煤炭自燃、雷电等人类无法控制的原因。自然原因引发的森林火灾相对较少。

✧ 人为原因：如在山上烧荒、烧田埂、采石放炮、烧炭、烧石灰、烧砖瓦以及机车甩瓦、汽车喷火和高压线脱落等；又如在山上扔烟头、烧火做饭、取暖、照明、上坟烧纸、放鞭炮、小孩玩火、故意放火等。

（二）森林火灾的季节分布规律

✧ 主要高峰期为 4—6 月：每年的 4—5 月，天气回暖，空气较为干燥，易发生森林火灾。6 月延续了 4—5 月的少雨，再加上干雷较多，也易发生森林火灾。

✧ 其次高峰期是9—10月:8月之后,树叶逐渐凋落,地上枯叶、杂草明显增多,再加上少雨,形成了火灾高发的第二个集中期。

(三) 森林火灾级别

✧ 森林火警:受害森林面积不足1公顷或者其他林地起火。

✧ 一般森林火灾:受害森林面积在1公顷以上不足100公顷。

✧ 重大森林火灾:受害森林面积在100公顷以上不足1000公顷。

✧ 特大森林火灾:受害森林面积在1000公顷以上。

(四) 森林火险预警等级

1. 森林火险黄色预警

✧ 预警标准:森林火险等级为三级。中度危险,林内可燃物较易燃烧,森林火灾较易发生。

✧ 预防措施:①有关部门强调预防森林火灾的重要性,持续推进宣传教育;②加强巡山护林活动,严格管制野外火源;③做好扑火救灾的充分准备;④进入林区,注意防火;⑤在林内或边缘用火要做好防范措施。

2. 森林火险橙色预警

✧ 预警标准:森林火险等级为四级。高度危险,林内可燃物容易燃烧,森林火灾容易发生,火势蔓延速度快。

✧ 预防措施:①有关部门加大森林防火的宣传力度;②加大森林巡逻力度,注意野外防火;③做好扑火救灾的充分准备;④在重点关卡增加监督人员,严查带火种的人员;⑤在林内或边缘禁止户外用火,停止一切炼山作业。

3. 森林火险红色预警

✧ 预警标准:森林火险等级为五级。极度危险,林内可燃物极易燃烧,森林火灾极易发生,火势蔓延速度极快。

✧ 预防措施:①增加值班人员的工作强度,加大值班力度,严密关注森林里的一切动向；②进入备战状态，森林消防员随时待命；③在林区进入口发布通告，禁止在林内用火；④一旦发生森林火灾，立即、科学、安全扑救，保护人民的生命财产安全；⑤在森林火灾高发期，禁止一切炼山活动。

二、森林火灾的预防

✧ 加强防火意识，严禁带火种进入森林。进入森林之前将隐患火种，如打火机、火柴等物品上交。

✧ 不要在林中生火取暖、乱丢烟头、点火把照明。

✧ 在进行旅游、踏青等野外活动时，要严禁野炊生火、点燃篝火等活动。

✧ 自觉移风易俗，文明祭祀，不在森林内上坟烧纸、燃放鞭炮，可以用果篮、鲜花代替传统祭祀物品。

案例

2016 年 2 月，邹某因为在父坟前放鞭炮，引发大面积森林火灾，导致 966 亩森林遭受直接毁灭。

有数据显示，野外祭祀放炮导致的森林火灾占据所有火灾原因的 44.4%，是森林火灾的"头号元凶"。在此我们呼吁：一定要革除陋习，送一束花、植一棵树，也是祭祖的好方式。

三、森林火灾的应对

(一) 遭遇森林火灾时

✧ 不能随意选择方向、盲目乱逃，否则极易被浓烟所困。

✧ 正确判断森林火灾方向，不要与火赛跑。

✧ 要选择植被稀少的路线，逆风而逃，千万不能顺风逃生。

✧ 不能向山顶方向逃生，因为浓烟上升，会加快火灾向山顶扩展的

速度。

✧ 用沾湿的衣物或毛巾捂住口鼻，防止浓烟进入口鼻。

（二）被森林火灾包围时

✧ 寻找植被稀少的平地藏身，远离低矮的洞穴和土坑。

✧ 脱去身上的易燃衣服。

✧ 若周围有水源，将衣服沾湿披在身上是有力的自护方法。

✧ 双臂抱头蜷缩在地上。

（三）顺利逃出火海时

✧ 要注意周围区域是否安全，谨防蚊虫、蛇等的侵袭。

✧ 多人共同出行时，一定要检查人数，一旦发现有人失踪，立即请求专业人员救援。

（四）不幸引火上身时

✧ 快速脱掉着火的衣服，立即将火拍灭或者踩灭。

✧ 若来不及脱衣服，立即卧倒在地，压灭火苗。

注意：发现大火袭来，人力无法控制时，只要时间允许，迅速转移到安全地带，避免发生伤亡。

四、消防员灭火方法及工具

✧ 人工扑打：用周围的树枝或灭火耙、铁扫帚等灭火工具轮流扑打火线，直到控制蔓延为止。

✧ 用水灭火：水是最有效的灭火剂，尤其是在枝繁叶茂的原始森林。

✧ 用土灭火：用锄、锹等工具将附近的泥土投向起火处，直至火被熄灭。

✧ 用气灭火：使用风力灭火机，两人轮流操作，一人背机，一人背油，直至大火被熄灭。

第八节　躲避暴戾的洪流

中国拥有发达的铁路、公路系统，这些干线的周围多是泥石流的高发地区，仅川藏公路周围就有1千余条泥石流鸿沟。因泥石流清理工作困难，常导致被困车辆滞留时间长达1~6个月。

一、认识泥石流

由于降水（暴雨、融雪）而形成一种夹带大量泥沙、石块等固体物质的固、液两种流体，呈黏性层流或稀性紊流运动状态的现象，是高浓度固体和液体的混合颗粒流。泥石流活动的季节性很强，主要集中在降水强度大的夏秋季（6—9 月）。

1. 泥石流高发地区

✧ 青藏高原与次一级高原、盆地之间的接触带。

✧ 青藏高原与次一级高原、盆地东部的低山丘陵或平原的过渡带。

2. 泥石流发生的条件

✧ 地形地貌：地势陡峭、高山深谷便于水量的大规模汇集。

✧ 松散地质：破碎、易坍塌的特殊地质是泥石流中固体物的来源；部分岩石结构疏松、易破坏，是泥石流碎屑物的来源；过度砍伐造成的水土流失是泥石流黏沙等的重要来源。

✧ 水源：长时间、连续性的暴雨是泥石流发生的重要水源条件。

二、滑坡与山洪的区别

滑坡是斜坡上大量土体和岩体在重力作用下沿一定的滑动面整体向下滑动的现象。

山洪是山区地表径流快速汇集成的、具有强大能量的沟（河）谷洪流，发生在山谷地带。山谷溪流水位快速上涨，可在沿沟（河）地带形成冲毁和淹没灾害。因此，沿沟（河）地势低洼地带是山洪发生时的危险区。

三、泥石流的危害

✧ 毁坏房屋、建筑物等一切场所。

✧ 直接掩埋公路、铁路、河桥等基础设施。

✧ 冲毁水电站等重要水电设施。

✧ 携带大量沙石的泥石流易砸伤、掩埋人群，严重影响群众生命安全。

四、泥石流前兆

居住在泥石流常发地区的人要经常收听天气预报，关注泥石流发生

的前兆以判断是否会发生泥石流。

第一是看：如果发现往常水位、水速平稳的河流突然水位暴涨或流速增快，水中的杂草水物突然大量增加，下游突然出现河水断流现象，可以判定上流有泥石流出现。

第二是听：如果听到深谷有隆隆的闷雷声，且谷内深处的天突然变黑深并伴有轻微的震动声，说明沟谷上游已发生泥石流。

五、泥石流来临的应对

1. 发现泥石流先兆

✧ 居住在上游地区的人一旦察觉泥石流暴发的异象和前兆，应立即通知下游的群众，以最大限度地减少人员伤亡。

2. 发生泥石流

✧ 要冷静，切忌慌乱。

✧ 千万不能顺着泥石流的方向直上直下地跑，要向与泥石流发生方向垂直的山坡两侧跑。

✧ 泥石流附近的居民千万不要贪恋财物，应按照指定的逃生路线，在统一指挥下有序逃生，迅速到安全区域躲避。

✧ 在谷底活动的人应立即躲到地势较高的安全地带，千万不要到地势低洼的山坡下躲避。

✧ 在逃跑过程中，应时刻注意从山顶滑落的滚石、堆积物等，用手保护好头部，以防被砸伤。

✧ 来不及逃跑时，应快速抱住周围的高大固定物，防止被泥石流冲走。

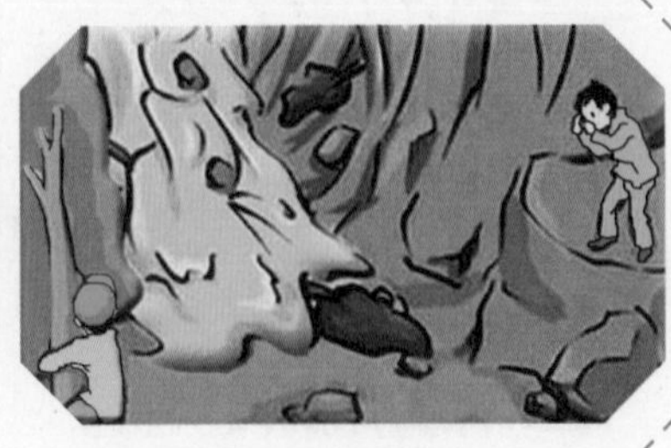

六、山区旅游注意事项

✧ 夏季尽量不要到泥石流常发地区旅游。

✧ 报团旅行或者聘请一位熟悉当地地形和天气的向导，是避免发生意外的一种重要防范手段。

✧ 确定旅游地点后，应及时收听旅游地点的天气预报，如果在您到达前此地已经连续多天是阴雨天气或者暴雨天气，建议暂时取消旅游计划。

✧ 旅游出发前，准备一些必要的急救药品及食物。

✧ 在山谷游玩时，时刻注意山谷声响。如果遇到长时间暴雨的情形，要留意雨情，做好及时转移准备。

✧ 在野外安营扎寨休息时，要远离危岩，平坦的、周围无陡峭滚石堆积物的旷野是优选的营址。

七、易受威胁人群

✧ 切坡建房不加防护的人。

✧ 在陡峭的山坡下建房的人。

✧ 在河桥两侧以及空地处建房的人。

✧ 在河桥低处、河道拐弯处建房的人。

✧ 不了解地势、地形，不知道泥石流暴发前兆，在山脚下或河桥两边随意活动的人。

✧ 遇到持续的强降雨天气还居留在类似上述地方毫无准备的人。

✧ 在泥石流暴发期间，不听指挥、私自过河逃生的人。

✧ 在泥石流暴发期间，将钱财等身外物看得比命还重要的人。

第九节 “要命的”地动山摇

一、地面坍塌

2008 年 11 月 15 日，杭州风情大道工地突发大面积地面坍陷(宽 75m，下陷 15m)，致使多辆汽车、多名工作人员被困地下。2008 年 3 月 25 日，四川省红桥镇也曾发生类似事件，形成了 3 个长约 400m 的巨型

天坑。此后，类似事件不断出现，至2008年7月2日，红桥镇的地陷坑已经增加到16个，因地面坍塌造成的经济损失也在逐渐增大。

（一）地面坍塌及其危害

地面塌陷是指地表岩、土体在自然或人为因素作用下向下陷落，并在地面形成塌陷坑（洞）的一种地质现象。当这种现象发生在有人类活动的地区时，便可能成为一种地质灾害，造成人员伤亡。

1. 地面坍塌的种类

✧ 按成因分：可分为人为塌陷和自然塌陷。

✧ 按发育地质条件分：可为岩溶塌陷和非岩溶塌陷。岩溶塌陷易发生在岩溶强烈及中等发育的覆盖型碳酸盐岩地区。非岩溶塌陷又分为采空塌陷和黄土湿陷。采空塌陷易发生在矿山周围，其中以煤矿塌陷最为突出。黄土湿陷易发生在湿陷性黄土发育的地区。

2. 岩溶塌陷的伴生与共生现象

✧ 地面下沉或地面沉降。

✧ 地面开裂。

✧ 塌陷地震。

3. 地面坍塌的危害

✧ 破坏房屋、管道、矿山、水库、交通等工程设施。

✧ 毁坏大片土地，包括耕地。

✧ 影响城市和矿区的环境并造成继发损害。

（二）地面坍塌的前兆

✧ 地面形变：地面出现不明显的突起或裂纹。

✧ 井、泉的异常变化：如井、泉水突然干枯，水变浑浊，水位突降。

✧ 建筑物：楼房出现作响、倾斜、开裂等。

（三）地面坍塌的预防

✧ 在雨季，居民要加固地表排水沟渠，增强警惕意识，预防坍塌。一旦察觉异样，应立即躲避。

✧ 物业以及路面维修人员要注意地下输水管线的管理，防止输水管线断裂情况的发生。

✧ 建筑人员在修建房屋时，应做好地表和地下排水系统的防水工作，特别应加强居民厨房下水道的防水。

✧ 矿山采矿人员应根据地形制订科学的矿山开发方案。

（四）地面坍塌的应对

✧ 地面坍塌被埋时，首先要冷静，小心护住口鼻等重要部位；其次在移动身体时，要小心翼翼，防止坠落物砸伤自己。

✧ 地面坍塌被埋时，可敲击身边的水管、煤气管道发出声音，让救援人员更容易发现。

✧ 如果被埋处离地面很近，能听到救援人员的声音，要大声呼救吸引救援人员。

✧ 发生坍塌时，如果正躺在床上，应立即滚到床下躲避。

二、地震

我国是地震灾害频发的国家之一。相关资料显示，我国平均每年发生 20 次 5 级以上地震，历史上曾出现几次伤亡严重的大型地震。例如，1976 年河北唐山地震导致 242 769 人死亡，16.4 万人重伤，经济损失达 30 亿元以上；2008 年四川汶川地震造成 69 227 人死亡，374 643 人受伤，17 923 人失踪，直接经济损失 8 452 亿元。

（一）地震及其危害

地震是由于地壳运动和变化，岩石圈的不同部位受到挤压、拉伸、剪切等力量的作用，逐渐积累能量，当积累到一定程度，某些脆弱部位突然破裂释放弹性引起振动现象。

1. 地震的直接危害

✧ 建筑物破坏或倒塌。

✧ 地面受损，出现裂纹、沉陷、坍塌。

✧ 山体受到破坏，出现山崩、滑坡、泥石流等。

✧ 水体受到振荡，出现海啸、湖震。

✧ 其他危害，如地光烧伤人畜等。

2. 地震的次生危害

✧ 地震导致地下毒气以及放射性物质泄漏，威胁人群健康安全，极易发生水灾和火灾等情况。

✧ 社会性灾害，如瘟疫与饥荒。

✧ 新的继发性灾害，如通信事故、信号事故。

✧ 地震引起山体滑坡而堵截河谷或河床后贮水，形成的堰塞湖，易引发新的安全威胁。

(二) 地震危害的预防

1. 地震发生前把应准备的物品放置于随手可及的地方。

✧ 大量的饮用水和易长久存放的食品。

✧ 手电筒、收音机、干电池等。

✧ 个人身份证明。

✧ 紧急联络电话号码列表。

2. 做好室内防震准备,时常维修和加固房屋,注意屋内大型物品的摆放。

✧ 家具物品要安全摆放:家居物品放置要坚持“重在下,轻在上”原则,固定好高大家具。并将家具放置在不影响逃生线路的一侧,这样便于震后撤离。

✧ 卧室的防震措施最重要:摆放床要避开地震容易冲击的外墙、房梁和窗口,将床靠近内墙边放置,将室内的重物放到距离床稍远的地方。

✧ 仔细放置好家中危险品:将煤油、汽油、酒精、油漆、稀料等危险品放在避免阳光直射,远离火源、热源、电源,无火花产生的环境。

✧ 进行家庭防震演练:以家庭为单位,拟定平面图(用以紧急避险、撤离、疏散、联络时使用),标明特殊设备位置;与家人讨论疏散细节,确定每个最佳逃生区域。

✧ 有条件时尽快跑到室外避震:如果较早发现地震的前兆,要尽快跑到室外空旷处。

3. 识别常见地震前兆,如地声和地光、地下水异常、动植物异常等。

为什么震后72小时是救援的黄金时间

据统计,在唐山大地震后的抢险救灾中,抢救时间与救活率的关系为:半小时内救活率为99.3%,第一天救活率为81.0%,第二天救活率为53.7%,第三天救活率为36.7%,第四天的救活率下降到19.0%,第五天救活率仅为7.4%。日本阪神大地震的情况也类似:地震发生第一天,瓦砾下的幸存者生存率为74%,第二天生存率为26%,第三天生存率为20%,第四天仅为6%。

以上数据说明,时间就是生命,救援越早,幸存者生存的希望就越大。地震后3天内的救援对于减少伤亡尤为重要。因此,震后72小时被称为救援的黄金时间。

(三)地震时的逃生

1. 室内逃生

✧ 如果在室内来不及逃跑,应留在室内。

✧ 如果住在一楼或平房,在房子发生摇晃的前几秒,应立即关闭电源、煤气等,并尽快跑到室外开阔处避震。

✧ 房屋摇晃厉害时,不要往外跑或在房间里跑动,应立即到承重较好的墙根和墙角处蹲下,降低重心,然后立即低头闭眼,用手保护头部和脸部。

✧ 有条件时,可用湿毛巾捂住口鼻,以防吸入灰土、毒气。

小 贴 士

✧ 地震来时莫惊慌,不翻窗,不跳楼,疏散不如钻桌子。

✧ 破坏性地震从人感觉振动到建筑物被破坏平均只有 12 秒。

✧ 近震常以上下颠簸开始,之后才左右摇摆;远震少有上下颠簸感觉,而以左右摇摆为主。

2. 室外逃生

(1) 在学校

✧ 学校领导和老师保持沉着和冷静是学生们及时逃生的重要前提。

✧ 在课堂上,老师要引导学生双手抱头,快速蜷身于课桌下。

✧ 在室外时,学生应在远离摇晃的教学楼的空旷地双手护头,原地蹲下。老师要叮嘱学生不要回教室,不要乱跑、乱挤,待地震过去后,再听从老师指挥行动。

(2) 在矿井下

✧ 如果发生地震,要进入相对安全、不易被掩埋的通道,不要在井口等容易坍塌的地方躲避。

✧ 在逃跑过程中应随手关掉电源、阀门，防止次生灾害的发生。

(3) 在野外

✧ 地震容易导致滑坡、泥石流等次生灾害的发生。

✧ 在山谷时，要沿着与岩石滚动向垂直的方向跑。

✧ 在山上时要特别留意可能飞下的滚石，远离滚石，因为滚石的速度往往快于人的奔跑速度。

✧ 如果来不及逃跑，可以双手抱头躲开。

(4) 在影院、体育馆等人群密集场所

✧ 要沉着冷静，切忌惊慌失措、大喊大叫，用双臂护住头部和颈部，快速蹲下或躲在排椅下。

✧ 千万不能拥挤乱窜，应有序地向宽敞的大厅处撤离。

✧ 注意避开吊灯、电扇等悬挂物，用皮包等物保护头部。

✧ 如果疏散时不幸摔倒，须采用保护姿势侧躺在地（要注意防止踩踏事件的发生，详见第三章第一节）。

双膝尽量前屈，护住胸腔和腹腔的重要器官，侧躺在地

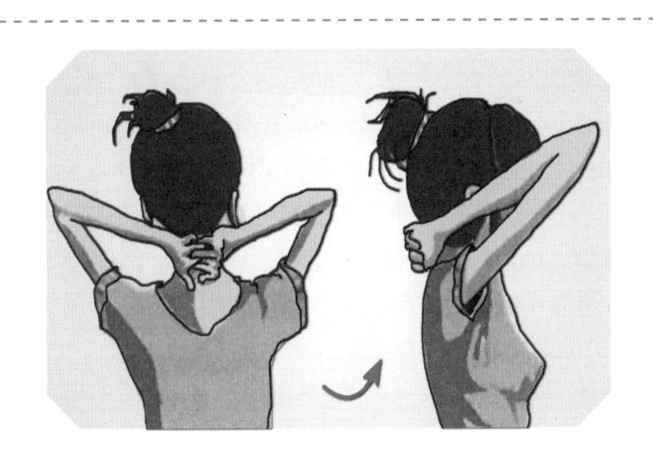

双手十指交叉相扣，护住后脑和后颈部，两肘向前，护住双侧太阳穴

(5) 驾车时

✧ 快速将车停在平坦、空旷、没有坠落物的平地。

✧ 在危险消除之后，快速驾车离开，避免次生灾害的威胁。

✧ 如果没时间从车内逃生，一定要抓住车内扶手，降低重心，躲在车座附近。

✧ 若在海边驾驶，则应远离海岸线，向高处快速逃跑，防止海啸袭击。

地震逃生小贴士

✧ 不要靠近高大建筑物，如过街桥、立交桥、高烟囱、水塔等。

✧ 不要到狭窄的巷道和房子中躲避。

✧ 不要跑向人群拥挤处，以免发生人群踩踏。

✧ 要远离山崖、陡坡、河岸及高压线。

✧ 在海边要小心地震的次生危害——海啸。

✧ 在山边的居民要注意地震的二次灾害，如山崩、泥石流、洪水。

✧ 远离有毒气体存放处。

(四) 地震中求生

若地震时被困在坍陷的建筑物中，应采取以下自救措施。

1. 应保护自己不受新的伤害

✧ 先小心地将双手抽出，并注意周围坍塌物。

✧ 保持呼吸畅通：①挪开脸前、胸前的杂物；②清除口、鼻附近的灰土；③一旦闻到泄漏的有毒气体，立即用湿衣物捂住口、鼻。

✧ 改善环境，消除危险因素：①避开身体周围塌陷物；②轻挪身边可移动的坍塌物，增大身体的活动范围；③注意千万不能硬搬难以移动的物体，防止再次被砸伤；④如果周围有坚固的石头或木桩等，可以利用石头、木桩支撑，防止二次伤害。

2. 如果暂时不能脱险，要用周围可以利用的物品来保护自己，耐心等待救援人员的到来。

✧ 保存体力：①不要大声哭喊，尽量闭目休息；②不要私自行动，听到有救援声音的时候再在指挥员的指导下行动。

✧ 维持生命：①寻找身边的食物和水；②节约使用食物和水；③无饮用水时，可用尿液解渴。

✧ 被救出后：眼睛长时间处在暗光下，会有损视力，必须在医生指导下做视力恢复治疗。

地震逃生常见误区

✧ 误区一：驾车时遇到地震，驾驶员应该快速开车离开。

一旦发生地震，驾驶员千万不要快速开车离开，因为开快车会引起车体飘浮，轮胎无气，导致驾驶员产生眩晕感，增大交通事故的发生风险。若驾车时遇到地震，驾驶员要打开双闪警示灯，迅速找平地停车，再找安全的地方抱头蹲下，最后等危险消除后驾车离开。

✧ 误区二：地震发生时要躲在隧道或桥梁之上或之下。

发生地震时，桥梁、堤坝、隧道是最容易坍塌的。即使桥梁曾经加固，也会在崩塌时，发生碎落物体到处散落的现象，容易击打到人的身体，因此地震时要远离河桥等建筑物。

✧ 误区三：在高楼层遇到地震，乘电梯逃生要快于走楼梯。

发生地震时，要避开一切电器。地震中，电梯出现各种危险的可能性更大，因此一定要从救生通道下楼！如果正在使用电梯时发生地震，首先点亮全部楼层的按钮；然后采取半蹲姿势，靠近电梯四角；等电梯停下，立即离开。

第六章

应 急 必 备

第一节　应急准备要趁早，危难情境不瞎跑

从2008年的汶川地震到2009年的甲型H1N1流感肆虐，从2014年的上海外滩踩踏事件，再到2019年江苏响水化工厂爆炸事件，各类突发事件无时无刻不在威胁着公众的健康与安全。为了有效应对和处置各类突发事件，需要政府、社会和广大普通民众共同做好充足的应急准备。国内外的应急管理实践表明，具有良好的知识和技能及相应物资储备的公众能够更理性、更从容地应对突发灾难，减少伤亡。因此，学习和掌握必备的应急知识与急救技能，做好必要的应急准备，会让我们在灾难来临时能拥有更多的逃生机会、减少生命健康和财产的损失。

一、家庭应急计划

家庭应急计划是指家庭为了能够快速应对各类突发事件而预先做出的计划。由于事故和灾难的发生具有突发性和不确定性，为了防止由此带来的生命健康、人身财产损失，需要一家人事先讨论应当注意的安全事项，共同制订保护自己和家人的行动方案，并进行演练。家庭应急计划的内容一般包括：遇到突发事件时的紧急疏散路线图、事先约定的疏散后集合地点、家庭成员（包括主要亲属）的联系方式、重要的家庭文件（包括房产证、保险单据、身份证明、存折、财务清单等）的保存和备份、房屋内水、电、气、热总闸开关位置和关闭程序以及特殊人群（包括老年人、儿童、疾病患者、残疾人）在遇险时的特殊需求。此外，所有家庭成员还应掌握简单的自救、急救和逃生物品的使用方法。

小 贴 士

如果您和家人遭遇洪水、地震、龙卷风或其他灾难袭击，您知道如何应对吗?

如果您不能回答上面的问题，那就应该与全家人一同来制订一份应急准备计划。在灾难来临时，它可以保护您和家人尽可能减少人身和财产损失，防止潜在悲剧地发生。

日本作为一个灾难频发的国家，在公众应急准备方面的经验值得我们借鉴：日本很多家庭都制订了专属的"家庭应急逃生计划"，提前和家人约定好地震后的紧急集合点，在自家厨房地板下面设有储存应急食品的地方，当地震过后人们可以取出一些日常用品和即食食品来解燃眉之需。

(一) 家庭应急计划制订注意事项

✧ 熟悉和了解当地常见的突发事件和风险灾害，如火灾、地震、海啸等，制订有针对性应急准备计划。

✧ 家庭成员都需要熟悉制订的计划并进行必要的演练，如熟悉逃生路线、掌握必要应急器材的使用(如家庭灭火器、逃生绳等)。

✧ 定期更新家庭应急计划。

✧ 确保计划中列出的每一个人的电话号码和个人信息都准确无误。

✧ 在紧急情况下，应让孩子知道在学校的逃生计划。

✧ 确保学校知道家长以及家长授权可以接送孩子的联系人的联系方式。

(二) 家庭应急计划的个性化

应结合自家的居住环境和家庭成员的具体情况，制订个性化的应急准备计划。

✧ 征求家人的建议，共同制订个性化的应急计划，并组织全家大演习，经过讨论不断完善。

✧ 确定发生火灾等紧急情况时的逃生路线，明确每个房间到安全出口的最佳路线。

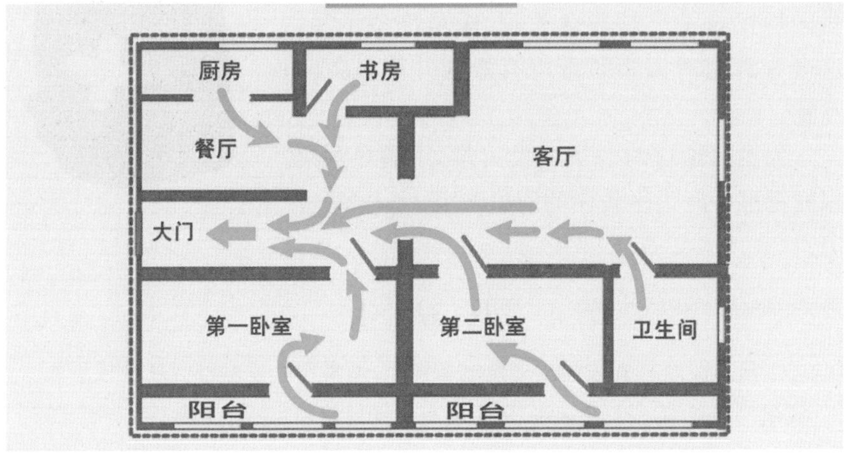

✧ 针对不同的事故灾害,确定家中的避难点以及家庭成员的紧急集合处。

✧ 明确一些重要事项,要求家人必须做到。例如,发生火灾时,不能乘坐电梯逃生;如遇燃气泄漏,应立即打开窗通风;遭遇洪水时,应立即撤离到地势较高的区域躲避等。

✧ 针对家中的特殊人群,根据具体需要制订计划。例如,家中有行动不便的老人、患者,应提前准备好轮椅、拐杖,并明确在紧急情况下由谁负责救助。

✧ 在家庭成员中普及常用的安全知识,结合新近发生的事故灾害,及时提醒家人注意防范。

二、家庭应急包

日本神户防灾科技馆副馆长说:“据统计资料显示,在地震之后的逃生和救援中,居民自救占 70%,互救为 20%,官方救援只占 10%。”这说明灾难后的自救和互救是逃生及救援最行之有效的方式。

家庭应急包在突发灾难中的自救作用尤为重要。当灾难来临时,随身带上的应急包会成为灾后初期维持 72 小时生存的重要保障,它会保障人们维持生存直至外援人员到来。在日本,很多人都会在家里和公司备有应急包。调查显示,目前我国仅有 9.9% 的家庭做好了相应的应急物品的准备。由此可见,我国居民普遍欠缺应急意识,应急准备不足,这会导致应对灾难时难以有效地开展自救与互救。

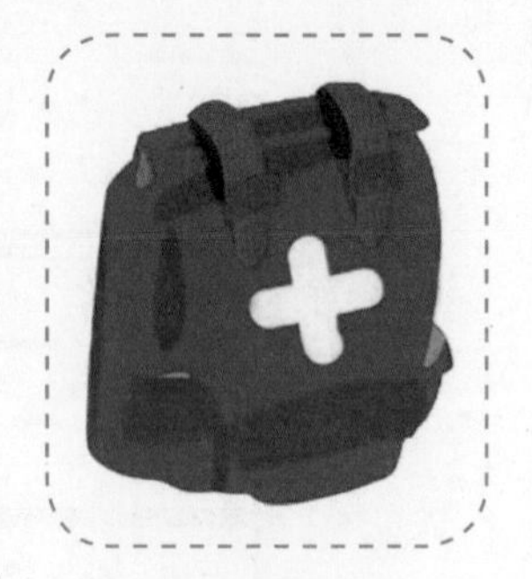

为更好地应对各类突发灾难,应倡导每个家庭都准备好逃生救命的应急法宝——家庭应急包。

小 贴 士

日本民众具有较强的应急准备意识,通常每个家庭都会在地板下面或者门口备有一个应急包,里面装有几样最简单实用的物品:手电筒、防尘口罩、绳子、哨子、速食食品和保暖用的毯子,而且日本家庭习惯把贵重物品放在枕套里,睡觉前准备两瓶水,一瓶在门边,以便突遇意外时带上,一瓶放在桌子下,在不能迅速逃离时使用。日本民众的防灾意识和行为已深刻贯穿于他们的日常生活中。

(一) 家庭应急包准备的四大原则

✧ 72 小时的准备:理论上,家庭应急包内的食品应该能够维持一家人 72 小时的生存需要。

✧ 便于管理和携带:在理想条件下,驾车应该是逃生方式的首选。但若无法驾车逃离,那么家庭应急包的大小、重量就需要控制在一定范围之内。

✧ 存放于可以迅速取用的地方:家庭应急包应存放易触及的地方,但注意不要放在太显眼的位置。

✧ 量身定制:每个逃生应急包都应是家庭专属的,可以满足使用者的特殊需求。

(二) 家庭应急包的选择

1. 背包类型

✧ 无架包:不适合用作逃生背包。

✧ 外架包:可以有效分散重量,通风良好,但不能很好贴合身体。

✧ 内架包:体积小、灵活便捷,贴身性能和平衡性能好,但透气性

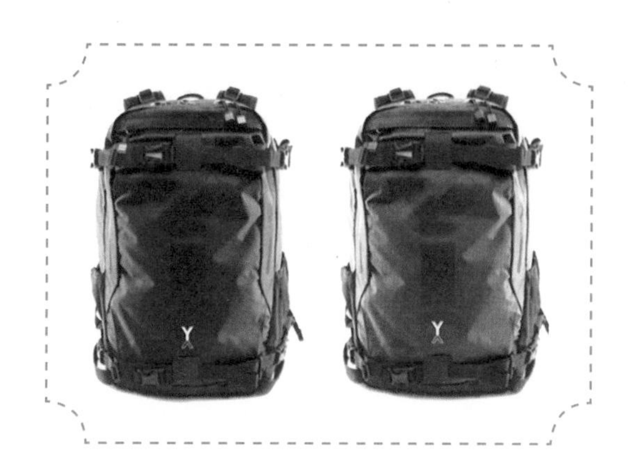

差。多数逃生背包选用内架包。

2. 背包的尺寸

✧ 既要装得下工具等必需品，也要保证舒适度且易于管理。

✧ 背包既不能太小，也不能太大，可先收集想要放置的物品再决定背包尺寸。

✧ 尽量去户外用品实体店，根据您的身高、体重购买适合的背包。

3. 背包的样式

✧ 选择低调一点的背包，避免暴乱、掠夺、抢劫、偷窃等情况发生。

（三）家庭应急包的关键特点

✧ 耐用的构造：检查背包接缝处是否进行加固，是否采用双层针织，判断其是否可以经受得住“摧残”。此外注意拉链的质量，最好使用防水拉链。

✧ 隔层：有隔层的背包可以妥善管理包内物品，方便找出重要物品，节省时间。

✧ 防水：可以防止衣物、寝具等被打湿。

✧ 背包的支撑物：背包肩带不能太细，且应该有软垫；优先选择有臀部固定带的背包，可以分散多达 90% 的背包重量。

（四）家庭应急包中常备物品

✧ 满足 3 天需要的食品和水。

✧ 有备用电池的手电筒。

✧ 电池供电的收音机及其备用电池。

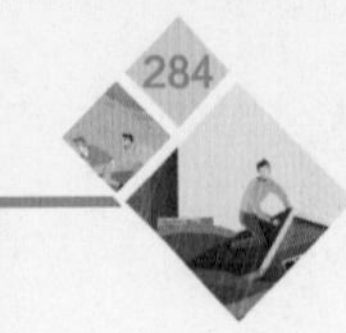

✧ 用于呼救的口哨。

✧ 当地地图。

✧ 必要的寝具或毯子。

✧ 电子通信设备。

✧ 备用车钥匙和家门钥匙。

✧ 家庭急救用品。

✧ 卫生和洗漱用品。

✧ 常用工具。

✧ 御寒衣物。

✧ 重要家庭文件(身份证、财产证明等)。

✧ 患病家庭成员的2周用药及应急药品。

1. 家庭应急包中食物放置须知

(1) 推荐携带的食物种类

✧ 军用即食食品。

✧ 脱水露营餐/面条餐。

✧ 条状食品,如能量棒、条形糖果。

✧ 速食燕麦片。

✧ 牛肉干。

✧ 软袋、罐装食品。

✧ 干果类食品。

(2) 推荐携带食物的特点

✧ 开袋即食:不需要复杂的准备工作和燃料去烹饪。

✧ 保质期长:不要带新鲜的水果蔬菜,应选择可安全存放6个月或更久的食物。

✧ 轻质:应选择重量轻、易包装的食物。重量比口味更重要。

✧ 碳水化合物+热量:选碳水化合物和热量较高的食物,以便维持身体功能。

✧ 注意特殊人群的饮食需求:照顾患有糖尿病、过敏症、心血管疾病的家庭成员所需。

(3) 家庭应急包中食品的管理:应每半年检查、更换一次包内食物,避免食物过期变质。

求生三大定律

✧ 没有庇护的情况下,人可以生存3小时(极限条件下)。

✧ 在没有水的情况下,人可以生存3天。

✧ 在没有食物的情况下,人可以生存3周。

2. 应急包中衣物放置注意事项　包内衣物应符合所处地区的气候所需,并随季节进行调整。

✧ 逃生衣物的特点:①速干;②抵御潮湿;③耐用;④有弹性;⑤宽松;⑥颜色暗淡(以备隐蔽之需)。

✧ 寒冷天气必需衣物:①外套;②抓绒衣或羊毛衫;③轻质速干的内衣;④保暖手套;⑤保暖的帽子。

3. 应急包中的火源准备

(1) 火的用途

✧ 取暖:在某些情境下,火是帮助躲避严寒、维持体温的唯一方法。

✧ 烘干:火可以用来烘干衣物、鞋子和装备。

✧ 烹饪 / 煮开水:在烹饪食物、煮开水、净化饮用水时,火是必要的。

✧ 发信号:白天发出烟雾信号和夜晚发出火光信号,是很有效的发出救援信号的方法。

(2) 应急包内可以存放的火源

✧ 香烟和打火机:便宜、轻便、可靠、易用、耐久且点火效果好,但在极端寒冷或潮湿的环境下效果不佳。

✧ 防水万用火柴:可以应付潮湿的环境。

✧ 打火棒:可反复使用。

4. 应急包中的急救用具

✧ 医用急救用品:①消毒湿巾;②创可贴;③医用胶带;④无菌消毒纱布;⑤抗生素软膏;⑥酒精棉片;⑦止痛药等。

✧ 应急小工具:①求生小刀;②迷你锯;③钳子;④螺丝刀等。

求生小刀的特点

✧ 固定刀刃:不应是折叠或带锁扣的款式。

✧ 整体式刀舌:指金属刀刃和刀柄是同一块金属制成的。

✧ 锋利：锋利的刀用起来更加安全、精准，也能节约体力和时间。

✧ 尺寸：小刀的总长度应该在18~28cm。

✧ 尖刃/单侧：小刀应具有刀尖，刀尖折断的小刀应该被换掉。单侧刀刃的小刀可以用拇指借力。

✧ 优质的刀鞘：可以轻松取用、晃动、颠倒小刀，并且保证安全。

三、家庭应急演练

2008年汶川大地震中，多数地震灾区伤亡惨重，但也出现了一些零伤亡或极少伤亡的情况。安县桑枣中学就是其一，2 200多名师生无一伤亡。谈起地震逃生的秘诀，该校所有师生都无比感激叶志平校长平时安排的应急演练。自2005年起，该学校每学期都进行一次紧急情况演习，针对停电、垮塌、暴雨、地震等各种突发事件做出了详尽的应急计划。正是这种周密的应急计划及演练，使得所有师生在地震突发时都可以保持镇定，仅用1分36秒就全部安全撤离到操场，无一人伤亡。由此可见，制订合理的应急计划并予以演练，可以极大提高灾难中成功逃生的概率。家庭也应该制订应对各种紧急情况的计划并进行演练。

（一）多掌握安全知识

居民应积极参加所在社区、企业（单位）举办的安全教育活动、事故灾难应对和急救培训，增强安全意识，掌握必要的安全防范知识。

✧ 了解所在地区和居住地周围近年来常见的事故灾害类型，做到心中有数。

✧ 了解所在社区、企业（单位）的应急计划，了解本地区和子女所在学校的应急预案。

✧ 关注所在地的天气预报和事故灾害信息发布。

✧ 找出并及时消除家中可能存在的安全隐患和盲点。

(二)家中隐患早消除

在家中,往往存在一些容易被忽视的安全隐患,及时消除隐患才能保障安全。

✧ 检查电线有无老化、破损,电气线路有无超负荷使用情况,插头、插座是否牢靠。

✧ 家人外出时应养成随手关闭电源、燃气源的良好习惯,烹饪中途不要离开厨房。

✧ 检查楼梯、走道、阳台是否存放易燃、易爆物品,家中是否存放超过 0.5kg 的汽油、酒精、胶水等易燃、易爆物品,若有应及时妥善处理。

✧ 检查家用电器是否存在“带病工作”的情况,灯具是否远离窗帘、衣物等易燃物品,移动式加热器是否与人、窗帘和家具保持足够的安全距离。

✧ 检查家中的燃气灶、燃气软管、管道是否有漏气现象。若家中尚未安装烟雾报警器和燃气泄漏报警器,则应及时安装在恰当的位置,并经常检查,确保其完好可用。

✧ 检查衣柜顶等高处有无行李箱等重物,以免坠落伤人。检查家中的窗户能否开关自如(具体参见第一章)。

第二节 常用药品家中备,用药说明须留意

在日常生活中,我们可能会遇到各种突发疾病,因此,家庭中应备有常用药,以便在家人发病时可以及时取用。

一、感冒药

普通感冒是日常生活中最常见的疾病之一,它的临床症状包括不同程度的打喷嚏、鼻塞、流鼻涕、嗓子疼、咳嗽、低热、头痛以及全身不适感。感冒药不会治疗感冒本身,但可以缓解发热、头痛、流鼻涕等症状。无论是否吃药,普通感冒一般在 1 周左右都会痊愈。感冒时通常应注意多喝水、多休息。

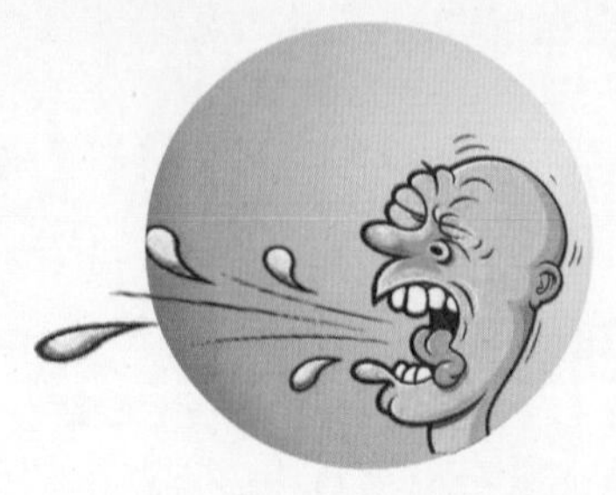

使用感冒药的注意事项：

✧ 尽量选择单一有效成分的药，不选含金刚烷胺的药。

✧ 不重复用药。

✧ 不要随便给孩子吃退热药；为防止儿童在高热情况下昏厥，应酌情在医生指导下用药。

✧ 不宜空腹服药，最好在饭后15~30分钟服用。

二、解热镇痛药

解热镇痛药常用于缓解头痛、经痛、牙痛、肌肉关节疼痛等症状。通常建议使用对乙酰氨基酚或布洛芬，除有镇痛作用外，还可以退热。布洛芬同时还有抗炎作用。

使用解热镇痛药的注意事项：

✧ 不能随意使用，否则容易掩盖病情。

✧ 不能空腹使用。

✧ 止痛药应在急性剧烈疼痛时使用，不宜反复、长期使用。

三、止泻药

进食不卫生的食品、腹部着凉、食物过于油腻等都会导致腹泻。腹泻时，除了服用止泻药外，还需要补充电解质和水分，常用口服补液盐。此外，在腹泻时，肠道的益生菌也会流失，因此可以适当补充一些微生态调节剂（这类药品通常需放在冰箱内保存）。治疗腹泻的关键是补充水分及电解质，止泻药只能暂时缓解轻、中度急性腹泻。腹泻时的注意事项：

✧ 若腹泻次数较多，伴有发热、脓血便等情况，应尽快去医院就诊。

✧ 如果呕吐严重，无法补充水分，或者无尿、少尿，应尽快前往医院就诊。

✧ 若48小时内症状未得到控制，应尽快去医院就诊。

四、便秘药

便秘现象十分常见，一般来说，若排便次数在正常范围内，可不用药；若排便次数小于每周3次，出现严重程度不一的食欲不振、头痛、腹胀、下腹部疼痛等症状，可选择药物治疗。

✧ 外用开塞露：开塞露是一种刺激型泻药，其有效成分是甘油。开塞露短期使用是相对安全的，但长期使用可能会产生对药物的依赖性，形成不强烈刺激就不愿排便的习惯。

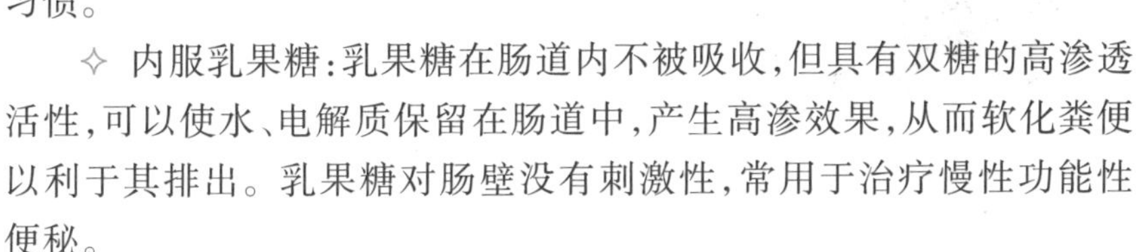

✧ 内服乳果糖：乳果糖在肠道内不被吸收，但具有双糖的高渗透活性，可以使水、电解质保留在肠道中，产生高渗效果，从而软化粪便以利于其排出。乳果糖对肠壁没有刺激性，常用于治疗慢性功能性便秘。

五、晕车药

晕车药（如茶苯海明）常用于晕车、晕船、晕机等人群，可有效控制眩晕、呕吐等症状，但会产生口干、头昏、嗜睡、乏力、胃肠刺激症状等不良反应。晕车药在出发前30~60分钟服用，才能发挥最大效果。服药期间不宜驾驶车辆、从事高空作业以及其他需要保持高度机敏的工作。

预防晕车还须注意，乘车前24小时饮食清淡；乘车时尽量坐在前排位置，避免低头看书、看报、玩手机等。

六、肠胃药

✧ 助消化药物（如乳酸菌素片和健胃消食片）中含有消化酶，可以促进胃肠道的消化功能。

✧ 多潘立酮（胃动力药）可以增加胃肠道蠕动，促进消化，治疗胃胀。

✧ 奥美拉唑可抑制胃酸分泌，治疗胃炎、胃溃疡。小檗碱（黄连素）可治疗急性胃肠炎（呕吐、恶心、腹痛、腹泻）。

七、抗过敏药

抗过敏药可用于治疗荨麻疹、食物过敏、药物过敏等病症，家中常用的抗过敏药有氯雷他定、马来酸氯苯那敏（扑尔敏）、激素类药品等。但须注意，若出现严重的过敏，应及时就医。此外，抗过敏药都会产生不良反应，不宜长期、大剂量服用。

八、外伤用药

在日常生活中，我们难免会受到一些轻度外伤，如刮伤、划伤、擦伤以及各类跌打损伤，因此家中需要常备一些外伤用药，对伤情进行简单的处理。

✧ 75% 医用酒精、过氧化氢（双氧水）、聚维酮碘（碘伏）、生理盐水可用于伤口消毒。

✧ 云南白药可以处理淤伤、创伤出血，具有止血化瘀、活血止痛、解毒消肿的功效。

✧ 创可贴可处理小伤口，有消炎、止血作用。

✧ 消毒棉签可用于擦拭皮肤、伤口。

✧ 纱布、PE 胶带可用于包扎固定。

九、急救药及基本医疗用品

如果家中有冠心病、高血压、糖尿病等疾病患者，须适当添置一些应

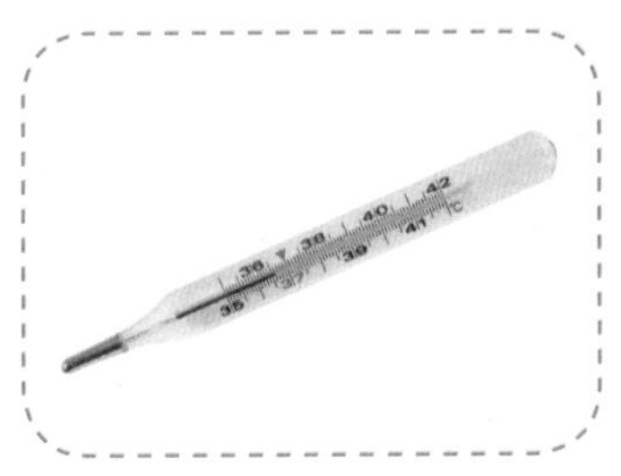

急药品(如硝酸甘油、速效救心丸、降压药、降糖药等)和基本医疗用品(如体温计、血糖仪、血压计等,用于日常生理指标的监测)。

温馨提示

✧ 对于装在药瓶中的药物,要在瓶上贴标签,标签上写清药名、规格、用途、用法、用量、日期、保质期及注意事项。儿童用药及使用剂量也要注明。

✧ 内服药与外用药应分开存放,并须有明显标志写明是外用还是内服,以免错误使用。

✧ 药物应存放于干燥、通风、避光处。药物易受空气、阳光、湿度、温度的影响,保存不当易变质失效,尤其不能存放于密封不严的瓶子和药袋内。另外,应注意把药品放在儿童不易拿到的地方,以免其误服。

✧ 应定期检查备存的药物是否变质、霉变。应注意药品的有效期、外观变化,如果药品已超过有效期,或有颜色改变、出现霉点等异常情况,应弃之不用。

第三节 四步会使灭火器,突遇火情快出手

一、灭火器的种类及适用范围

✧ 干粉灭火器:适用于扑灭油类、可燃气体、电器设备等的初起火灾。使用时,先打开保险锁,一手握喷管对准火源根部,另一手用力压下手柄,即可喷出干粉灭火。

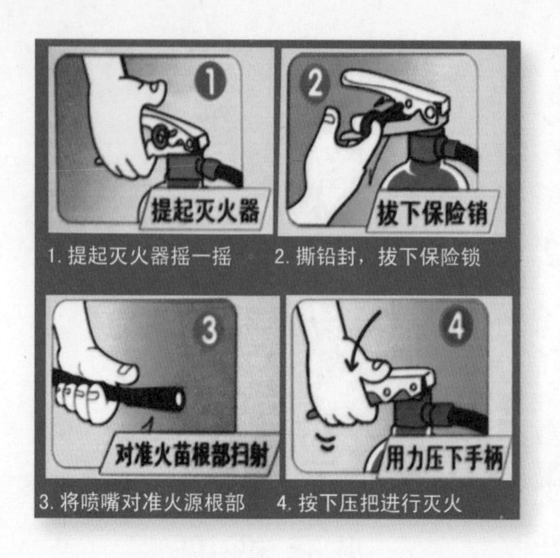

✧ 泡沫灭火器:适用于扑灭油类及一般物质的初起火灾。取用时,用手握住灭火器提环,平稳、快速地提往火场,切不可横拿。

✧ 二氧化碳灭火器:适用于扑灭精密仪器、电子设备以及600V以下电器设备引起的初起火灾。手提式二氧化碳灭火器有两种——手轮式和鸭嘴式。

手轮式:使用时,一手握喷筒把手,另一手撕掉铅封,将手轮按逆时针方向旋转,打开开关,即可喷出二氧化碳气体灭火。

鸭嘴式:使用时,一手握喷筒把手,另一手拔去保险锁,按下鸭嘴压把,即可喷出二氧化碳气体灭火。

无论使用何种灭火器，均须注意，灭火人员应站在上风处灭火。

注意事项

✧ 干粉灭火器使用前，应先拔掉保险销，否则不能喷出干粉。

✧ 在保证自身安全的情况下，尽量接近火源使用灭火器。

✧ 根据燃烧范围选择规格适合的灭火器，如果燃烧范围大，而灭火器规格小，就不大合适。

✧ 手提式干粉灭火器无须倒置使用，但若在使用前将灭火器上下颠动几次，可以使干粉松动，喷射的效果会更好。

✧ 使用灭火器时，操作人员应站在火源的上风方向。

✧ 干粉灭火器不能从上方对火焰进行喷射，而应平射火焰的根部，从近到远，向前平推，左右横扫，不让火焰蹿回。

✧ 由于干粉灭火器冲击力较大，在面对液体火灾时，应对准火焰的根部进行灭火，不应直接让干粉冲击液面，以防燃烧的液体溅出，导致火势扩大。

✧ 在正常情况下，干粉灭火器有效期为3~5年，应每年检查一次灭火器的有效期。

✧ 干粉灭火器应存放于取用方便、通风、阴凉、干燥的地方，防止灭火器受潮，干粉结块。

✧ 干粉灭火器不可接触高温，不能曝晒于阳光下，也不能在温度低于－10℃的地方存放。

二、消防的“四懂、四会、三提示”

✧ “四懂”：①懂得岗位火灾的危险性；②懂得预防火灾的措施；③懂得扑救火灾的方法；④懂得逃生疏散的方法。

✧ “四会”：①会使用消防器材；②会报火警（可参考本章第四节）；③会扑救初起火灾；④会组织疏散逃生。

✧ “三提示”：①提示火灾危险性；②提示逃生路线、安全出口位置，逃生、自救方法；③提示场所内简易防护面罩、手电筒等设施器材的位置和使用方法。

第四节 应急标识与电话，你我都该掌握它

安全信息中的应急标识是公共安全设施的重要组成部分，通常设在人员众多的公共建筑、高层公共建筑、地下建筑、高危厂区等场所。近年来，随着大型群体活动增多，应急标识的作用也越来越受到人们的重视。当发生大型群体事件时，当务之急就是疏散人群，而应急标识对疏散人群具有重要的指示作用，可以提供必要的信息支持，减少人员伤亡。

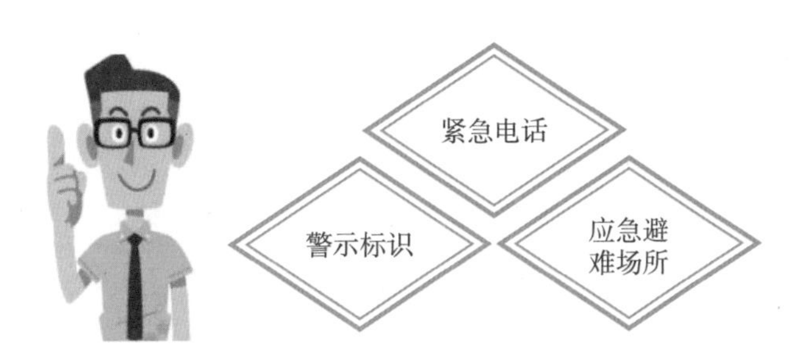

一、紧急电话

（一）“120”急救电话

✧ 打“120”急救电话时，应保持冷静，重点说明伤病员的姓名、年龄、性别，典型的症状及伤病史，已经采取的急救措施及效果，以及当前的详细位置（可将标志性建筑物作为参照地）。

✧ 与救护人员约定好等候、接应救护车的确切地点，尽量选择公交车站、较大的路口、胡同口、标志性的单位或建筑物处等待。

✧ 回答“120”问到的其他问题，先等“120”挂机后再结束通话。

✧ 电话挂断后，应及时前往约定的接应地点，且保持手机畅通。勿将伤病员扶到或抬到等待救护车的地点，避免搬运途中加重其病情或伤情。

（二）“110”报警电话

“110”报警电话负责处理刑事、治安案（事）件以及危及公共与人身财产安全、工作学习与生活秩序的案（事）件，还接受公民突遇的、个人无力解决的紧急危难救助。发现有人溺水、坠楼、自杀或遇到危险，水、电、

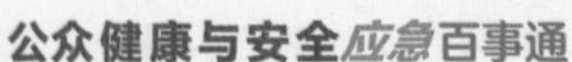

气、热等公共设施出现险情、灾情，老年人、儿童或精神障碍人员走失等，均可拨打“110”报警。危急情况下，应在脱离险情，确保自身安全后（如摆脱抢劫、已逃离斗殴现场等），尽快拨打“110”报警。

（三）“119”火警电话

“119”火警电话除火灾救援外，还负责参与各种灾难或事故后的抢险救援工作，如建筑物倒塌、恐怖袭击、危险化学品泄漏、重大自然灾害等。拨打“119”时，必须准确报出事故地点（可以标志性建筑物为参照），同时保护自身安全。

（四）“122”交通事故报警电话

发生交通事故或交通纠纷时，可及时拨打“122”报警电话，说出自己姓名、年龄、住址及联系电话，事故发生的地点及人员、车辆伤损情况。若肇事车辆逃逸，应记下肇事车辆的车牌号。如果没看清肇事车辆车牌号，应记下肇事车辆的车型、颜色等主要特征。若出现人员伤亡，应立即拨打“120”，不要破坏现场或随意移动伤者。

二、警示标识

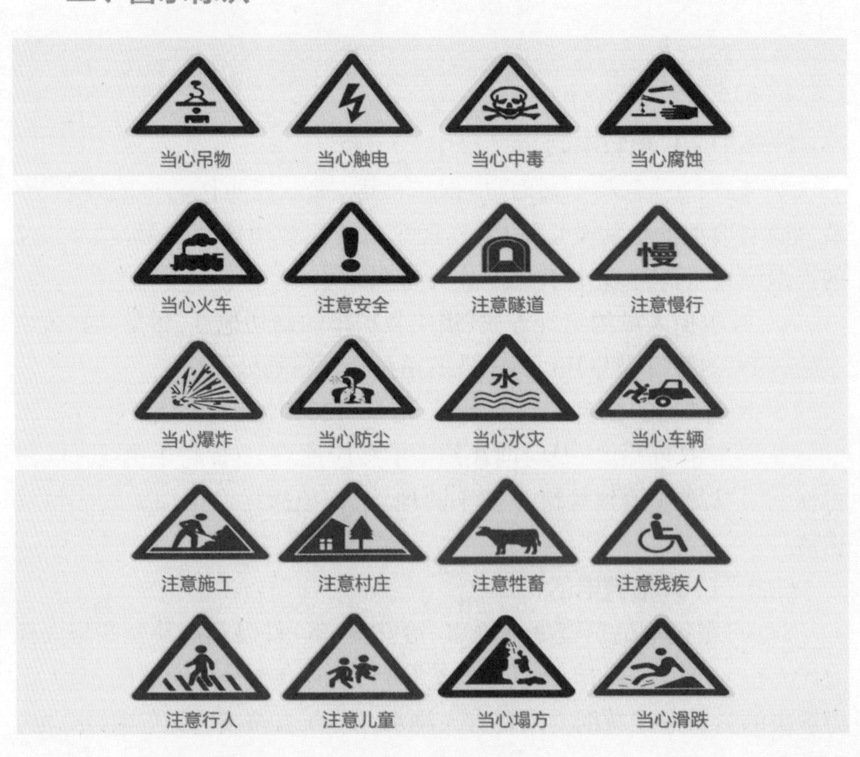

三、应急标识

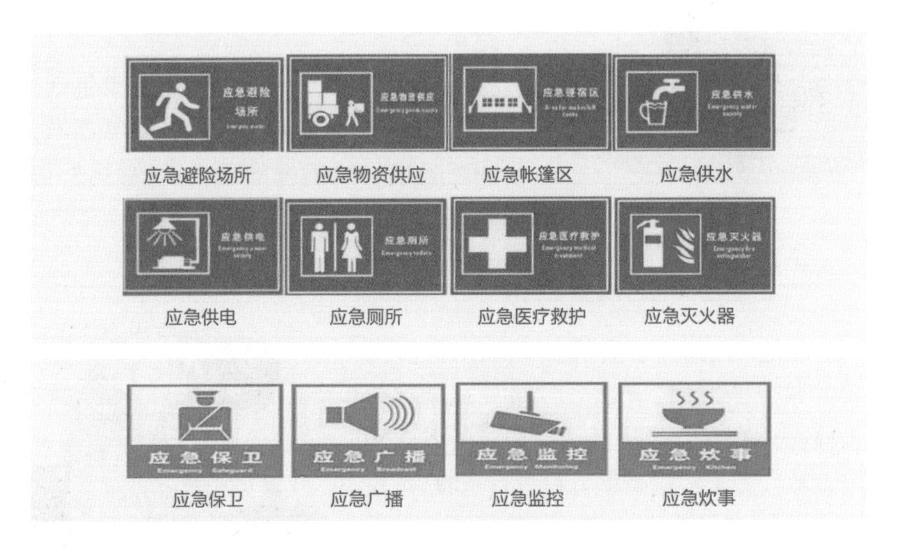

第五节 急救技能心中记，关键时刻保性命

案例

2014年11月25日，海口美兰机场外，一位乘坐出租车的旅客下车后，突然昏厥过去，司机立即向值班警察呼救并拨打急救电话，到场的工作人员随即对该乘客实施心肺复苏术。4分钟后，机场医护人员拿来自动体外除颤器（automated external defibrillator，AED）紧急进行救治。36分钟后，该旅客恢复呼吸和心跳。随后，“120”急救车到达现场，将该旅客立即转送到医院进行进一步救治。

该案例的成功之处是机场工作人员在黄金救援时间内，对旅客快速实施现场紧急心肺复苏，及时挽救了乘客的生命。

由于缺乏急救知识和技能，很多人在遇到灾害和突发事件时，往往不能实施有效的自救和互救，造成了许多本可避免的生命损失。因此，公众掌握常见的急救技能，对有效减少突发事件和灾难发生时的伤残、

提高伤病员的生存概率具有重要意义。公众的急救技能已成为现代社会发展水平的重要标志之一。

本节主要介绍的急救技能包括：①急救前的初步检查；②心肺复苏术；③呼吸道异物阻塞的急救；④常见外伤的急救方法。

一、急救前的初步检查

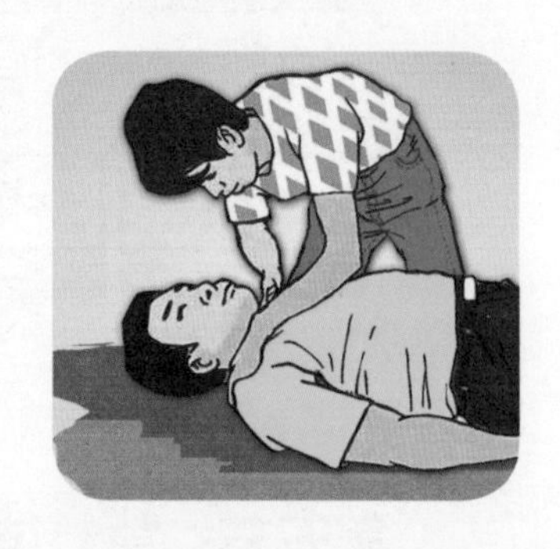

在遇到伤者、患者突然倒地或突然发病的紧急情况时，应第一时间对其进行初步检查，确定病因，从而选择相应的方式实施急救。若未经检查就盲目进行急救，不仅不会使伤病员病情好转，反而可能会进一步使其情况恶化。

（一）判断病情

病情的判断主要包括判断伤病员的意识、气道、呼吸和循环体征。

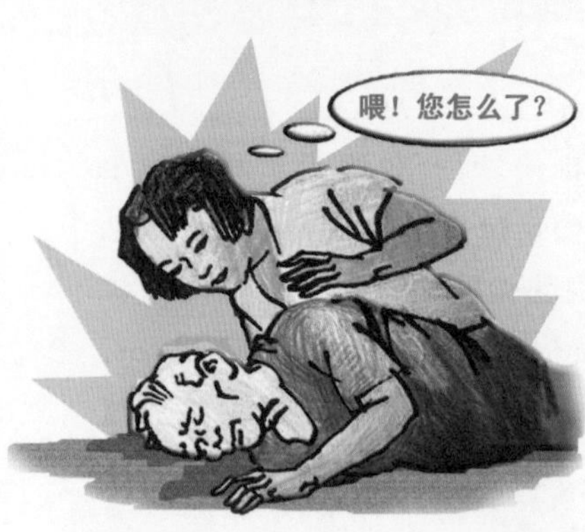

1. 意识

✧ 蹲在或跪在昏厥者身边，轻拍其双肩，大声询问。

✧ 若视其无反应，还可以进一步掐按人中穴，给予疼痛刺激，观察伤员是否有睁眼、发出声音或有轻微的肢体运动，以确定伤病员是否有意识。

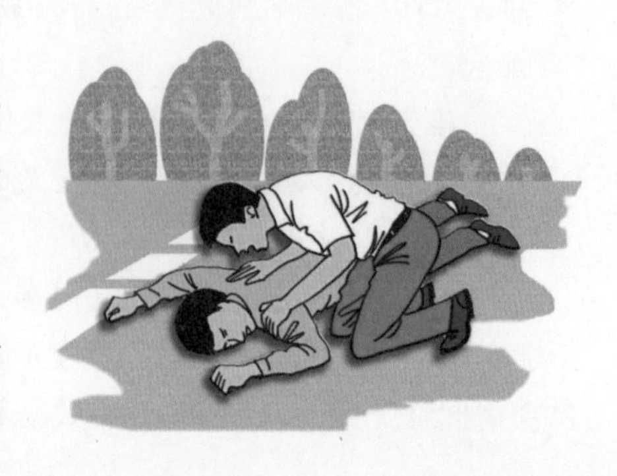

✧ 如果伤病员一直没有任何反应，就表示他（她）已经丧失意识，陷入昏迷状态。

2. 气道

✧ 若伤病员意识不清且说话断断续续，或者听到其喘粗气（如

呼噜声),说明其气道部分阻塞。

✧ 如果伤病员有意识但不能说话、咳嗽,那么有可能是气道完全梗阻,应立即检查其气道。

✧ 如果伤病员能够正常回答问题,声音清晰,回答切题,无异常呼吸声,说明意识清楚、呼吸畅通,不需要进一步检查其呼吸和心跳。

3. 呼吸

✧ 正常人每分钟呼吸 15~24 次,呼吸平稳,节奏一致。

✧ 危重伤病员的呼吸则呈现变快、变慢、变浅、不规则等异常状态。

✧ 如果发现伤病员呼吸停止,必须立即进行人工呼吸(先开放气道)。

✧ 如果已判断伤病员意识丧失,同时呼吸不规律,可推测此时伤病员将要没有心跳。

4. 循环体征　判断患者是否具有脉搏和心跳以及检查其是否有出血状况,包括触摸患者颈动脉搏动,观察其面色改变、呼吸和肢体运动等体征。

✧ 触摸伤病员的颈动脉,如果感觉不到颈动脉搏动,即可确定没有心跳,必须立刻开始徒手心肺复苏;如果可以感觉到颈动脉搏动,则不需要进行心肺复苏,可以进一步确认循环体征。

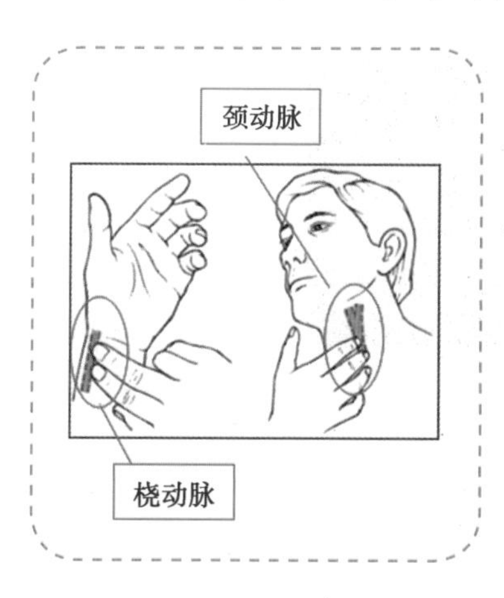

✧ 同时触摸伤病员的颈动脉和桡动脉搏动,对比两处动脉的搏动状况。如果能同时摸到颈动脉和桡动脉搏动,说明血液循环正常;如果仅能摸到颈动脉搏动,而桡动脉搏动消失,说明伤病员已处于完全休克状态。

✧ 对于有外伤的伤病员,观察其身上是否有明显出血位置。如果有出血,必须立即用手指按压及时止血,防止其因失血过多而死亡。

颈动脉的位置

用一只手的食指、中指轻轻置于伤病员的颈中部(甲状软骨)中线,然后向一侧滑动至甲状软骨和胸锁乳突肌之间的凹陷处,即是颈动脉的位置。

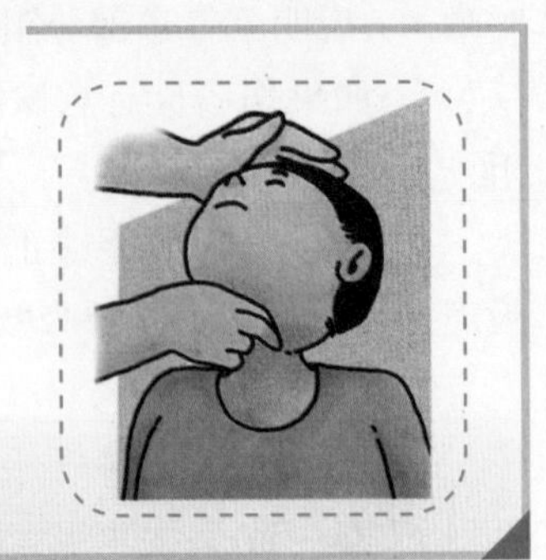

(二)开放气道

当出现意外情况时,伤病员常会出现气道阻塞的情况,此时需要第一时间打开气道,使其保持呼吸顺畅,获得足够量的氧气供给。检查、开放气道是急救过程中非常重要的一个步骤。

为什么会发生气道阻塞

当伤病员的意识丧失,尤其是心跳停止后,会出现乏力、无效咳嗽,包括咽部与舌肌的肌张力下降,导致舌肌后坠,很有可能阻塞气道,严重者甚至不能呼吸。如果将伤病员的下颌托起,使头部适当后仰,便可使舌体离开咽部,从而开放气道。

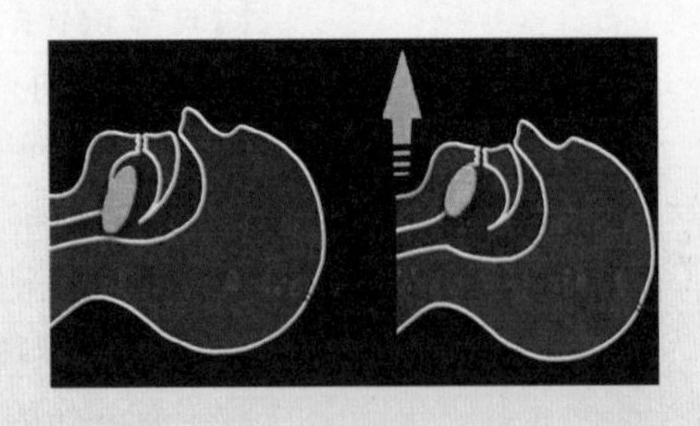

1. 畅通气道

✧ 仰头抬颏法:如果伤病员的头、颈部没有明显受伤,则可使用此法。伤病员取仰卧位,救护者站在伤病员身体一侧,将一只手放置于伤病员前额部，使其头后仰，另一只手食指和中指放置在伤病员的下颏骨部并向上抬颏，使其下颌尖、耳垂连线垂直于地面。

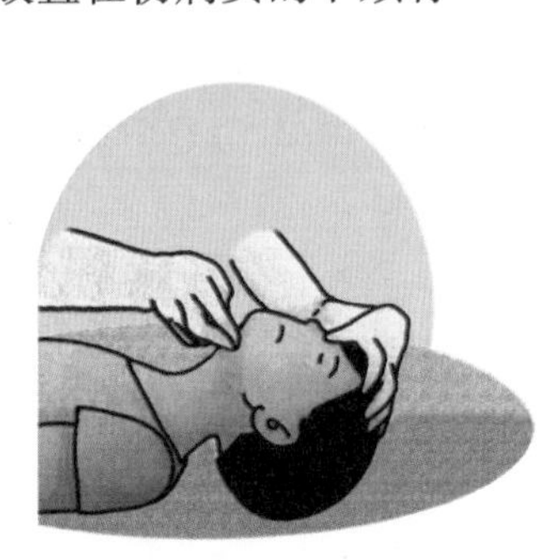

注意事项：①手指不要压迫到伤员的颈前部、颌下软组织，避免进一步压迫气道；②抬颏的程度应适宜，避免过度伸展；③脊柱受伤者以及怀疑颈椎损伤者，不宜使用仰头抬颏法，应使用双手托颌法。

✧ 双手托颌法：伤病员平躺，救护者跪在伤病员头部前侧，两手拇指置于伤病员口角旁，其余四指托住伤病员下颌位置，固定头部和颈部，用力将伤病员下颌向上抬起，使下齿高于上齿。注意不要搬动伤部。

注意事项：①此方法适用于疑似有颈椎外伤的伤病员；②保持伤病员的头处于正中位，不能使头仰，更不可左右扭动。

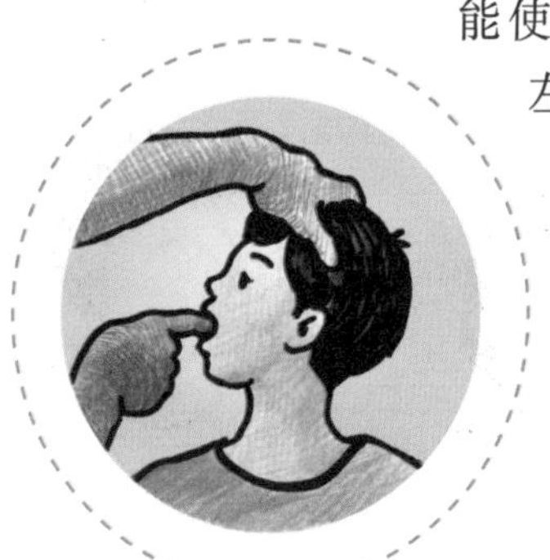

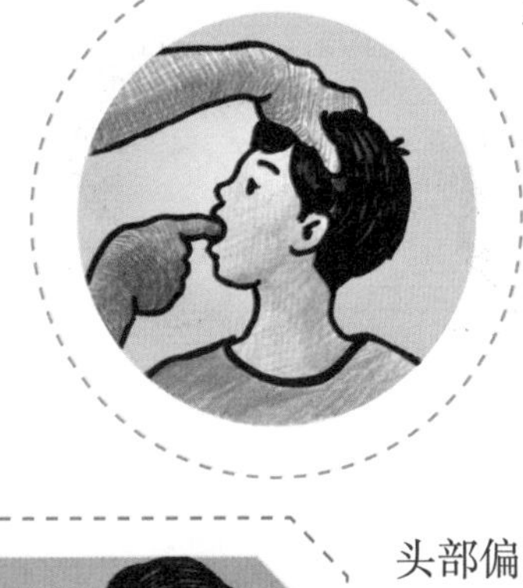

2. 清除异物

✧ 检查伤病员的口腔及气道内是否有明显异物，若看到呕吐物、脱落的牙齿等明显的异物，应迅速取出。

✧ 可用手指将异物挖出、勾出。

✧ 如果伤病员没有脊柱损伤，可将其头部偏向一侧，方便清理口腔异物。

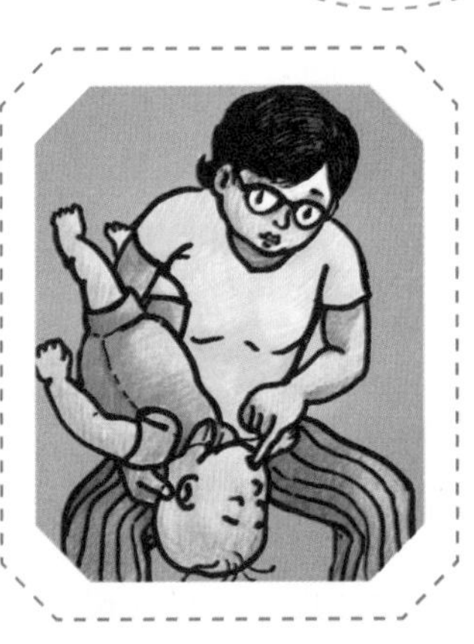

✧ 清除婴儿口中异物：救护者取坐立位，稍分开两腿；一只手放于同侧腿上，托住婴儿的颈肩部；保持婴儿头部朝下，面对救护者；用另一只手较细的手指（可用小指），小心地勾出异物。

注意事项：怀疑小儿气道异物梗阻时，如果其咳嗽有力，应鼓励其连续自主咳嗽，以咳出异物。

3. 检查呼吸　在进行开放气道的操作之后，救护者须利用“看、听、触”3种方法，在5~10秒内判断伤病员的气道是否已经通畅以及自主呼吸是否恢复正常。

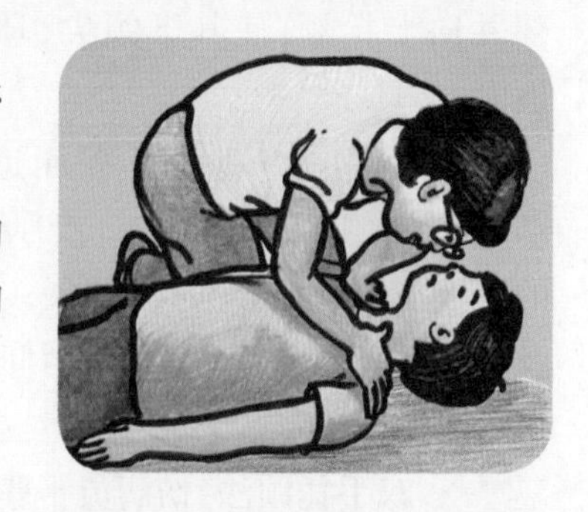

✧ 看：检查呼吸时，要把伤病员胸腹部皮肤露出来，便于直接观察有无胸腹部起伏状态，观察时间5~10秒。

✧ 听：将耳朵贴近伤病员的口鼻，听其是否有呼吸声。

✧ 触觉：将面颊贴近伤病员的口鼻，感觉是否有呼吸形成的气流。

注意：整个检查评估过程应尽快进行，不宜超过10秒，以免耽误后续人工呼吸的实施。

4. 检查脉搏　脉搏检查可以判断心脏是否跳动。一般来说，应选择大动脉测定脉搏有无搏动。通常通过触摸颈动脉是否搏动判断伤病员有无停搏。手指稍用力向颈椎方向按压即可触到颈动脉是否搏动。注意，须分别触摸左右两侧颈动脉5秒，确定有无搏动。

注意事项

✧ 检查颈动脉时不可用力按压，避免刺激颈动脉窦，使得迷走神经兴奋，反射性地引起心脏停搏。

✧ 不要同时用手指压迫双侧颈动脉，以防阻断脑部供血。

✧ 检查时间不要超过10秒，对于已经无反应、无呼吸的伤病员，马上进行心肺复苏才是关键。

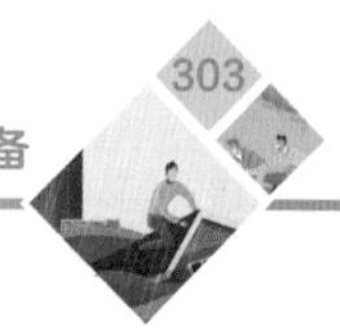

（三）稳定侧卧位

部分伤病员仍有心跳和呼吸，只是意识丧失而陷入昏迷，并且频繁呕吐。为了使其保持气道通畅，防止呕吐物呛入肺部造成窒息，应该立即将其摆放成“稳定侧卧位”，即“昏迷体位”或“复原卧位”。

1. 操作步骤

✧ 将平躺的伤病员一侧胳膊向上抬起，放在头的一侧，手肘呈直角弯曲。

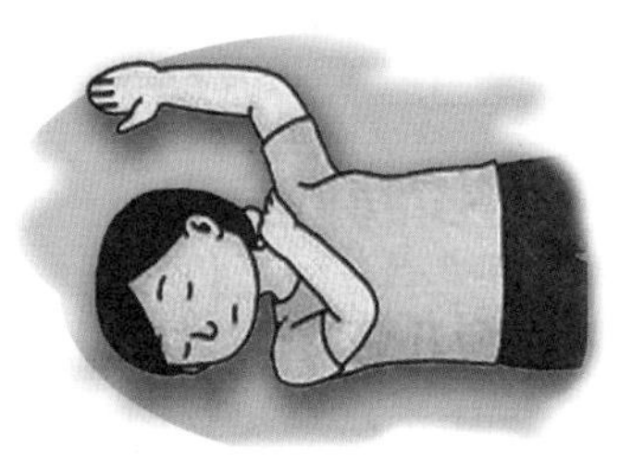

✧ 将伤病员的另一手掌搭放在对侧肩上。

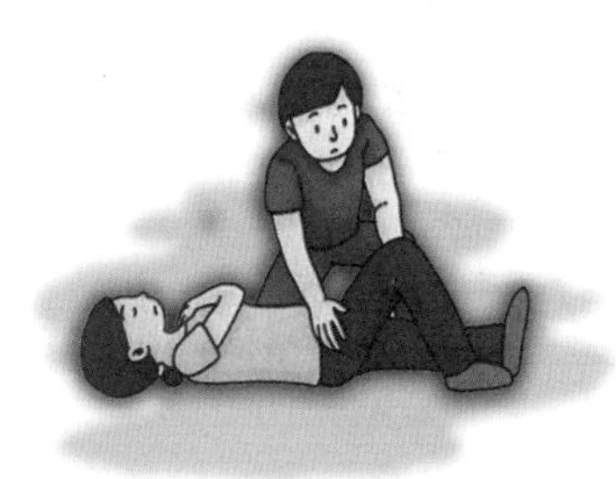

✧ 将搭肩一侧手臂的同侧下肢弯曲，同时注意防止身体前倾。

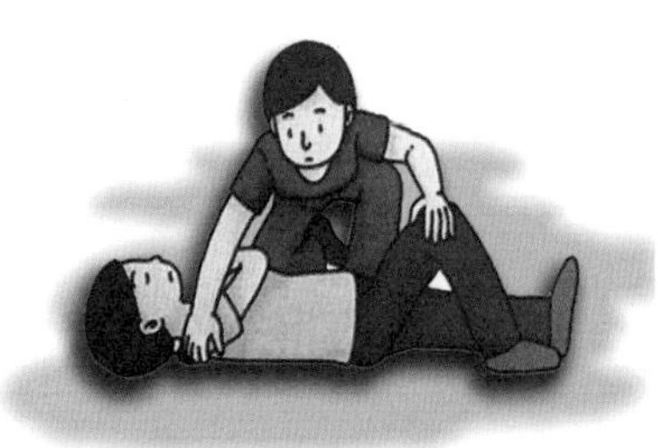

✧ 救护者将两手分别放在伤病员该侧的肩关节和膝关节处，使其固定姿势。

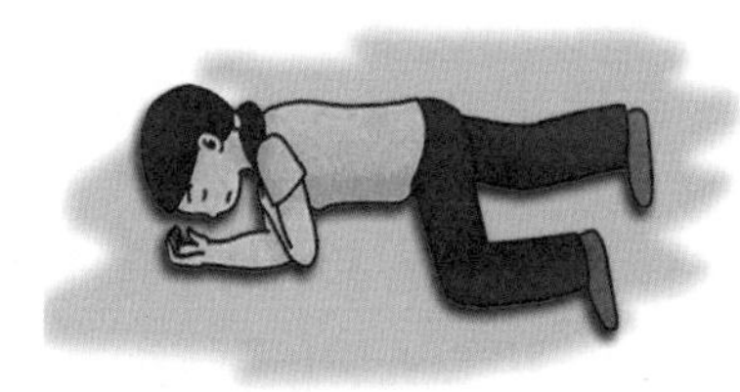

✧ 稍用力将伤病员水平翻转成侧卧位。此时，伤病员的手掌与脸同侧，保持气道通畅。

2. 注意事项

✧ 使伤病员处于正确的侧卧体位，切勿将其头部垫高，以利于液体从口腔流出。

✧ 侧卧位可以保持伤病者姿势稳定，防止舌头后坠阻塞呼吸道。

✧ 对于摆放好昏迷体位的伤病员，应注意保暖，防止受凉。

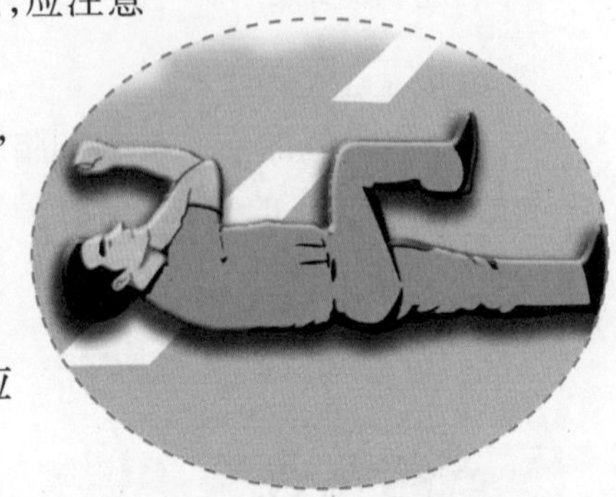

✧ 对于躁动不安或抽搐的伤病员，必要时应使用保护带，防止其从床上摔落、摔伤。

✧ 保持观察伤病员的心跳和呼吸，一旦发生心搏骤停或呼吸停止，应立即进行心肺复苏。

二、心肺复苏术

心肺复苏术（cardiopulmonary resuscitation，CPR）指对于各种原因引起的呼吸及心跳停止，使用人工呼吸及心外按压来进行急救的一种技术。人体心脏停止跳动后，若无法立刻得到抢救，4~6 分钟就可造成重要组织器官的不可逆损伤，超过 10 分钟就会导致脑死亡。因此，急救现场的民众如果掌握心肺复苏术，第一时间对心搏骤停者施救，就可以大大增加其生存概率。在确定需要对伤病员采取心肺复苏术时，无论动作是否标准都要做。伤员如果心跳停止，不做心肺复苏术必定会迅速死亡，及时实施心肺复苏术则还有生存的希望。因此，在普通民众中普及心肺复苏技术教育的意义重大。

心肺复苏的“黄金 6 分钟”

所有猝死患者中，约 90% 发生在医院外的各种场所，在心跳停止 6 分钟内进行心肺复苏，患者救活率可达 50%。因此，在现场对患者实施心肺复苏十分必要。心肺复苏的最佳时间只有 6 分钟，称为“黄金 6 分钟”。

（一）心肺复苏术的适应证

对于因心脏病（冠心病）、溺水、电击、吸毒过量等原因导致心搏骤停者,应立刻进行心肺复苏。而由于癌症晚期、多器官功能衰竭、艾滋病终末期等导致的呼吸心跳停止不属于心搏骤停,不是心肺复苏的适应证。此外,对于严重外伤、失血者,也不宜实施心肺复苏术。

(二)心搏骤停

✧ 临床表现:①突然摔倒,意识丧失,面色迅速变为苍白或青紫;②大动脉搏动消失,触摸不到颈动脉搏动;③呼吸停止或叹息样呼吸,继而停止;④双侧瞳孔散大;⑤可伴有因脑缺氧引起的抽搐和大小便失禁,随即全身松软。

✧ 常见原因:①冠心病;②其他心脏病,如心肌炎、主动脉夹层动脉瘤等;③各类急症,如重症哮喘、脑出血、休克等;④急性中毒、过敏;⑤意外事故,如触电、溺水等。

(三)心肺复苏术的操作步骤

✧ 向周围人寻求帮助,准备实施救援。

✧ 将施救对象摆放成复苏体位。

✧ 进行胸外心脏按压,同时交替进行人工呼吸。

胸外心脏按压和人工呼吸的比例为 30∶2,即完成 2 次有效人工呼吸后,进行 30 次胸外心脏按压,进行 5 个循环(约 2 分钟),然后检查伤病员呼吸和循环体征(检查颈动脉)。

（四）心肺复苏术操作要点和注意事项

1. 应将施救对象摆放成仰卧位，又称"复苏体位"。

注意事项

✧ 移动身体时，应使伤病员头、肩、躯干、臀部同时转动，防止造成身体扭曲。

✧ 翻动伤病员时尤其注意保护其颈部：救护者一手托住伤病员的颈部，另一手扶其肩部，使其姿势平稳地转为仰卧。

✧ 将患者仰卧于坚实平面，如木板上。

2. 胸外心脏按压

(1) 操作要点

✧ 救护者跪在伤病员身体的一侧，身体正对其两乳头位置；两膝分开，与肩同宽；双肩正对其胸骨上方；距离伤病员身体一拳左右的距离。

✧ 将一只手的掌根部放在伤病员胸部正中，食指的上方固定不动；用另一只手的掌根重叠放于已固定的手背上，两手手指交叉抬起，离开胸壁。

✧ 救护者双臂伸直，与伤病员胸部呈垂直方向，用上半身重量及肩背肌力量向下按压伤者胸部，有节奏且均匀地用力。

✧ 救护者以髋关节为支点，两臂基本垂直，使双肩位于双手正上方，肘关节不要弯曲，保证按压方向与胸骨垂直，利用上半身力量向下按压。

✧ 按压深度：成年人按压 4~5cm，相当于胸壁厚度的 1/3，每次按压以触摸到颈动脉搏动为理想状态。按压一下放松一下，待胸廓完全回弹、扩张后再次按压，手掌始终不离开胸壁。

✧ 按压的频率应大于每分钟 100 次，但不超过每分钟 120 次，按压和放松回弹的时间应该是相同的。

(2) 注意事项

✧ 不正确的操作可能会造成伤病员肋骨骨折，例如：①按压速度过快或过慢；②按压位置不正确（易造成剑突、肋骨骨折而致肝破裂、血气胸）；③按压时施力不垂直，易致压力分解；④按压时双臂不平直、手肘弯曲。

✧ 应做到：每次按压后要等胸壁完全回弹、扩张，再进行下一次按压，放松时完全不用力，但要维持手臂垂直。

3. 人工呼吸　具体操作如下：

✧ 先开放气道，清理口腔异物。

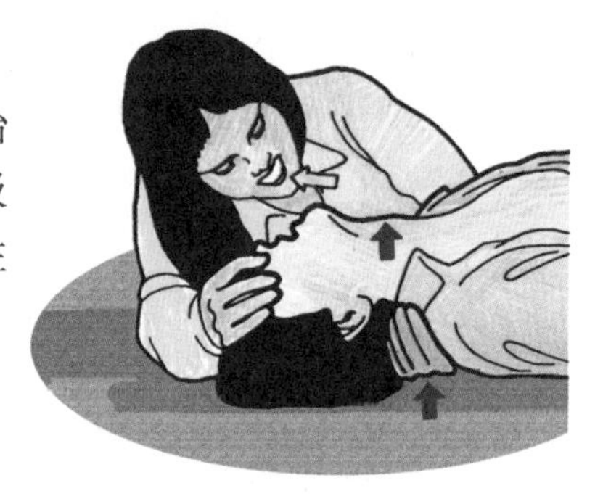

✧ 两手使伤病员的下巴向上抬起、张大嘴巴，捏紧其鼻翼，自己先深吸一口气，紧贴伤病员口部，同时双眼注视其胸部。

✧ 口对后直接吹气。每次吹气时观察伤病员胸部向上隆起即可。

✧ 口移开，自己再深吸一口气。

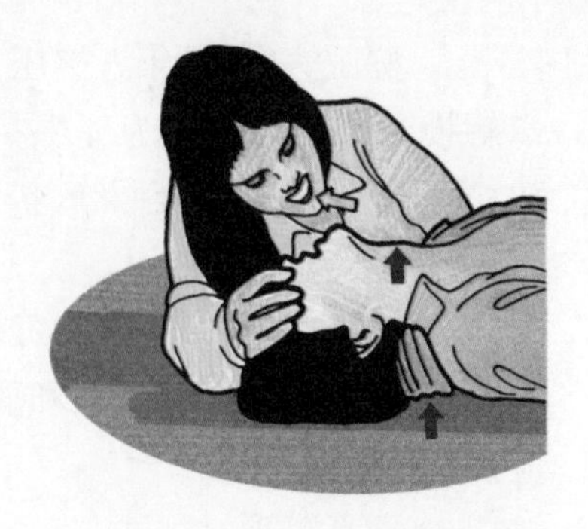

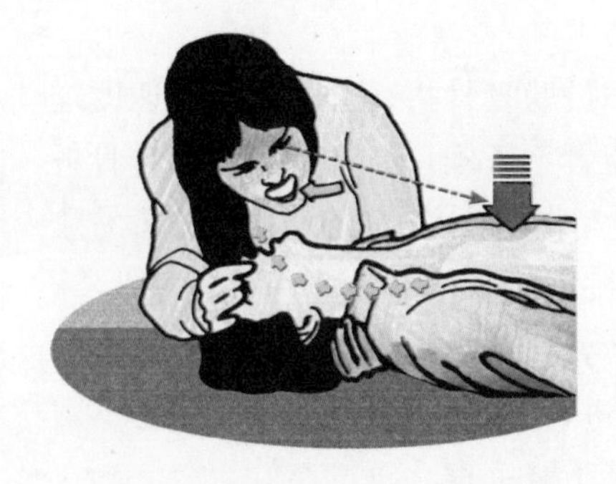

✧ 吸气时，注意观察伤病员胸部向下沉降，听呼气声，用自己的脸颊感受其呼吸的强弱。

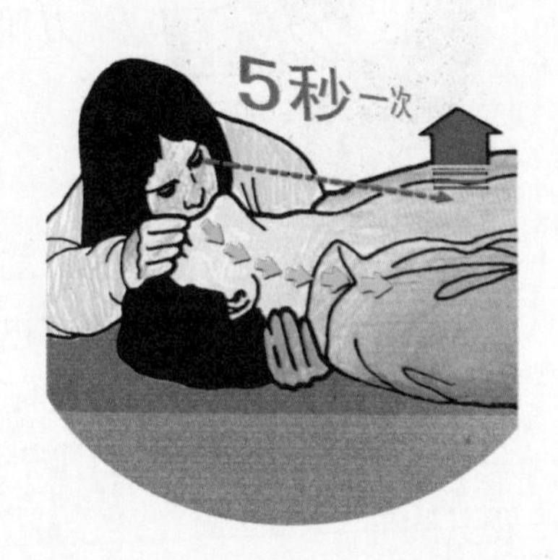

✧ 以5秒1次的速度操作，至少进行2次连续有效的人工呼吸。

人工呼吸小贴士

✧ 每次吹气时间不要过长、气量也不要过大，吹气时不要按压伤病员胸部，以免其肺部受损伤或气体进入胃内。

✧ 操作中不要移动伤病员体位，始终保持其头部后仰、下颌抬起，使气道通畅。

✧ 儿童肺活量较小，故吹气的速度和气量多少应根据儿童体格大小而定，一般以胸廓上抬为准。

三、气道异物阻塞的急救

在日常生活中，因为吃果冻、花生、汤圆等而窒息身亡的事件时有发生。资料显示，气道异物阻塞已经成为重要的意外死亡原因，且死亡率极高。因此，当家人或自己发生气道异物阻塞时，一定要迅速排出异物、解除阻塞、纠正缺氧状态，才能保住生命。

（一）气道异物阻塞的表现

✧ 不完全性阻塞：如果伤病员的气道没有被完全阻塞，还可以部分通气，会出现剧烈呛咳、呼吸困难，甚至可以听到每次费力呼吸时喉咙发出口哨一样的喘鸣声。这是因为气管黏膜很敏感，稍稍进去一点异物，都会有强烈的反应，发出喘鸣声是一种保护性行为反应的表现，是伤者试图用肺部的气体把卡在气道里的异物冲击出去。

✧ 完全性阻塞：如果异物直接进入气道里，把气道堵死，伤病员就会当即不能发声、咳嗽、呼吸，两手会本能地做出掐脖子的动作（这个动作是发生完全性阻塞最明显的特征）。同时，伤病员会面色潮红，继而变成青紫色或苍白色，随即意识丧失，再过几分钟可能就心跳停止，非常危险。完全性阻塞可在短时间内危及伤病员的生命。此时，应立刻采用海姆立克急救法。

（二）哪些人容易发生气道异物阻塞

✧ 儿童：尤其 5 岁以下小儿，是最常发生的气道异物梗阻人群，死亡率高达 68% 左右。

✧ 老年人：尤其患有脑血管疾病以及牙齿脱落的老年人，吞咽功能退化，容易发生气道异物阻塞。

✧ 饮食习惯不好的成年人：一般来说，成年人具有较好的自我保护能力，但在一些情况下也可能发生气道阻塞，如进食过快、过猛，吃东西时大笑或受到惊吓，抛花生米吃，或醉酒意识不清时呕吐。

（三）海姆立克急救法

海姆立克急救法的原理是通过冲击上腹部，使膈肌瞬间抬高，肺内压力骤然增高，形成“人工咳嗽”，迫使肺内气流将气道内的异物冲击出来，从而解除阻塞。

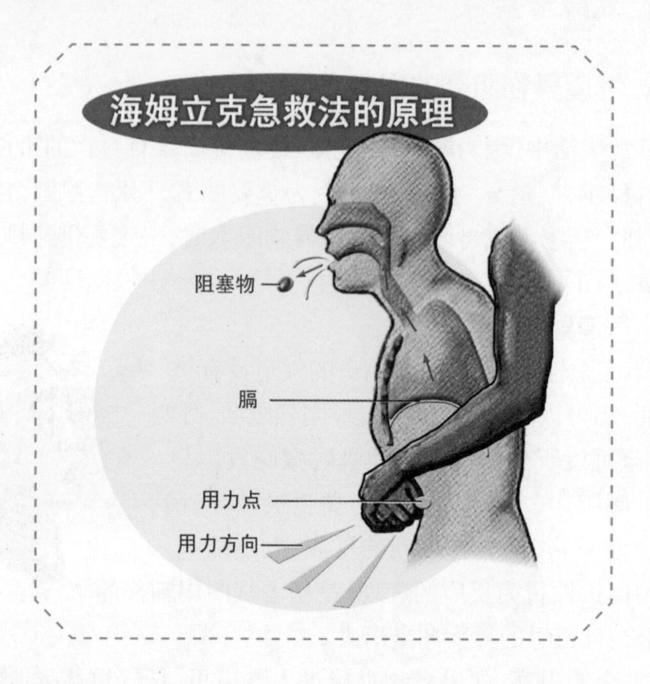

1. 站立位上腹部冲击法(适用于意识清醒者)

✧ 站在伤病员的身后,一条腿插在其两条腿之间,同时两臂环抱其腰腹部,前腿弓,后腿蹬。

✧ 一只手拇指在内,用拳眼对正上腹部脐上两横指处。

✧ 另外一只手环抱住伤病员,然后用力向后上方冲击,直至气道内的异物排出或伤病员意识恢复。

✧ 如果在抢救过程中,突然发现伤病员意识丧失,应立即将其摆成平卧的复苏体位,先按照前面所提到的开通气道方法,处理口中异物,再使用心肺复苏术进行急救。

注意事项:①此法不适宜肥胖者、孕妇以及1岁以下婴儿;②冲击的速度维持在1次/秒。

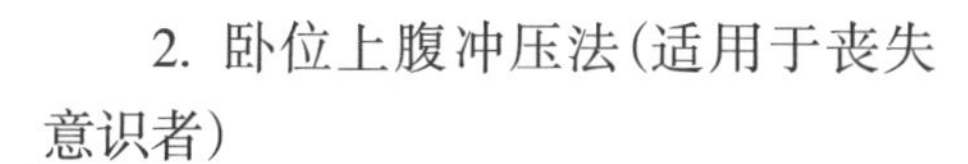

2. 卧位上腹冲压法(适用于丧失意识者)

✧ 让伤病员保持平躺,骑跨于伤病员大腿上。

✧ 一只手掌置于伤病员肚脐上两横指处,另一只手叠放,快速连续地朝伤病员上腹部的后方用力冲压。

✧ 每冲击 4~5 次,检查伤病员口腔是否有异物。若口中有异物,立即取出。

注意:此法不适宜肥胖者、孕妇和 1 岁以下婴儿。

(四)成人自救法

1. 站立位胸部冲击法(适用于意识清醒者) 成年人发生不完全性气道异物阻塞时不会立刻丧失意识。若此时身边没有别人救助,要趁自己意识清醒(2~3 分钟)迅速自救。

✧ 保持站立姿势,站到高度适当的硬质椅子椅背处(可以窗台边缘、桌子边缘等凸起硬物替代)。

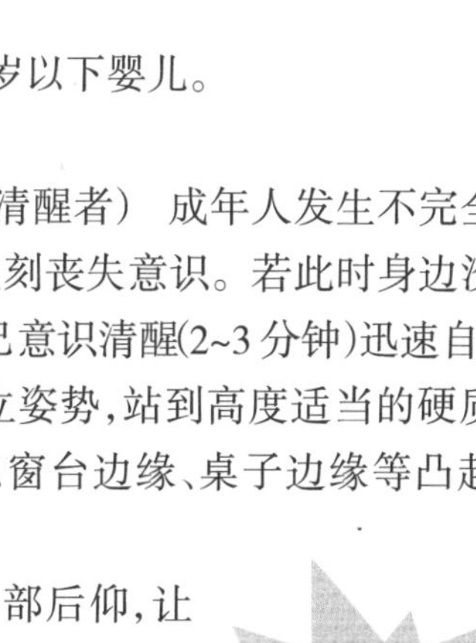

✧ 先将头部后仰,让气道变直,上腹正中抵于椅背顶端,双手握住椅子。

✧ 利用自己身体的重量,迅速、连续用力向下按压冲击,直到将异物排出。

2. 弯腰拍背法 仅适用于处在意识清醒状态的不完全阻塞者。若伤病员发生气道完全阻塞或已经丧失意识,应使用海姆立克急救法进行急救。

正确的做法是弯腰→拍背:督促伤病员咳嗽,使其取站立位或坐位,并尽量弯腰;救护者一只手勾住伤病员的腹部,形成支撑,同时用力拍击其背部,通过重力与震动的作用,可使气道内的异物排出。

注意:若不弯腰就拍背,则可能导致异物进一步深入气道，加重窒息，造成生命危险。

四、常见外伤的急救方法

（一）外伤的种类

外伤有割伤、切伤、裂伤、刺伤、擦伤、挫伤、瘀伤等，可归纳为开放创伤和闭合创伤两大类。

✧ 开放创伤：有伤口和出血现象，细菌会从伤口处侵入人体，导致感染。伤口开放的时间越长，感染机会越大。

✧ 闭合创伤：表面没有伤口，伤口感染的机会较小，但体内有可能已经发生大量出血，失血量难以目测，还有可能已发生骨折和内脏爆裂，情况极其危险。

人体受到外伤后机体的生理反应过程

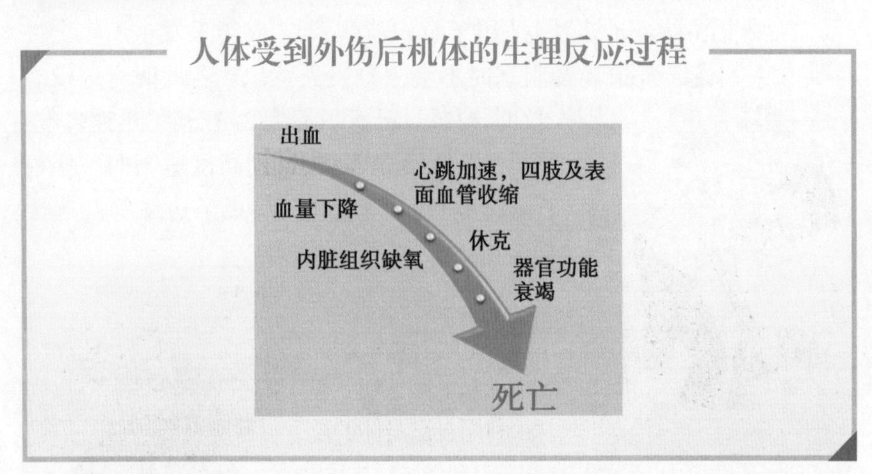

（二）外伤急救预处理

1. 去除遮挡物

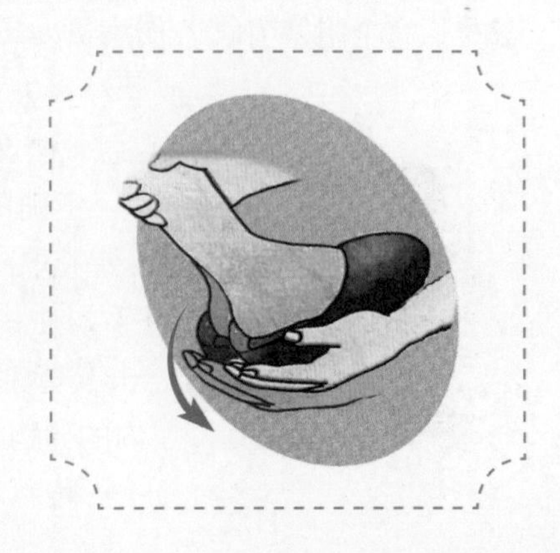

✧ 脱鞋：托起伤者的小腿或脚踝，将鞋子轻轻脱下。若伤者穿着长靴，尽量先用剪刀剪开靴筒，再将靴子脱下。

✧ 脱袜:从袜筒处小心地慢慢脱去袜子,切勿从脚尖处拽下。如果袜子较紧,可将袜筒拉起,用剪刀从上至下将袜子剪开。

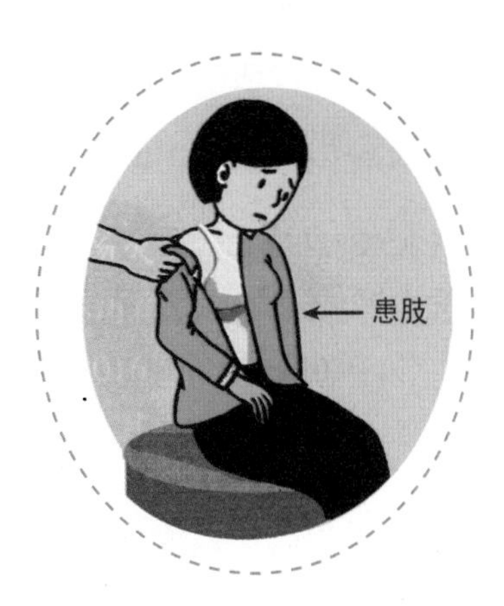

✧ 脱上衣:伤者取坐位,将领口推到肩部,弯曲未受伤的手臂,先脱掉这一侧的衣袖,再脱掉受伤手臂的衣袖。若伤情较为严重,则伤者不宜取坐立位,应拉起未受伤的部位将衣物用剪刀小心剪开。

✧ 脱长裤:在检查伤势时,不需要将伤者裤子脱下,以免擦碰到伤口。可以拉起伤者裤腰,以判断其腰部及大腿的伤势;拉起伤者裤管,判断其小腿的伤势。必要时,可将伤者裤腰或裤管提起,用剪刀剪去遮挡伤口的部分。

2. 不同种类的外伤处理方法

✧ 擦伤:指表皮受伤,是最常见的外伤,一般伤势较轻、深度较浅,如常见的摔伤擦破胳膊。当遭遇意外擦伤时:①先用生理盐水冲洗干净伤口,如果没有生理盐水,也可用清水或过氧化氢(双氧水)、医用酒精等涂抹伤口周围皮肤;②伤口经常规清理后,用干净的消毒纱布包扎好;③若受伤部位肿胀明显、渗血较多,最好及早到医院外科门诊治疗。

✧ 割伤:指全皮层裂开。对于无明显出血、伤口干净的小裂伤,可以先外涂聚维酮碘(碘伏),然后用消毒纱布包扎或贴上创可贴。对于有明显出血的大裂伤或脸上的伤口,应按上述方法初步处理后及时到医院外科门诊就诊,尽早进行清创缝合,并在已缝合的伤口上涂抹医用透明质酸锌凝胶,减少感染发生,避免形成瘢痕。

✧ 挫伤：最常见于脚踝、手腕及下腰部的扭伤，表现为受伤肢体疼痛、活动不便，一般不肿。如果没有骨折，可先冷敷后热敷，早期不要用手揉疼痛的部位，以免增加发生内出血的机会。平时可以在家中备一些伤湿止痛膏、云南白药的贴剂或喷剂等药物，必要时可以使用。

（三）出血及其处理

1. 出血的种类

(1) 动脉出血

✧ 危险级别：高。

✧ 颜色：鲜红。

✧ 状态：血液从伤口呈搏动性喷射而出。

(2) 静脉出血

✧ 危险级别：中或高。

✧ 颜色：暗红。

✧ 状态：血液从伤口持续向外涌出。

(3) 毛细血管出血

✧ 危险级别：低或无。

✧ 颜色：鲜红。

✧ 状态：血液从创面呈点状或片状渗出。

2. 不同部位出血的表现及处理

(1) 皮下出血

✧ 处理方法：轻者可自行处理，严重者须及时就医。

✧ 识别度：高。

✧ 具体表现：一般体表见不到血液，但可看到皮肤发青、发紫，或见到皮肤显著鼓起，称为“血肿”。

(2) 内出血

✧ 处理方法：及时送往医院，或拨打“120”急救电话。

✧ 识别度：低。

✧ 具体表现：见不到体表流出血液，或从气道、消化道等排出血液。完全看不到任何流血时，也有可能情况危急，如肝脾破裂、颅内血肿等。

(3) 外出血

✧ 处理方法：现场急救，同时拨打“120”急救电话。

✧ 识别度：高。

✧ 具体表现:可见到体表有血液流出,极易识别。

3. 止血方法

(1) 指压法:为止血的短暂应急措施,适用于头部和四肢的动脉出血。具体操作为,用手指压在出血的近心端,把动脉压迫闭合在骨面上,阻断血流,达到迅速和临时止血的目的。

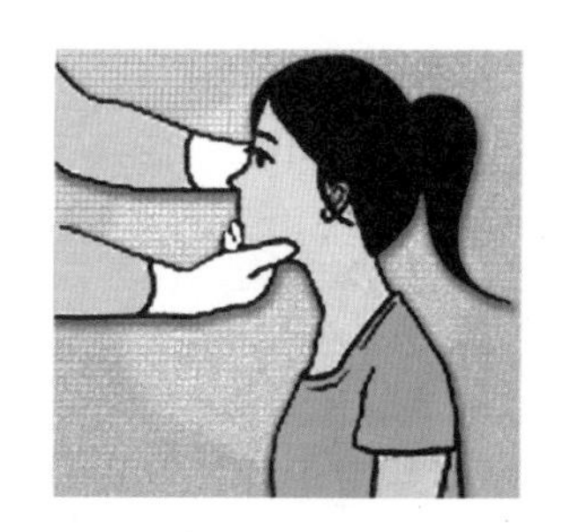

✧ 面部出血:固定伤者头部,以拇指压在下颌角前上方约 1.5cm 处的面动脉搏动点,向下颌骨方向垂直压迫,其余四指托住下颌部向上用力。

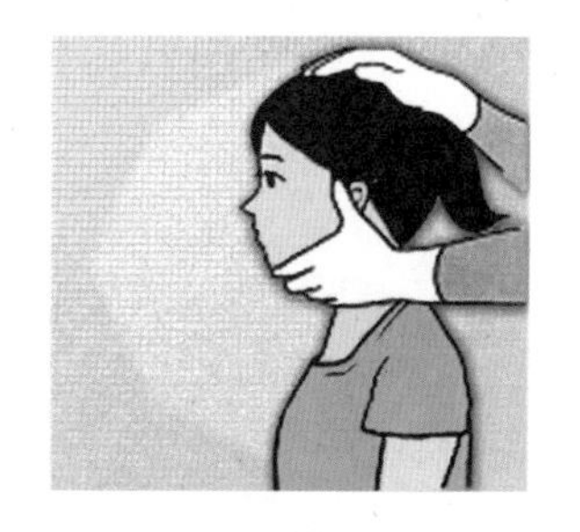

✧ 头顶部出血:用大拇指垂直压迫伤者耳屏穴(俗称“小耳朵”处)上方 1~2cm 处的颞浅动脉搏动点。

✧ 枕后出血:用大拇指压迫伤者耳后乳突下稍外侧的枕动脉搏动点。

✧ 肩部、腋窝或上肢出血:用大拇指在伤者锁骨上窝处向下垂直压迫锁骨下动脉搏动点,其余四指固定伤者肩部。

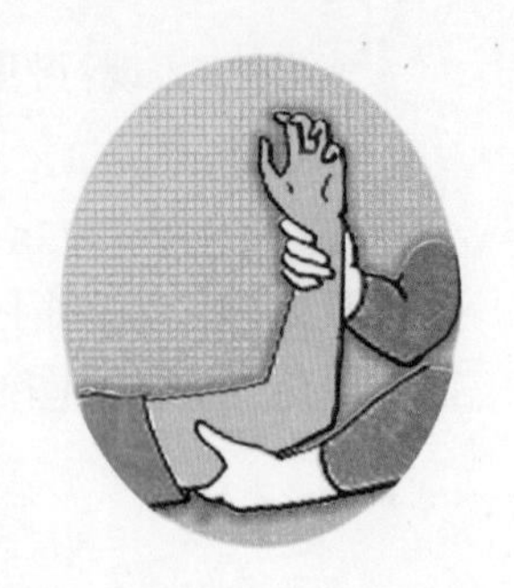

✧ 前臂大出血:固定住伤者手腕处,向肱骨方向垂直压迫腋下肱二头肌内侧肱动脉搏动点。

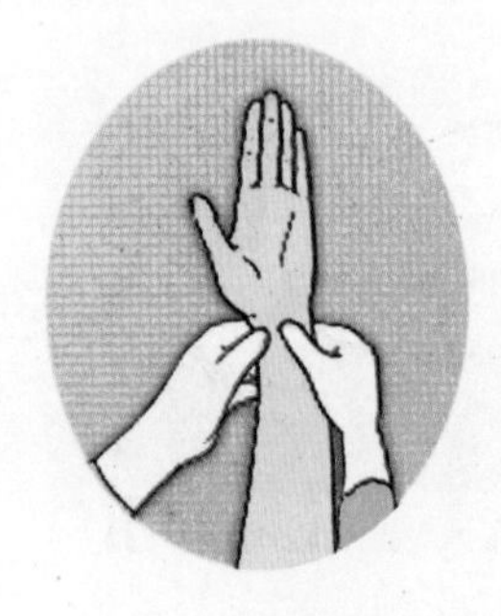

✧ 手部大出血:双手拇指分别垂直压迫伤者腕横纹上方两侧的尺桡动脉搏动点。

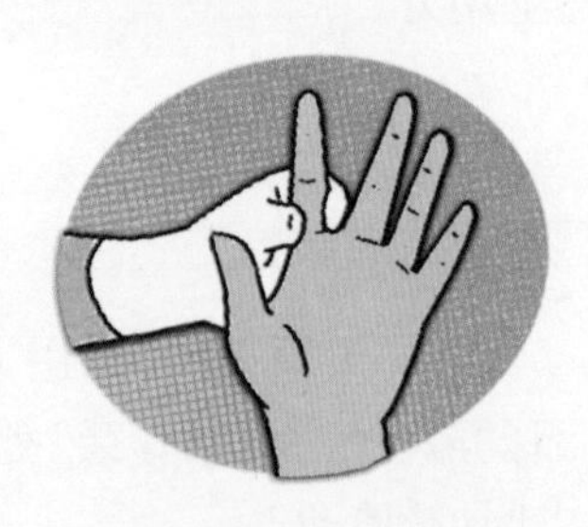

✧ 手指出血:拇指压迫伤者指根两侧的指动脉搏动点。

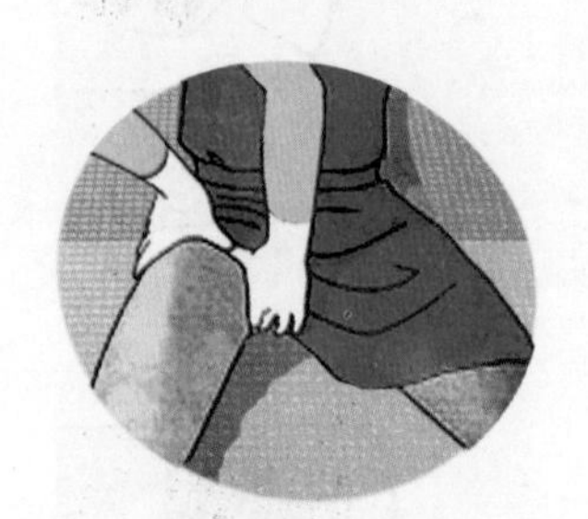

✧ 下肢大出血:双手拇指或手掌重叠放在伤者腹股沟韧带中点稍下方,用力垂直向下压迫。

✧ 小腿出血:拇指在伤者腘窝横纹中点动脉搏动处垂直向下压迫。

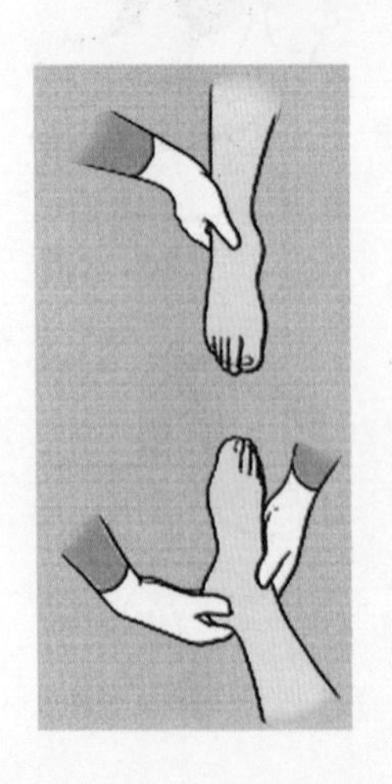

✧ 足部出血:用大拇指垂直压迫伤者足背中间足踝处,另一只手的大拇指垂直压迫伤者足跟内侧与脚踝之间处。

注意事项:①指压动脉止血法是一种临时急救方法,不宜长时间使用;②压迫的力度以能够止血为度,不要过于用力,以免造成伤者二次损伤;③控制住出血点后,要立刻根据情况采取其他有效止血法,如加压包扎止血法、止血带止血法等。

(2) 填塞止血法:多用于伤口较深或伴有动脉、静脉严重出血,或不可以采取指压止血法、止血带止血法的出血部位,较大且难以加压包扎的伤口以及实质性脏器广泛渗血等。需要用无菌或洁净的布类、棉垫、纱布等紧紧堵住伤口。

注意事项:①填塞止血法常用于腹股沟、腋窝、鼻腔、宫腔出血,以及"盲管伤"(有射入口,无射出口)、贯通伤、组织缺损等;②在用填塞止血法止血后,还要使用加压包扎止血法。

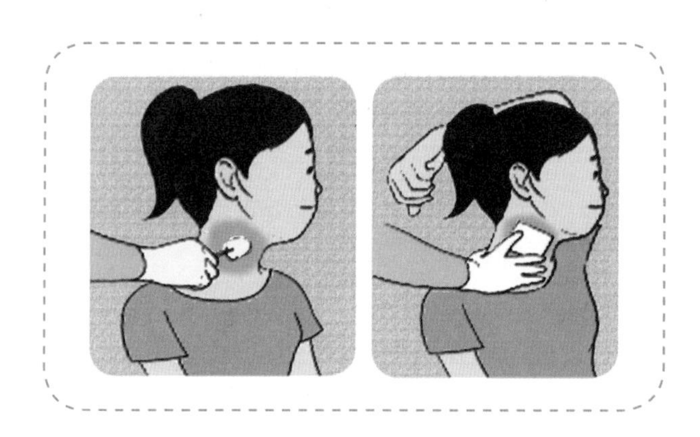

(3) 加压包扎止血法:适用于四肢、头颈躯干等体表血管伤,以及静脉出血、毛细血管出血等。具体做法是用消毒纱布或干净的毛巾、布块等进行填充,再用绷带加压包扎,力量以能止血且肢体远端仍有血液循环为度。

(4) 止血带止血法:止血带是一种帮助止血的工具,用于伤口距心脏近侧之处,以扭转加压的方式阻止血液流出,常在出血量较大时使用。止血带止血法能有效控制肢体出血,若使用恰当,可挽救一些大出血伤员的生命,但若使用不当则可带来严重的并发症,引起肢体坏死、肾衰竭,甚至死亡。

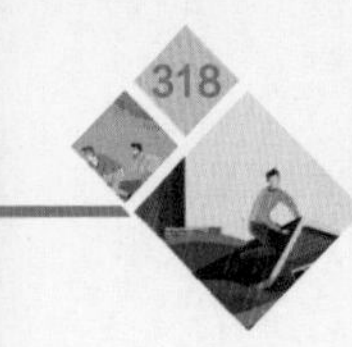

注意事项：

✧ 切勿直接将止血带结扎在皮肤上，应先用毛巾、衣物等折叠平整垫好，再结扎止血带。

✧ 止血带的松紧应适度，以远程动脉搏动消失、停止出血为度。

✧ 结扎时间不宜超过 2~3 小时，每 40~50 分钟要松绑一次，恢复远端肢体的供血（此时若继续出血，可使用指压止血法）。松解时间为 5~10 分钟（根据出血情况而定）。若松开时仍有大出血或肢体已无保存价值，在转运途中可不再松解止血带，以免出血加重。

✧ 止血带的材质为棉布或橡皮管等，禁止使用没有弹性的绳子、铁丝、电线等。

✧ 在补充血容量或采取其他有效止血方法之后方可摘除止血带。若伤者肢体发生明显、广泛坏死，在截肢前不应松解止血带。

✧ 在包扎完毕数分钟后，应及时检查肢体情况，如果伤侧远端出现发青、发紫、肿胀，说明包扎过紧，应重新调整松紧度，以免造成肢体坏死等不良后果。

✧ 若伤口大、出血点深，须求助医生处理；若为小动脉出血，须请人帮助止血，并尽快送医院处理。

（四）包扎和悬吊

1. 包扎　可以固定止血敷料、保护伤口、防止感染。常用的包扎材料包括绷带三角巾、洁净的床单、窗帘、毛巾、围巾、衣服等。

(1) 伤口包扎应注意事项

✧ 包扎材料应该尽量保持洁净、无菌，避免伤口感染。

✧ 应对伤口进行妥善处理后再进行包扎。

✧ 包扎松紧应该适度，以固定住敷料而不影响血液循环为度。

✧ 应由内至外、由上至下进行包扎，并露出肢体末端，以观察血液循环。

✧ 绷带起始端及末端重复两圈固定，收尾于肢体外侧。

✧ 包扎要迅速、敏捷、谨慎，不要碰撞、污染伤口。

(2) 包扎方法

✧ “8”字形包扎法：适用于包扎肘、膝关节等屈曲关节处的外伤。以手、足部为例，首先将绷带做环形固定，然后一圈向上、一圈向下地包扎，每一圈在正面和前一圈相交，压盖前一圈的 1/2 或 2/3，最后再做环形

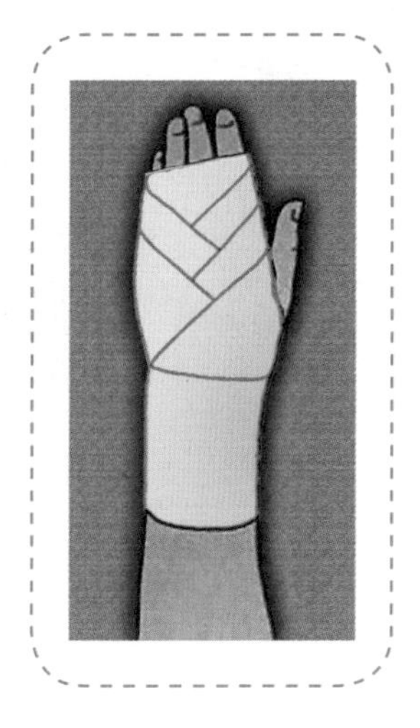

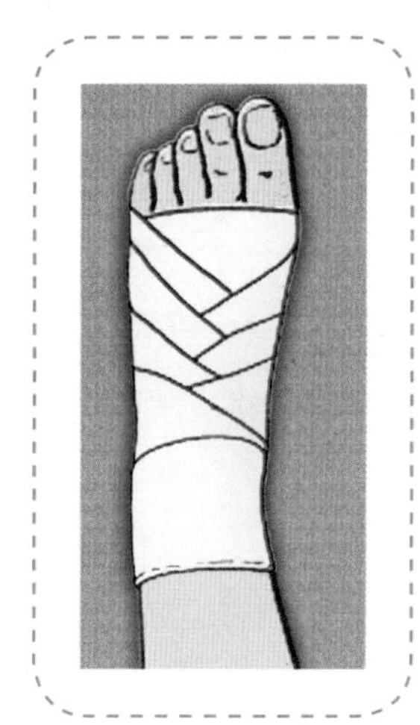

固定。手指、脚趾若无创伤，应露在外面，以观察有无发紫、水肿等末梢血液循环不良的情况。

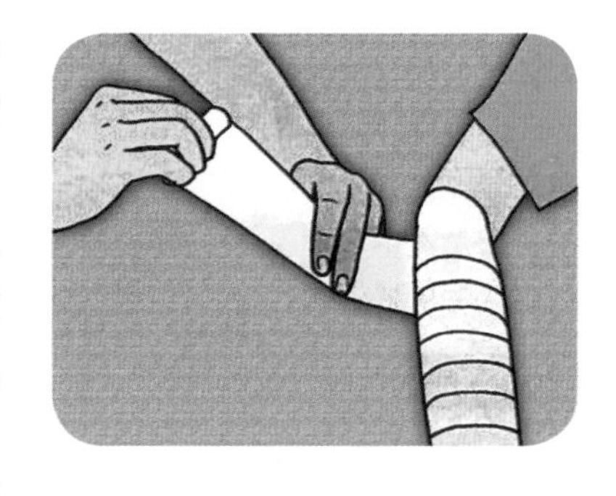

✧ 螺旋包扎法：适用于上下肢粗细不同处的外伤。加压止血后，从放置敷料的下方开始包扎，先环形包扎两圈，然后自下而上、由内向外缠绕，每一圈盖住前一圈 2/3，直至敷料被完全盖住，最后再环形缠绕两圈即可。

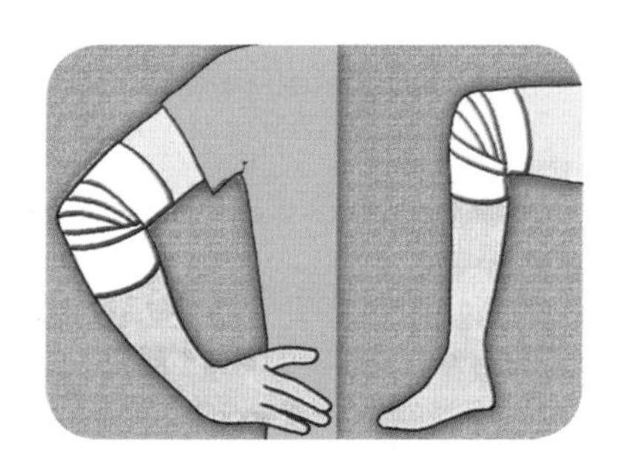

✧ 人字形包扎法：主要用于肘关节、膝关节加压止血后的包扎。首先应将关节弯曲至 90°，绷带放在肘部、膝关节中央，环形缠绕一圈以固定敷料，再由内向外做“人”字形缠绕，每一圈遮盖前一圈的 2/3，缠完“人”字形后，再环绕一圈固定。

✧ 回折包扎法：适用于顶端部位，如头顶、断肢残端等伤口的包扎。以头顶部为例，先围绕额头环形包扎两圈，再于额头前端中央按住绷带，向后拉，再从后面按住绷带，向前拉，如此反复，直至将敷料完全覆盖，最后再进行两圈环形包扎，以压住所有的反折处。

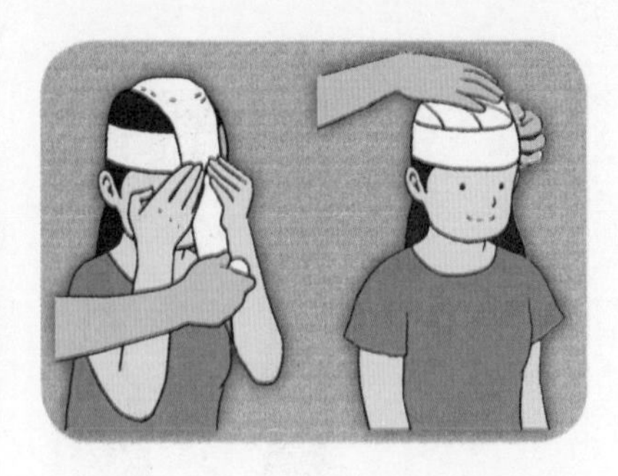

2. 简易悬吊　是上肢骨折脱位常用的治疗方法之一，广泛用于骨折后处理及创伤急救。其最大的特点是使用方便，易调整，可以使受伤部位处于放松状态面。

✧ 利用外套扣子：①解开外套心口下方的扣子；②将受伤的手臂穿过衣缝放进衣服里；③手腕搭在下面的扣子上。

✧ 利用外套衣角：①由下往上解开外套，直至将侧衣角向上折起能够托起受伤手臂；②用安全别针将衣角固定于外套胸前位置，可加大别针固定衣服边角位置的面积，使其更加稳固。

✧ 利用袖子：①若身着长袖衬衫，可将伤侧手臂斜放在胸前；②将袖口用安全别针别在衬衫的胸部或对侧肩部；③保持手臂抬高的姿势。

✧ 利用皮带、领带、背带：①用皮带、领带或背带当作“悬带”；②将皮带、领带、背带等系成一个大小合适的圈形，套在伤者的脖子上，并将伤侧手腕放在套圈里，保持手部略高于肘部。

五、搬运

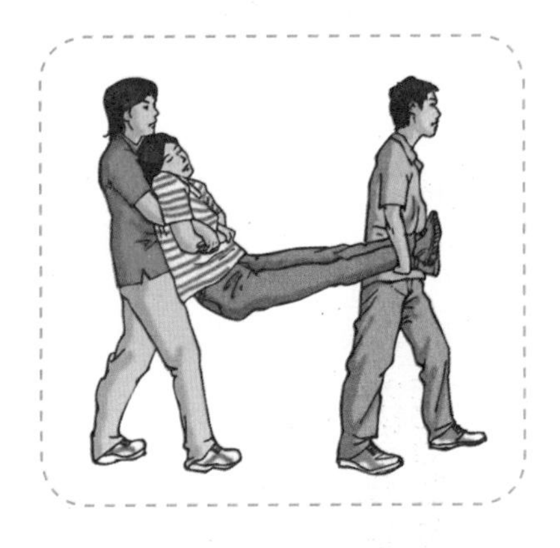

在经过简单处理后，应及时将伤病员迅速、安全地搬离事故现场，并送往医院进一步实施救治，避免伤情加重。在此过程中，若搬运方法不当，则很有可能对伤病员造成进一步伤害，甚至造成死亡。

（一）搬运方法

1. 单人搬运

✧ 扶行法：适用于清醒、无骨折、伤势不重、能自行行走的伤者。救护者站在伤病员身体一侧，将其上肢绕过自己的颈部，用手握住伤病员的手，另一只手扶住伤病员的腰部或腋下，搀扶其行走。

✧ 背负法：救护者后背朝向伤病员蹲下，让其趴于自己背上，双手固定住其大腿或握住其手，缓缓起立。

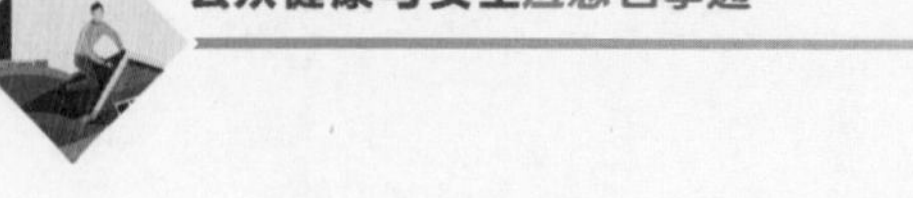

✧ 肩扛法:适用于可以勉强站立,但不能行走,体重较轻的伤者。救护者面对站立的伤病员,一手固定其同侧手,另一侧上肢伸入其两腿之间,将其扛起,使其伏于自己肩上,用手固定好伤者的下肢。

✧ 抱持法:救护者将一只手臂放在伤病员背后,用手扶住其腋下,使其手臂搭于自己肩上;另一手臂放在伤病员大腿下面,将其抱起。此法严禁用于脊柱、下肢骨折者。

✧ 拖行法:适用于不能移动、体重或体型较大的伤者,以及现场非常危险须立即离开的情况。救护者将双手分别放在伤病员双侧腋下或两踝,将其拖走;或者将伤病员的衣服纽扣解开,衣服拉至头上,拉住衣领拖行,以保护伤者的头部;或者将伤病员置于被褥或毯子上,拉着被褥、毯子的两角将伤病员拖走。

✧ 爬行法:适用于须低姿安全脱离现场的,如现场救助急性一氧化碳中毒的伤病员。救护者应使伤病员保持仰卧位,用绷带或布条将其双手固定在一起,然后骑跨在伤病员身体上,将其固定好的两手套于自己颈部,

双手支撑地面爬行。

2. 双人搬运

✧ 双人扶行法:两名救护者分别站在伤病员两侧,将伤病员的两臂分别绕过两人的颈部。救护者一只手握住伤病员的手,另一只手扶住伤病员的腰部或腋下,搀扶其行走。

✧ 双手坐:适用于意识清楚的体弱者。两名救护者面对面站在伤病员两侧,分别将手伸到伤者背后,抓紧其腰带。伤病员的两个手臂分别绕过两名救护者的颈部。两名救护者将各自的另一只手伸到伤病员大腿下并握住另一名救护者的手腕。两名救护者同时站起,先迈外侧腿,步调一致地搬运伤病员。

✧ 四手坐:适用于意识清楚的体弱者。两名救护者用右手握住自己的左手腕,再将左手握住对方的右手腕。让伤病员坐在救护者相互握好的手上,两臂分别绕过两位救护者的颈部或扶住肩部。两名救护者同时起立,先迈外侧腿,步调保持一致地搬运伤病员。

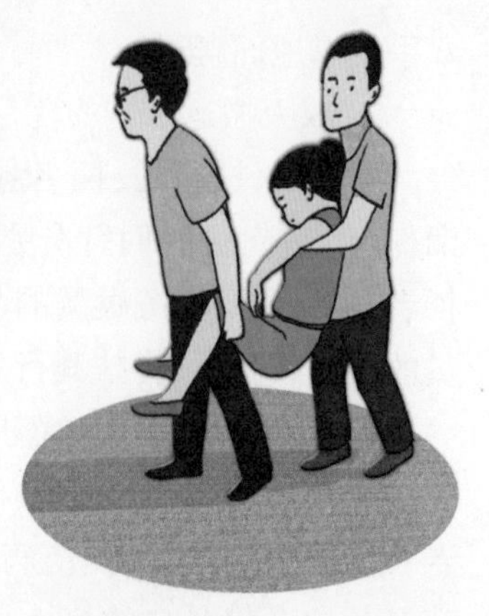

✧ 前后扶持法：适用于意识不清者，但严禁用于脊柱、下肢骨折者。一名救护者站在伤病员背后，两臂从其腋下通过，环抱胸部；使伤病员两臂于胸前交叉；另一名救护者背对伤病员，站在其两腿之间，抬起其双腿。搬运时，两名救护者保持步调一致。

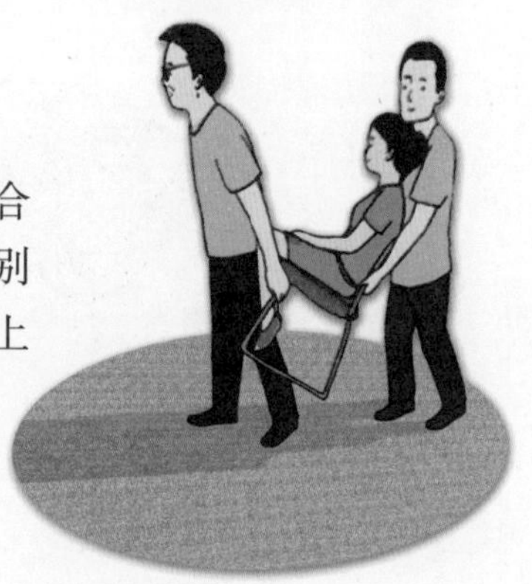

✧ 双人抬椅：适用于昏迷、无法配合者。让伤病员坐在椅子上，两名救护者分别站在伤病员前后，抬起椅背下方和椅前腿上方，保持步调一致行走。

3. 多人搬运

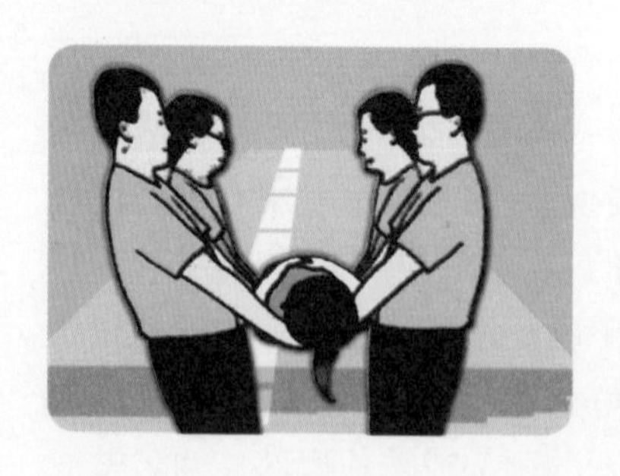

✧ 四人水平抬：4 名救护者每侧 2 人，面对面站立，将手在伤病员身下互握、扣紧。站在伤病员头侧的两名救护者托住伤病员颈部和胸背部，另两名救护者托住伤病员腰臀部和膝部。4 名救护者一起将伤病员抬起。

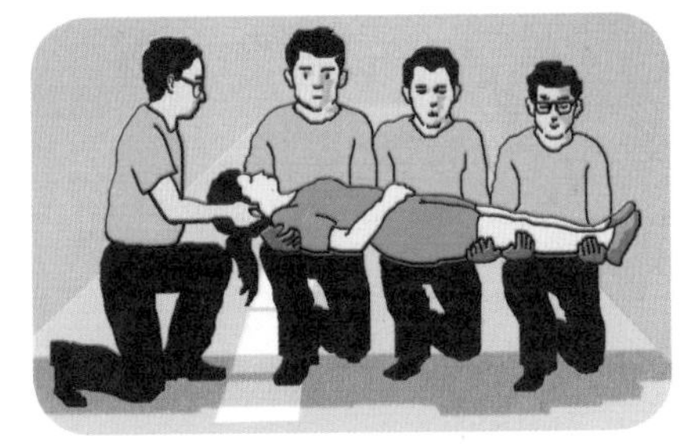

✧ 平抬上担架：适用于将疑似脊椎(除颈椎)损伤的伤病员搬抬到担架上。4名救护者分别托住伤病员的头部、胸背部、腰臀部、并拢的下肢，一起合力将其抬起，放置在担架上。

（二）搬运注意事项

✧ 搬运伤病员之前要检查伤者的头部、颈椎、脊柱、胸部有无外伤。

✧ 要防止搬运途中发生坠落、摔伤等意外。

✧ 保持伤病员呼吸道畅通，避免其颈部过度弯曲，尤其是意识不清者。

✧ 在搬运时要随时观察伤病员的伤情或病情变化，一旦发生紧急情况，如呼吸停止、抽搐等，应立即进行急救处理。

参考文献

[1] 吴群红 . 突发公共卫生事件应对 - 现代启示录 . 北京:人民卫生出版社,2009.
[2] 吴群红 . 日本“3.11”回望与启示 - 连锁型危机的应对与管理 . 北京:人民卫生出版社,2014.
[3] 刘中民 . 图说灾难逃生自救丛书 . 北京:人民卫生出版社,2013.
[4] 牟壮博 . 常见传染病诊疗 . 北京:人民卫生出版社,2017.
[5] 陈祖朝,马建云 . 家庭突发事件应急救助 . 北京:中国环境出版社,2013.
[6] 时艳琴 . 社区居民安全手册 . 北京:化学工业出版社,2016.
[7] 北京市劳动保护科学研究所 . 居民突发事件应对手册 . 北京:中国劳动社会保障出版社,2016.
[8] 胡维勤 . 家庭急救手册 . 哈尔滨:黑龙江技术出版社,2017.
[9] 姚文山 . 国家基本公共卫生服务规范 . 第 3 版 . 北京:中国原子能出版社,2017.
[10] 张连阳 . 图说灾难逃生自救丛书 . 北京:人民卫生出版社,2013.
[11] 沈洪,刘中民 . 急诊与灾难医学 . 第 2 版 . 北京:人民卫生出版社,2013.
[12] 佟丽华 . 反校园欺凌手册 . 北京:北京少年儿童出版社,2017.
[13] 刘中民 . 核与辐射事故 . 北京:人民卫生出版社,2014.
[14] 丁保乾 . 中毒防治大全 . 郑州:河南科学技术出版社,2006.
[15] 杨克敌 . 环境卫生学 . 北京:人民卫生出版社,2012.
[16] 孙贵范 . 职业卫生与职业医学 . 北京:人民卫生出版社,2012.
[17] 陈景元 . 常见重金属健康危害与防治手册 . 西安:第四军医大学出版社,2013.
[18] 克里克·斯图尔特 . 逃生背包:黄金 72 小时灾难自救必备 . 北京:北京联合出版社,2013.
[19] 王丽娟,杜岩 . 寒潮形成过程及其造成的影响 . 农业开发与装备,2015(4):42.
[20] 黄根柱 . 解读 WHO 的 10 项“黄金守则”. 现代养生,2007(11):9-11.
[21] 孔令文 . 家庭预防电气火灾须“十查”. 安全,2009,30(3):49-50.
[22] 戚颁 . 2016 年全国火灾四项指数均呈两位数下降 . 中国消防,2017(1):6-7.
[23] 谢君红,姚祖江,冯辉 . 食品中苯并芘的来源和危害及其预防 . 中外食品,2014

(1):51-53.
[24] 曹鑫鑫．孕妇防辐射其实很简单．江苏卫生保健:今日保健,2012,3:48.
[25] 张凤梅．健康自评与中老年人群常见病关系的研究．现代预防医学,2010,37(1):2479.
[26] 谭萍．老年人走失、迷路怎么办．现代养生,2017,5:43-45.
[27] 马雅军,李晓东,胡志灏,等．老年人认知功能和跌倒的关系研究．中国全科医学,2019,15:1784-1788.
[28] 林洁．车祸自救攻略．湖南安全与防灾,2012,2:45.
[29] 刘青．发生车祸如何自救．科普天地(资讯版),2012,5:13.
[30] 徐政平．车祸自救谈．安全与健康,2002,18:19.
[31] 费国忠．翻车时如何自救．家庭科技,2010,3:50.
[32] 解慧明,张广斌,郑喜彬．汽车发生火灾时的应急措施．汽车运用,2012,11:34.
[33] 徐向田,徐淑青．电动自行车带幼儿出行应注意安全．交通与运输,2011,27(5):73.
[34] 宋健等．汽车安全技术的研究现状和展望．汽车安全与节能学报,2010,1(2):98-106.
[35] 韦公远．漫话海上生存．民防苑,2004,6:21.
[36] 张权．析手表辨别方向的原理、方法及影响因素．潍坊教育学院学报,2012,25(5):76-78.
[37] 肖海婷．我国户外探险旅游意外伤害事故的规避及法律问题研究．广州体育学院学报,2016,36(5):33-38
[38] 马健君．穆斯林社会生活中的宗教禁忌．世界宗教文化,2009,1:31-35.
[39] 包智敏．基督教(新教)的禁忌．中国宗教,2001,2:35-36.
[40] 薛生健．日本"灾害文化"理念倡导及家用应急避险产品设计应用．装饰,2014,6:104-106.
[41] 李永祥．日本城市化过程中的防震减灾实践及其启示．西南民族大学学报(人文社科版),2017,8:21-27.
[42] 杨岭,毕宪顺．中小学校园欺凌的社会防治策略．中国教育学刊,2016,11:7-12.
[43] 方来华．危化品生产储存使用全过程安全监控与监管系统．中国安全生产科学技术,2013,9(7):114-117.
[44] 周晓冰,张永领．大型社会活动拥挤踩踏事故机理分析及应对策略研究．灾害学,2015,30(4):156-162.
[45] 陈清光,肖雪莹,陈国华．化学恐怖袭击事件的危害、征兆及紧急应对措施研究．中国安全科学学报,2008,18(11):5-13.
[46] 刘家发,朱建如．生物恐怖袭击的应急救援策略．公共卫生与预防医学,2005,3:39-41.
[47] 张庆芬．女性如何预防性侵害．人民公安,2000,5:47-48.
[48] 李兰娟,任红．传染病学．第9版．北京:人民卫生出版社,2018.

[49] 肖小丹 . 肝炎不可怕 . 首都食品与医药,2017,24(7):65-66.
[50] 王雪峰 . 手足口病的中医药预防与治疗 . 中国实用儿科杂志,2009,24(6):421-423.
[51] 郭玥 . 艾滋病的传播途径 . 中国社区医师,2010,26(47):6.
[52] 杨宝琦 . 皮肤炭疽 . 中国麻风皮肤病杂志,2003,4:365-366.
[53] 毛青 . 从埃博拉出血热到埃博拉病毒病:更新认识、科学救治 . 第三军医大学学报,2015,37(4):277-281.
[54] 国家卫生计生委办公厅 . 国家卫生计生委办公厅关于 2015 年全国食物中毒事件情况的通报 . 中国食品卫生杂志,2016,3:290.
[55] 魏向红 . 探讨急性群体性甲醇中毒患者的急救与护理方法,中外医学研究,2015,(9):95-97.
[56] 戴耀华 . 中国儿童铅中毒的影响因素 . 中国实用儿科杂志,2006,21(3):165-167.
[57] 秦根林 . 我国儿童铅中毒现状及原因分析(综述). 中国学校卫生,2000,21(3):214-215.
[58] 杨水莲 . 我国汞中毒临床研究概况 . 中国职业医学,2004,31(6):50-52.
[59] 夏丽华 . 职业性慢性镉中毒临床诊断治疗研究进展 . 中国职业医学,2016,43(1):4.
[60] 夏志娟 . 78 例急性河豚中毒临床分析 . 临床神经病学杂志,2002,15(5):265.
[61] 羊宏贵 . 毒蘑菇中毒的识别和预防研究 . 科技经济导刊,2018,26(30):127.
[62] 胡朝霞,余阿鹏 . 一起食用四季豆致学校集体食物中毒事件的调查 . 中国学校卫生,2007,12:1139.
[63] 皮世昌,陈浩勤,李鸿,等 . 281 例四季豆中毒临床特征和流行病学特征分析 . 中国热带医学,2005,5(3):627-628.